JINHONGWAI GUANGPU
SHIZHAN BAODIAN

近红外光谱
实战宝典

仪器信息网　组织编写

褚小立　李亚辉　主编

王家俊　李文龙　副主编

化学工业出版社
·北京·

内 容 简 介

近红外光谱分析技术是一种实践性和实用性很强的现代快速分析技术，本书采用理论基础知识与实际应用相结合的编写方式，阐述了近红外光谱分析技术的原理、仪器结构、试验方法、实际应用，并针对应用过程中遇到的各种常见问题，给出实战性的解决方法，使读者能够抓住近红外光谱分析技术应用的技巧和要点。全书共 7 章，包括概述、近红外光谱分析仪器、测量附件与实验方法、在线近红外光谱分析技术、化学计量学方法与建模、近红外光谱技术的应用、近红外光谱成像技术等。全书收集了 200 多个在近红外光谱实际应用中的常见问题，并作出了详细的解答。

《近红外光谱实战宝典》可作为近红外光谱及相关科研领域从业人员的专业用书和培训教材，也可作为高等学校单位相关专业师生的参考读物。

图书在版编目（CIP）数据

近红外光谱实战宝典 / 仪器信息网组织编写；褚小立，李亚辉主编. —北京：化学工业出版社，2023.3（2024.9重印）

ISBN 978-7-122-43133-2

Ⅰ.①近… Ⅱ.①仪…②褚…③李… Ⅲ.①红外分光光度法 Ⅳ.①O657.33

中国国家版本馆 CIP 数据核字（2023）第 049262 号

责任编辑：马泽林　杜进祥　　　　　　　　装帧设计：刘丽华
责任校对：李露洁

出版发行：化学工业出版社（北京市东城区青年湖南街 13 号　邮政编码 100011）
印　　刷：北京云浩印刷有限责任公司
装　　订：三河市振勇印装有限公司
710mm×1000mm　1/16　印张 19　字数 343 千字　　2024 年 9 月北京第 1 版第 2 次印刷

购书咨询：010-64518888　　　　　　　　售后服务：010-64518899
网　　址：http://www.cip.com.cn
凡购买本书，如有缺损质量问题，本社销售中心负责调换。

定　　价：88.00 元

本书编写人员

顾　问

　　　袁洪福　北京化工大学

主　编

　　　褚小立　中石化石油化工科学研究院有限公司

　　　李亚辉　北京信立方科技发展股份有限公司

副主编

　　　王家俊　云南中烟工业有限责任公司

　　　李文龙　天津中医药大学

其他编写人员（按姓氏汉语拼音为序）

　　　卞希慧　天津工业大学

　　　陈　磊　华环国际烟草有限公司

　　　韩娅红　武汉轻工大学

　　　黄　越　中国农业大学

李博岩　贵州医科大学

李　跑　湖南农业大学

缪同群　上海新产业光电技术有限公司

孙　通　浙江农林大学

王艳斌　中国石油天然气股份有限公司石油化工研究院

吴静珠　北京工商大学

闫晓剑　四川长虹电子控股集团有限公司

杨春芳　北京信立方科技发展股份有限公司

杨　越　温州大学

叶　建　北京信立方科技发展股份有限公司

张　进　贵州医科大学

张　沐　沐舟科技（北京）有限公司

周新奇　杭州谱育科技发展有限公司

邹振民　山东金璋隆祥智能科技有限责任公司

现代近红外光谱分析技术（near infrared spectroscopy，NIRS）起源于 20 世纪 50 年代末期，经过半个多世纪的发展，目前已达到较为成熟的水平，被广泛用于农业、食品、石化和制药等领域，并在一些领域取得了规模化的应用成效。近年来，随着仪器制造水平的提升、化学计量学方法和软件的开发，以及各种样品测定附件研制的不断进步，近红外光谱分析技术作为现代过程分析技术的主力军，凭借其独特的技术优势，在我国得到了迅猛的发展，取得了骄人的应用业绩，为我国科技和经济发展做出了贡献。

近些年，近红外光谱已逐渐成为与时代发展特征（如人工智能、大数据、云计算和物联网等）紧密相关的一项分析技术。微电子机械系统（MEMS）制造工艺、大数据、深度学习算法、云计算平台、物联网等技术的发展对近红外光谱分析技术的提升起到了积极的推动作用，工农业生产、服务业和人们日常生活等方面的发展对近红外光谱分析技术的需求起到了积极的牵引作用，在这两方面的作用下，可以预见，在未来一段时期内，近红外光谱分析技术将会得到加速发展，以近红外光谱为技术核心的商业化产品将在不同业务领域进一步提供深化和细化的服务。

在过去的几十年，国内外学者先后撰写了多部与近红外光谱分析技术相关的专著，涉及近红外光谱原理、仪器、方法以及在各个领域的应用等内容，这些书籍的出版为传播和推广近红外光谱分析技术起到了积极的促进作用。近红外光谱是一门实用性和实践性极强的分析技术，涉及光学仪器、光谱学、化学计量学、软件工程和应用等诸多学科。本书的编写目的是针对近红外光谱使用者在实际应用过程中遇到的技术问题，给出实战性的解决方法，在近红外光谱理论知识与实践技术之间搭起桥梁，是已有近红外光谱相关书籍的必要补充。

本书的撰写模式是各章节首先系统、纲要性地介绍相关知识框架，然后通过问答的形式，以实际应用过程中遇到的实用性技术为重点，从使用者的角度有针对性地提问和解答，使读者能够抓住使用近红外光谱仪的技巧和要点。参与本书撰写的编者都是工作在近红外光谱研究、应用和技术推广一线的专家和学者，他们具有深厚的理论水平和丰富的实践经验。书中的很多内容都是他们多年来通过刻苦钻研和勤于实践获得的宝贵经验与技巧。本书在编写过程中，得到了北京化工大学袁洪福教授的悉心指导，对近红外光谱分析技术的应用实践方面，袁教授给本书的编写提出了很多宝贵的建议。在此表示衷心的感谢！

本书由褚小立、李亚辉主编，王家俊、李文龙副主编，全书共分为7章，编写人员分工如下：第1章孙通、李博岩、王家俊；第2章周新奇、缪同群、李文龙；第3章闫晓剑、李文龙；第4章李文龙；第5章卞希慧、张进、杨越、王家俊；第6章韩娅红、李跑、邹振民、李文龙、王艳斌、王家俊、黄越、孙通、褚小立、李亚辉、杨春芳、叶建、陈磊；第7章吴静珠、张沐。

由于编者水平有限，书中疏漏之处，请广大读者批评指正。期望本书的出版能为近红外光谱分析技术在我国深入推广和普及应用贡献一份力量。

编者

2023 年 2 月

目录

第 2 章

近红外光谱分析仪器

第3章
测量附件与实验方法

第 4 章

在线近红外光谱分析技术

第 5 章

化学计量学方法与建模

第 6 章

近红外光谱技术的应用

第7章

近红外光谱成像技术

第 1 章

概述

第一节　近红外光谱发展简史

按美国材料与试验协会（ASTM）定义，近红外光是指波长在 780～2526nm 范围内的电磁波，介于可见光和中红外光之间，是人们最早发现的非可见光区域。通常，将近红外区划分为近红外短波（780～1100nm）和长波（1100～2526nm）两个区域。1666 年，英国科学家牛顿在暗室里通过三棱镜将太阳光折射为紫色到红色的可见光，即著名的牛顿三棱镜实验，由于太阳光折射后出现的是彩色的光带，牛顿用 "spectrum" 一词来描述这个现象。1800 年，天文学家 William Herschel 在太阳辐射光谱的热效应研究中，通过玻璃棱镜将太阳光散射到三个装有炭黑灯泡的温度计上，发现红光之外的非可见光区域的加热效应最为明显，由此发现近红外光。1881 年，Abney 和 Festing 采用摄谱方法在 1～1.2μm 波长范围最先获得有机液体的近红外光谱，并对有关基团的光谱特征进行解析[1]，这是历史上第一次近红外测量。1912 年，Fowle 在威尔逊山天文台利用近红外定量测定大气湿度[2]。随后，1938 年，Ellis 和 Bath 采用近红外测定了明胶中的含水量[3]。20 世纪 30 年代，硫化铅检测器问世，并在第二次世界大战期间发展迅速，该探测器非常灵敏，可以用于 1000～2500nm 波长范围内的检测。20 世纪 50 年代中期，Kaye 首先研制出透射式近红外光谱仪器。由于仪器是在紫外/可见光光谱仪基础上配备适当的近红外检测器扩展而成，存在噪声大及数据处理系统不完善等问题，难以满足近红外分析要求。20 世纪 50 年代后期开始，Norris 在美国农业部的支持下最先将近红外光谱技术用于农产品（谷物、饲料、水果、蔬菜等）成分分析，做了大量的研究工作，掀起了近红外光谱分析研究的小高潮。其自行设计了世界上第一台近红外扫描光谱仪，极大地推动了近红外光谱仪器的发展。20 世纪 60 年代中后期，由于中红外光谱技术的蓬勃发展，加之近红外光谱技术存在灵敏度低、抗干扰性差的缺点，近红外光谱技术的发展进入沉默期，此后的 20 年里处于徘徊不前的状态，被人们称为光谱技术中的沉睡者。1971 年，Dickey-John 公司生产了世界上第一台商用滤光片型近红外光谱仪。1975 年，Dickey-John 和 Technicon 公司合作生产了一台 Infra Analyzer 2.5 型近红外光谱分析仪，该仪器具有温度补偿功能。1975 年，加拿大粮食委员会采用近红外方法作为小麦蛋白测定的官方方法。20 世纪 80 年代开始，得益于计算机技术及化学计量学的发展和应用，近红外光谱分析技术得到迅速发展，逐渐成为一门独立的分析技术。近红外相关的研究与应用文献以指数级增长。美国的分子光谱学家 Hirschfeld 开始重视这项技术，推动了近红外光谱技术的崛起。日本的 Ozaki 教授在高分子、生物学和医学领域应用近红外和化学计量学做了大量的研究工作。中国农业大学的严衍禄教授团队和中国石化石油化工科学研究院的陆婉珍院士团队分别在农业和石油化工领域较早开始近红外光谱分析技术的研究工作。20 世纪 80 年代中后期，出现了傅里叶变换近红外光谱仪器。90 年代中期，二极管阵列近红外光谱仪开始应用。到 90 年代末期，声光可调滤光器问世，被誉为是"90 年代近红外光谱仪最突出的进展"。

进入 21 世纪之后的 10 多年来，微光机电系统（MOEMS，micro-optical electrome-chanical systems）研究成果的应用，推动了微小型近红外仪器的发展，涌现了阿达玛变换、数字微镜阵列、法布里-珀罗干涉仪和线性渐变滤波器等分光类型的微小型仪器，使在线近红外光谱分析技术在食品、制药、化工和农业等领域中的应用得到了蓬勃发展，此外，量子化学计算、水光谱组学等近红外光谱基础研究正在悄然兴起。2006 年，在我国近红外学者的共同努力下，全国第一届近红外光谱学术会议在北京召开，这是我国近红外光谱分析技术发展阶段的一个重要里程碑。2009 年，近红外光谱专业委员会正式成立，2014 年，中国仪器仪表学会近红外光谱分会成立,助力国内近红外光谱分析技术驶上了发展的快车道。纵观 2006 年全国第一届至 2022 年第九届近红外光谱学术会议的报道，无论是仪器研制、化学计量学理论研究及其软件开发、近红外光谱分析网络化和分析技术标准化研究，还是近红外光谱分析技术在农业、石化、粮食、食品、烟草、纺织和制药等领域中的规范化应用，都获得了长足的发展。今天，近红外光谱分析技术已经较为成熟，成为解决众多领域分析问题的引人注目的工具。

第二节　近红外光谱的基本原理

一、光谱产生机理

当一束红外光照射样品时，样品中的分子在某些条件下会吸收特定频率的光，从而引起分子内部振动状态的变化，产生吸收光谱。近红外吸收光谱主要对应于分子的倍频和合频振动。

根据经典力学，原子质量为 m_1 和 m_2 组成的双原子分子可模拟为由弹簧相互连接的两个小球组成的弹簧振子。此振动可看成为简谐振动，称为谐振子，则双原子分子的振动频率为

$$\bar{v} = \frac{1}{2\pi c}\sqrt{\frac{k}{\mu}} \tag{1-1}$$

式中，$\bar{v} = \dfrac{v}{c}$，$\bar{v}$ 为光谱学中的频率，单位为波数；v 为真实振动频率；c 为光速；k 为力常数；μ 为双原子分子的折合质量，$\mu = m_1 m_2 / (m_1 + m_2)$。

频率 $\bar{v}$ 为分子振动频率的基频。分子若以基频的整数倍 $n\bar{v}$ 进行振动，则此频率为分子的 $n-1$ 级倍频；当分子存在多个基频时，在一定条件下振动频率会发生耦合，形成频率为相应基频之和的分子振动，此频率为分子振动的合频。

根据量子力学，分子振动状态的变化表现为分子振动能级之间的跃迁。分子振动能级是量子化的，振动能级之间的跃迁需要满足一定的选律。对于谐振子，其振动能级公式为

$$E_v = hc\bar{v}(V + 1/2) \tag{1-2}$$

式中，E_v 为 V 能级的能量值；h 为普朗克常数；c 为光速；$\bar{v}$ 为振动频率；V 为振动量子数，仅能取整数值 0、1、2、3、…。

谐振子跃迁的选律为分子振动能级的跃迁仅能发生在相邻能级之间,即振动量子数的变化 $\Delta V = \pm 1$,振动量子数变化 $\Delta V > 1$ 的跃迁是禁止的。根据玻尔兹曼分布,室温条件下绝大多数分子处于振动基态($V = 0$),因此分子由基态至第一激发态($V = 1$)的跃迁占据主导地位,这种跃迁被称为基频跃迁,其谱带处于中红外区。对于分子激发态之间的跃迁如 $V = 1$ 至 $V = 2$,$V = 2$ 至 $V = 3$,由于激发态分子数量少,其相应的谱带强度较基频谱带弱 $1\sim3$ 个数量级。

实际的分子振动不完全符合简谐振动,具有非谐性。因此,采用非谐性振动能级公式来计算分子的振动频率将更加精确。非谐性振动能级公式为

$$E_v = hc\overline{\upsilon}[(V + 1/2) - X(V + 1/2)^2 + X(V + 1/2)^3 \cdots] \tag{1-3}$$

式中,X 为非谐性常数,一般为很小的正数,其值约为 0.01。

对于非谐振子,振动量子数变化 $\Delta V > 1$ 的跃迁是允许的,即分子可以从基态直接跃迁到第二激发态($V = 2$)或更高激发态($V = 3,4,\cdots$),此种跃迁称为一级倍频或多级倍频跃迁。此外,非谐振子中也会发生合频跃迁,跃迁频率为两个或多个基频之和。

由式(1-3)可知,非谐振子相邻能级的能量间隔是不等间距。若取式(1-3)前 2 项计算,第一激发态与基态的能量差为

$$\Delta E_v = hc\overline{\upsilon}(1 - 2VX) \tag{1-4}$$

因此,当非谐振子由基态跃迁到第一激发态时,其基频振动频率为

$$\overline{\upsilon}' = \Delta E_v / hc = \overline{\upsilon}(1 - 2VX) \tag{1-5}$$

式中,$\overline{\upsilon}'$ 为非谐振子的基频振动频率;$\overline{\upsilon}$ 为谐振子的基频振动频率。由此看出,相较于谐振子,非谐振子的基频振动频率降低了 $2VX$。

相应地,非谐振子的一级与二级倍频振动频率也可由式(1-3)取前 2 项进行计算,一级倍频振动频率即非谐振子由基态跃迁到第二激发态($V = 2$),公式为

$$\overline{\upsilon}' = \overline{\upsilon}(2 - 6VX) \tag{1-6}$$

二级倍频振动频率即非谐振子由基态跃迁到第三激发态($V = 3$),公式为

$$\overline{\upsilon}' = \overline{\upsilon}(3 - 12VX) \tag{1-7}$$

近红外光谱主要反映分子倍频和合频吸收的特征。在近红外谱区,由于含氢基团(X—H)的非谐性常数大,其吸收强度高;X—H 的吸收光谱在近红外区占主导地位,其中最为常见的谱带是 C—H、N—H 及 O—H 的合频以及一级、

二级、三级倍频吸收。

由于分子倍频及合频振动频率比基频频率高,其跃迁概率比基频跃迁概率小;分子振动的倍频每提高一个级次,其跃迁概率则大概降低一个数量级。因此,近红外吸收光谱的强度远小于红外吸收光谱的强度。

相比于基频跃迁,倍频及合频的跃迁方式更多,会产生更丰富的光谱吸收峰。在近红外光谱中,某一谱带往往由多个倍频及合频吸收组成,光谱谱带宽,且存在严重的谱峰重叠现象。

本节仅对近红外光谱的产生机理进行简单叙述,如需详细了解,可参见《物质结构》[4]《现代近红外光谱分析技术》[5]及《化学计量学方法与分子光谱分析技术》[6]等书籍。

二、光谱谱带归属简述

对于近红外光谱,通常将其光谱谱带分成三个谱区:谱区Ⅰ波长范围为 $800 \sim 1200nm$($12500 \sim 8500cm^{-1}$),主要反映 X—H 基团伸缩振动的二、三级倍频和合频吸收;谱区Ⅱ波长范围为 $1200 \sim 1800nm$($8500 \sim 5500cm^{-1}$),主要反映 X—H 基团伸缩振动的一级倍频和合频吸收;谱区Ⅲ波长范围为 $1800 \sim 2500nm$($5500 \sim 4000cm^{-1}$),主要反映 X—H 基团伸缩振动的合频吸收和羰基(C=O)伸缩振动的二级倍频吸收。近红外光谱的主要吸收谱带、振动类型及谱带位置见表1-1。图1-1、图1-2及图1-3分别为 C—H、N—H 及 O—H 基团在近红外谱区的主要吸收谱带分布情况。

三、氢键效应

与电负性大的原子 X 以共价键结合的氢原子,当与电负性大、半径小的原子 Y(O、F、N 等)接近时,会生成氢键,以 X—H···Y 表示。氢键是一种特殊的分子间作用力,包括分子间氢键和分子内氢键。氢键的形成会改变 X—H 键的力常数,因而会影响 X—H 基团的光谱吸收位置和强度。近红外光谱主要是 X—H 基团的倍频和合频吸收,由于倍频与合频是基频的倍数或多个基频之和,氢键对倍频与合频谱的影响大于对基频谱的影响。因此,氢键效应是近红外光谱的一个重要特性,在利用近红外光谱对物质成分进行定性或定量分析时,需要考虑氢键对光谱吸收位置和强度的影响。

表 1-1　近红外光谱的主要吸收谱带、振动类型及谱带位置

基团	振动类型	波长/nm	波数/cm^{-1}
O—H	3$\bar{\upsilon}$ (2nd 倍频)	960～980	10400～10200
	2$\bar{\upsilon}$ (1st 倍频)	1400～1420	7140～7040
	合频 $\bar{\upsilon}+2\bar{\delta}$ 和 3$\bar{\delta}$	1920～1980	5210～5050
O—H（缔合）	3$\bar{\upsilon}$ (2nd 倍频)	1000～1130	10000～8850
C—H（CH$_3$, CH$_2$）	3$\bar{\upsilon}$ (2nd 倍频)	1150～1220	8700～8200
	合频 2$\bar{\upsilon}+2\bar{\delta}$	1360～1390	7350～7200
	合频 2$\bar{\upsilon}+\bar{\delta}$	1410～1450	7090～6900
	2$\bar{\upsilon}$ (1st 倍频)	1660～1800	6020～5550
	合频 $\bar{\upsilon}+\bar{\delta}$	2250～2380	4440～4200
N—H	2$\bar{\upsilon}$ (1st 倍频)	1490～1540	6710～6500
N—H（缔合）	2$\bar{\upsilon}$ (1st 倍频)	1510～1600	6620～6250
S—H	2$\bar{\upsilon}$ (1st 倍频)	1730～1750	5780～5710
C=O	3$\bar{\upsilon}$ (2nd 倍频)	1910～1950	5230～5130

注：δ 为弯曲振动；υ 为伸缩振动。

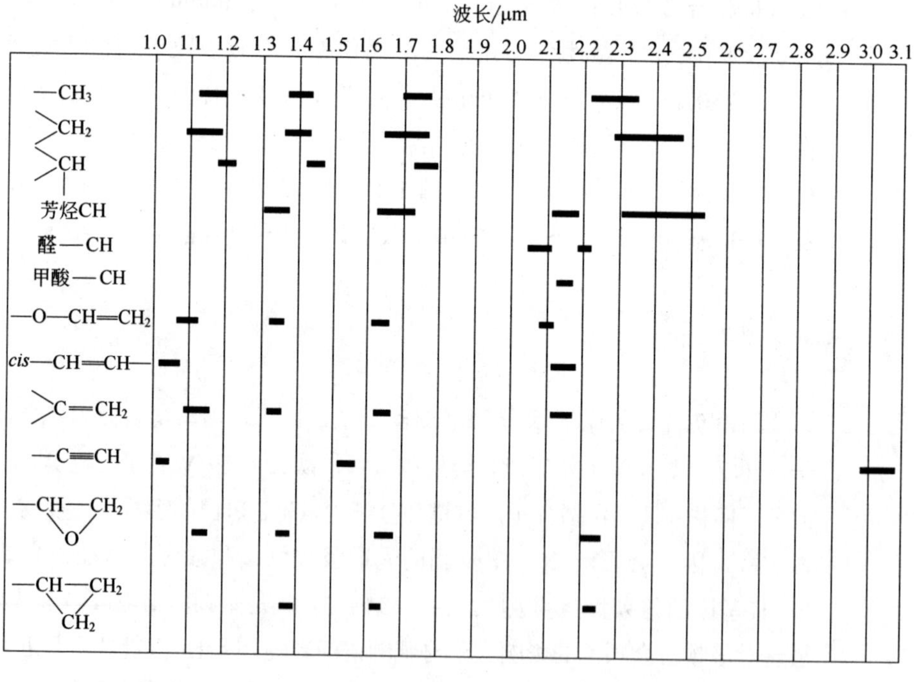

图 1-1　C—H 基团在近红外谱区的主要吸收谱带分布[7]示意图

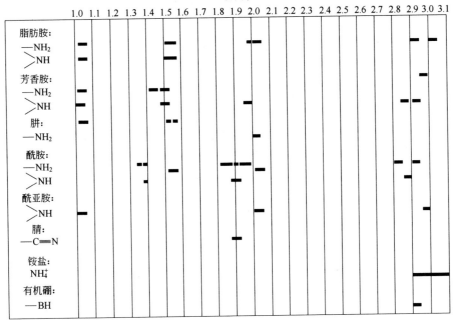

图 1-2　N—H 基团在近红外谱区的主要吸收谱带分布[7]示意图

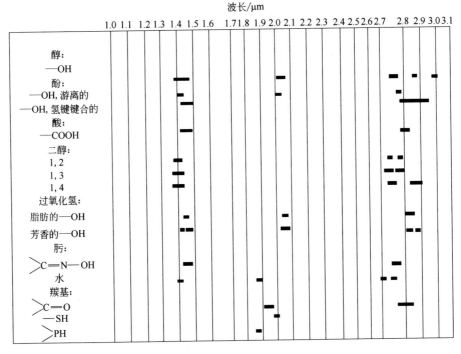

图 1-3　O—H 基团在近红外谱区的主要吸收谱带分布[7]示意图

溶剂环境和温度等因素的变化会影响氢键的形成，如温度升高会导致氢键缔合程度减弱，将使光谱发生蓝移现象，即吸收谱带向短波长（高波数）方向移动。水是常见的溶剂，也是有机物的重要组成部分，因此以下将以水分子为例阐述氢键效应对近红外光谱的影响。对于液态水，其 O—H 伸缩振动的一级和二级倍频吸收分别位于 960nm 和 1440nm 附近，而合频吸收主要处于 1220nm 和 1940nm 附近。水分子有很强的极性，极易形成氢键，水分子周围离子环境的改变或是自由水向结合水转变，均会影响水分子之间氢键的缔合程度，其吸收峰的位置和强度也会随之变化。例如，$MgCl_2$ 和 $AlCl_3$ 会促进水分子之间氢键的形成，而 KCl 和 NaCl 则会破坏水分子之间的氢键结构，从而影响水的光谱吸收峰[8,9]。图 1-4 中，与纯水相比，20%NaCl 水溶液的近红外光谱吸收峰向短波长（高波数）方向移动，并且吸收强度有所降低，说明 NaCl 破坏了水分子之间的氢键结构。蛋白质变性时，由于结合水的增多，导致水分子之间氢键缔合程度减弱，使得 O—H 的吸收谱峰波长由 1410nm 移动到 1490nm[10]。

温度和压力的变化也会影响水分子之间氢键的缔合程度。随着温度的升高，水分子的氢键缔合程度不断减弱，其吸收谱峰逐渐向短波长方向移动[11,12]。例如，温度由 10℃升高到 80℃时，水的吸收谱峰波长由 1460nm 移动到 1424nm，如图1-5所示[13]。当压力升高时，水的结构会发生变化，其氢键缔合程度会增强，水的近红外吸收峰会向长波长（低波数）方向移动[14]。

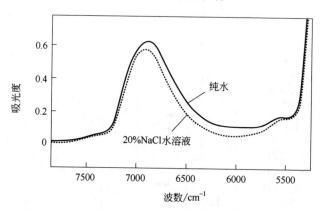

图 1-4　纯水及 20%NaCl 水溶液的近红外光谱示意图

温度、离子环境等因素会影响氢键的形成，进而改变近红外光谱吸收峰的强度和位置，在分析时需要考虑上述因素的影响。反过来，也可应用上述效应引起的近红外光谱变化对温度[15,16]、离子浓度[8]进行测量。

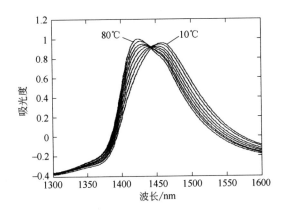

图 1-5　不同温度下水的近红外光谱[13]示意图

四、问题与解答

⊙ 为什么近红外光谱主要包含的是含氢基团的信息?

　　解　答　一是含氢基团（X—H）伸缩振动的非谐性常数非常高，远大于羰基的非谐性常数，因此含氢基团的倍频及合频吸收强度大；二是含氢基团伸缩振动出现在红外的高频区，其倍频和弯曲振动的合频吸收恰好落在近红外谱区。

⊙ 为什么吸收强度弱反而是近红外光谱的一种技术优势?

　　解　答　（1）由于近红外光谱吸收强度弱，对于大多数样品来讲，不需要进行任何处理，便可以直接测量，具有测试方便的优势。比如，对于液体样品，通常可选用 1～10mm 范围光程的比色皿进行测量，相比于红外光谱采用 30～50μm 范围光程的液体池，其装样和清洗都非常方便和快捷。对于固体样品，可以采用漫反射方式，直接对样品进行测量；（2）由于液体样品选用的比色皿光程长，对光程精度的要求显著下降，日常分析时通常也不需要对光程进行校准；（3）痕量物质对近红外光谱的影响小，对测量结果的干扰不明显。

⊙ 近红外漫反射光谱与物质的浓度是线性关系吗?

　　解　答　近红外漫反射光谱与物质的浓度之间不是线性关系,但在一定条件下两者之间存在近似的线性关系。近红外漫反射光谱有两种函数表示形式：一种是漫反射吸光度，一种是 *K-M* 函数。在进行漫反射光谱定量分析时，一般大多采用

漫反射吸光度光谱。对于漫反射吸光度光谱，其表达式如下：$A = -\lg R_\infty =$

$-\lg\left[1 + K\!\!\left/\!\!S\right. - \sqrt{\left(K\!\!\left/\!\!S\right.\right)^2 + 2K\!\!\left/\!\!S\right.}\right]$，其中 R_∞ 为相对漫反射率；K 为漫反射吸收系数；

S 为散射系数。由上述表达式可知，吸光度 A 与 $K\!\!\left/\!\!S\right.$ 的关系为一对数曲线，不是

线性关系，仅在一定浓度范围内，两者之间存在近似线性关系。当样品浓度不高时，样品浓度 c 与漫反射吸收系数 K 成正比，若散射系数 S 为常数，则漫反射吸光度 A 与样品浓度 c 之间的关系可表示为：$A = a + bc$；但注意，上述表达式的满足需具备两个前提条件：一是一定的浓度范围；二是散射系数 S 为常数。而散射系数则会受样品颗粒形状、颗粒大小及分布等因素影响。对于漫反射的 K-M

函数，$F\left(R_\infty\right) = \left(1 - R_\infty\right)^2\!\!\left/\!\!2R_\infty\right. = K\!\!\left/\!\!S\right.$，同样也仅在散射系数 S 为常数，且样品浓

度不高的情况下，K-M 函数与样品浓度 c 存在线性关系。因此，在利用漫反射光谱技术进行粉末或颗粒物料分析时，需要控制粉末或颗粒的形状与粒度，使得物料的散射系数 S 为常数或基本不变，才有可能使漫反射光谱与浓度之间存在线性关系。

◉ 哪段近红外光的穿透性较强？如何利用？

解　答　近红外短波区域（780～1100nm）的光具有较强的穿透性，但其光谱吸收强度相对较弱。通常情况下，对于难以穿透、成分内外分布不均的固体样品，或是需要获取内部成分的固体样品，采用漫反射方式仅能获取样品近表面成分信息，而无法获取样品内部成分信息。在这种情况下就需要采用近红外短波以全透射或半透射方式检测固体样品，获取样品的内外部成分信息。如某水果近表面和内部糖度存在较大差异，采用漫反射方式检测水果糖度，则检测得到的糖度值与水果实际糖度不相符；又如某水果表皮很厚，采用漫反射方式进行水果糖度检测，漫反射光谱基本为果皮的光谱信息，难以获取内部果肉的光谱信息，检测结果会存在较大误差。利用近红外短波以透射方式进行水果糖度检测，则可以较好解决上述问题。

◉ 近红外光谱区域中哪段光谱包含的化学信息更丰富？

解　答　在近红外光谱区域，2000～2500nm（5000～4000cm^{-1}）范围所包含的化学信息更丰富，该谱区主要反映 X—H 基团振动的组合频，其吸收谱带多，光

谱强度大。因此，有更多可以利用的谱峰信息。

⊙ 为什么氢键（效应）在近红外光谱中很重要？

解　答　氢键的变化会改变 X—H 键的力常数。通常，氢键的形成会使谱带频率发生位移，并使谱带变宽。合频是两个或多个基频之和，倍频是基频的倍数，因此氢键对合频和倍频频谱的影响大于基频。由于近红外光谱主要为 X—H 的倍频及合频吸收，氢键的变化对近红外光谱有很大影响，如溶剂的稀释和温度的升高引起氢键的减弱将使谱带向高频（短波长）方向发生位移，可使谱带位移幅度达 $10 \sim 100 \text{cm}^{-1}$，相当于几纳米至 50nm。所以，在近红外光谱定性和定量分析中，氢键（效应）很重要。

⊙ 为什么近红外光谱的吸收谱带较宽？

解　答　近红外光谱主要为含氢基团（X—H）倍频和合频的吸收。相比于基频跃迁，倍频及合频的跃迁方式更多，会产生更丰富的光谱吸收峰。在近红外光谱中，某一谱带往往由多个倍频及合频吸收组成，因此光谱谱带宽，且存在严重的谱峰重叠现象。

⊙ 为什么环境温湿度、样品温度和含水率对近红外光谱重现性有明显的影响？

解　答　样品温度的变化一方面会改变分子激发态的数目，影响分子在不同能级间的跃迁概率，从而改变分子吸收的强度；另一方面会影响分子氢键缔合程度，使分子的吸收谱峰产生偏移。样品含水率的变化会影响分子氢键缔合程度，会使分子的吸收谱峰产生偏移。环境温湿度的改变也会对样品分子的吸收峰强度和位置产生类似的影响。因此，在样品近红外光谱的测量过程中，应控制环境温湿度、样品温度和含水率，以免影响近红外光谱测量的重现性。

第三节　近红外光谱分析与化学计量学方法

在近红外光谱技术发展初期，由于数据处理方法的局限性，难以分离或提取近红外重叠谱峰中的有用光谱信息，其光谱数据可利用率低，导致该技术不受重视，一度进入沉默期。20 世纪 60 年代以来，Norris 利用近红外光谱技术在农产品品质分析中做了大量的工作，利用多元线性回归建立定标模型，但仍无法提取与物质成分含量相关的光谱信息，并给予合理的光谱解析。此外，也难以合理解释样品大小及颗粒度等影响所导致的光谱不稳定性。因此，近红外光谱技术被称为"黑匣子"技术。

直到20世纪80年代，化学计量学迅速发展，多元校正及模型识别等方法被逐步引入到近红外光谱解析和定标模型建立中，使得近红外光谱技术真正达到了定标理论与实践的统一，并推动了近红外光谱技术和化学计量学的并肩发展。目前，化学计量学是近红外光谱技术密不可分的一部分，主要包括光谱预处理方法、变量选择方法、定性定量建模方法、异常值的统计识别与模型优化方法，以及模型传递方法。

一、样品的分组方法及选择标准

代表性样品的选取对于建立良好的定量定性模型非常重要。在获取代表性样品后，通常需要将样品分为校正集和验证集。对于样品的分组，常用的方法主要有 Kennard-Stone（K-S）方法和 SPXY 方法。K-S 方法主要是基于光谱变量之间的欧式距离，在特征空间中均匀选取样品，但样品选取时没有考虑样品浓度的影响。SPXY 方法在 K-S 方法的基础上提出，综合考虑了样品光谱和浓度的距离进行样品选取。

对于校正集和验证集样品，其选择需要满足一定的参考标准。如校正集中的样品需要有较广的浓度范围，能覆盖待测样品可能出现的浓度范围，以保证待测样品的预测是通过模型内插分析而获得。此外，当建模所用的变量数为 $k(k>3)$ 时，校正集样品的数量一般要不少于 $6k$。详细的校正集和验证集样品选择标准请参考国家标准《分子光谱多光校正定量分析通则》（GB/T 29858—2013）。

二、光谱预处理方法

近红外光谱除了含有样品本身的物理结构与化学成分信息外，还会引入由仪器暗电流、样品背景与状态、杂散光、环境变化等因素引起的各类光谱噪声。因此，在建模分析前，需要对所采集的近红外光谱数据进行预处理，以尽可能地消除光谱噪声的影响。按光谱预处理方法的作用分，主要为基线校正、散射校正、平滑校正及尺度缩放四类。

基线校正方法主要包括一阶导数、二阶导数及小波变换（wavelet transform，WT）等。一阶导数主要用于消除光谱基线的平移，二阶导数主要用于消除光谱基线的漂移。小波变换则是通过扣除原始光谱信号的低频成分实现基线校正。散射校正方法主要包括多元散射校正（multiplicative scatter correction，MSC）和标准正态变量变换（standard normal variate transform，SNV），主要用于消除由于颗粒大小和分布均匀度不同所产生的散射对光谱的影响。平滑校正方法主要包括移动平均平滑、Savitzky-Golay卷积平滑、高斯滤波（gaussian filter）平滑、中值滤波（median filter）平滑等，用于降低光谱的随机噪声，提高光谱信噪比。尺度缩放方法主要包括中心化变换、标准化变换、最大最小归一化、Pareto尺度化等，用于消除尺度差异过大带来的影响。

三、光谱变量选择方法

近红外光谱数据变量众多，往往有几百甚至上千个波长变量，存在着严重的数据冗余，直接利用所有变量来建模分析，会造成模型的过拟合，使模型的稳定性变差。因此，需要采用变量选择方法剔除冗余波长变量，筛选有用的特征波长变量。目前，变量选择方法主要有基于波长点的变量选择方法和基于波长区间的变量选择方法。

基于波长点的变量选择方法是将每一个波长作为一个变量，获取一系列的波长变量子集，并从变量子集中选择最优的波长变量组合。常用的变量选择方法[6]主要有无信息变量消除（UVE）、连续投影算法（SPA）、遗传算法（GA）、竞争性自适应重加权采样（CARS）[17]、变量投影重要性（VIP）[18]、模拟退火算法（SA）、粒子群优化算法（PSO）、蚁群优化算法（ACO）、迭代保留有效变量（IRIV）[19]、自举柔性收缩算法（BOSS）[20]等。

基于波长区间的变量选择方法是将光谱波长区间作为一个处理单元（变量），获取一系列波长区间的组合，从中选择最优的波长区间组合。常用的变量选择方法主要有区间偏最小二乘法（iPLS）、前向偏最小二乘法（fiPLS）、反向偏最小二乘法（biPLS）、区间组合偏最小二乘法（siPLS）、移动窗偏最小二乘法（MWPLS）、区间组合优化法（ICO）[21]及区间蛙跳算法（iRF）[22]等。其中，fiPLS、biPLS、siPLS、ICO及iRF是iPLS的衍生算法。

四、建模方法

近红外光谱分析技术是一种间接分析技术，其成功应用依赖于良好的定性/定量分析模型。近红外光谱分析中，建模方法主要分为定量建模方法和定性建模方法两大类。常用的定量建模方法[6]主要有多元线性回归（multiple linear regression，MLR）、主成分回归（principle component regression，PCR）、偏最小二乘回归（partial least squares regression，PLSR）、人工神经网络（artificial neural network，ANN）、支持向量机回归（support vector regression，SVR）、最小二乘支持向量机回归（least squares support veotor regression，LSSVR）、核偏最小乘（kernel partial least squares，KPLS）、极限学习机（extreme learning machine，ELM）[23]等。其中，MLR、PCR 及 PLSR 均是基于线性回归的定量建模方法，而 ANN、SVR、LSSVR、KPLS 及 ELM 则是基于非线性回归的定量建模方法。

定性建模方法主要分为无监督和有监督的模式识别方法两类。无监督的模式识别方法是一种事先对未知类别的样品分类，无需训练的分类方法。常用方法主要有最小生成树、K 均值聚类分析、系统聚类分析、模糊聚类法及自组织神经网络（self-organizing neural network，SONN）[24]。有监督的模式识别方法是利用已知类别的样本作为训练集，通过已知样本的训练和学习构建分类器。常用方法主要有最小距离判别、K 最近邻法、线性判别分析（linear discriminant analysis，LDA）、势函数判别法、簇类独立软模式方法（soft independent modeling of class analogy，SIMCA）、ANN 及支持向量机分类（support vector classification，SVC）等。

五、异常值识别与模型优化方法

异常样品对模型的稳健性会产生严重的干扰，在建模过程中需要进行剔除。异常样品一般分为两大类：第一类是高杠杆值样品，其光谱远离整体样品的平均光谱；第二类是预测值与参考值具有显著差异的样品，由参考值测量误差大、光谱测量误差大、参考值录入错误及模型不适用等原因造成。对于定量分析，一般可以采用马氏距离和杠杆值剔除第一类异常样品，利用学生化残差剔除第二类异常样品。对于定性分析，常采用 Hotelling's T^2 检验或 F 检验进行异常样品（光谱）的剔除。

在剔除异常样品后，需要对模型进行优化，即选择合适的主成分或变量数建立模型。若所用的主成分或变量数过少，则可能未能充分利用信息，模型会欠拟合，导致模型预测精度下降；而主成分或变量数过多，则可能引入噪声，导致模型过拟合，使得模型稳定性变差。在实际建模中，一般采用交互验证方法进行模型优化，并根据交互验证误差（SECV 或 RMSECV）或预测残差平方和（PRESS）最小原则来确定适宜的主成分或变量数。

在模型优化后，需要采用验证集样品对模型的有效性进行验证。验证集样品的选取一般要符合一定的要求。对于定量分析，一般采用验证标准误差（SEV）对校正模型有效性进行验证。对于定性分析，通常采用判别正确率对类模型的有效性进行验证。

具体的异常值识别、模型优化与有效性验证方法及验证样品选取标准参见国家标准《分子光谱多元校正定量分析通知》（GB/T 29858—2013）和《近红外光谱定性分析通则》（GB/T 37969—2019）。

六、模型传递方法

在近红外光谱分析中，由于两台仪器之间存在差异，使得同一样品在两台仪器上所获得的光谱存在差别，导致一台仪器上所建立的模型不能用于另外一台仪器。仪器间的差异包括不同型号仪器之间的差异和相同型号仪器之间的差异。对于不同型号的仪器，由于分光原理或采用的检测器等不同，导致波长范围、波长精度及光谱响应会存在差异。对于相同型号的仪器，由于加工工艺水平局限及仪器随时间老化等原因，也会使仪器波长及光谱响应存在差异。在许多应用领域中，建立模型是一项烦琐、重复的工作，浪费人力、物力等资源，而且有些情况下样品可能不易获得或不易保存，存在重新建模困难，需要采用数学方法解决仪器之间的模型适用性问题，称之为模型传递。

模型传递（model transfer），也称仪器标准化（standardization of spectrometric instruments）是指经过数学处理后，使一台仪器上的模型（称为源机，master）能够用于另一台仪器（称为目标机，slave），从而减少重新建模所带来的巨大工作量，实现样品和数据资源的共享。在确定仪器间光谱关系时，需要在两台仪器上同时测定某些样品的光谱，这些样品称为传递样品。根据是否需要传递样品，将模型传递分为无标样方法和有标样方法[6]。无标样方法在模型转移过程中不需要任何传递样品，主要以有限脉冲响应（finite impulse response，FIR）算法为代表。有标样方法必须选择一定数量的样品组成标样集，并在源机和目标机上分别测得其信号，从而找出该函数关系。这类算法又分为两种：一是基于预测结果的校正，如斜率/偏差（slope/bias）算法；二是基于仪器所测光谱信号的校正，如直接校正（direct standardization，DS）算法、分段直接校正（piecewise direct standardization，PDS）算法和 Shenk's 算法。此外，光谱空间转换（SST）算法已证明是一种效果良好的方法，此外，光谱空间转换（SST）算法，已证明是一种效果良好的方法，其主要通过对组合主机和从机测得的代表性光谱矩阵进行主成分分析，得到组合光谱矩阵的载荷，然后利用该载荷计算光谱转换矩阵，从而实现从机光谱与主机光谱的转换。

七、问题与解答

⊙ 为什么近红外光谱定量或定性分析大多需要化学计量学方法？

解　答　近红外光谱为含氢基团的倍频及合频吸收，其吸收峰均为宽峰，谱峰重叠严重，鲜有尖锐的谱峰及基线分离的谱峰，光谱指纹特征弱；而且倍频和合频吸收更易受温度和氢键的影响。因此，在实际应用中，以传统光谱分析的方式仅采用某一个峰对有机物进行定性和定量分析，其效果不理想，需要采用化学计量学方法解析光谱数据，最大限度地提取检测对象的有用光谱信息。

⊙ 校正样品在建模中的作用是什么？

解　答　近红外光谱定量分析技术在对样品成分含量进行快速无损检测前，需要利用化学计量学方法建立样品成分与近红外光谱之间的相关关系，称之为校正模型。合理可靠的校正模型建立需要大量具有代表性的样品参与，称之为校正样品，其样品分布范围要广，尽可能包含待分析样品的范围。因此，校正样品的作用主要为建模提供代表性的样品，使建立的模型合理可靠。

⊙ 近红外光谱数据预处理的常用算法有哪些？

解　答　对于光谱预处理，常用的算法主要有一阶导数（FD）、二阶导数（SD）、平滑、多元散射校正（MSC）、标准正态变量变换（SNV）、基线校正、正交信号分解、小波变换滤波、傅里叶变换滤波等。

⊙ 在实际应用中导数及平滑预处理应注意什么?

解　答　在实际应用中,值得注意的是,导数可消除或降低光谱基线漂移的影响,但也会降低光谱的信噪比;数据平滑可提高光谱的信噪比,但会降低光谱分辨率。因此,应根据实际情况来选择适宜的数据处理窗口宽度。

⊙ 在实际应用中光谱变量（波段）选择应注意什么?

解　答　在实际应用中,由于受样品因素（制样误差）、测量条件的影响,往往会产生波长漂移,选择过少光谱变量或过窄的光谱波段,也会造成定量校正模型的适应性、定性类模型的泛化能力降低。如样品水分的预测,若仅选择970nm、1450nm及1940nm特征波长建立预测模型,当测量条件变化或样品有一定的制样误差时,实际的水分特征波长有可能漂移5～10nm,仍采用上述特征波长（970nm、1450nm、1940nm）的光谱预测样品水分含量,会导致水分预测精度降低,模型适应性差。若在970nm、1450nm、1940nm波长附近多选择几个波长进行建模,则能对测量条件等因素的变化影响有一定的抵抗能力,以提高模型的适应性。

⊙ 近红外光谱定性、定量建模的常用算法有哪些?

解　答　对于定性建模方法,无监督的分类方法主要有最小生成树、K均值聚类分析、系统聚类分析、模糊聚类法等;有监督的分类方法主要有簇类独立软模式方法（SIMCA）、偏最小二乘判别分析（PLS-DA）、线性判别分析（LDA）、人工神经网络（ANN）及支持向量机分类（SVC）等。对于定量建模方法,主要方法有多元线性回归（MLR）、主成分回归（PCR）、偏最小二乘回归（PLSR）、人工神经网络（ANN）、支持向量机回归（SVR）等,在复杂体系的定量分析中偏最小二乘回归最为常用。

⊙ 波长变量、主成分分析法（PCA）的主成分数及偏最小二乘法（PLS）潜变量三者有什么差别?

解　答　波长变量（光谱原始变量）是指在一定波长范围内采集样品的近红外数据时,如780～2500nm,若仪器的扫描间隔为1nm,则将获得含有1721个数据点的光谱数据,每个数据点即为一个变量,称为波长变量,此处共计有1721个变量。当采集 m 个样本的近红外数据时,则相同条件下将获得一个大小为 $m×$ 1721 的数据矩阵 X,以表征 m 个样本近红外光谱量测的变化,即样本化学组成及其浓度的差异性和相似性。但对 $m \times 1721$ 的高维数据空间，无法在 2 维或 3 维的低维空间中可视化展示样本间的相关性。PCA 是在尽可能少的损失数据矩阵 X 中信息的情况下，线性变换数据后将 1721 维高维空间降至少量的低维空间，如 2 维或 3 维，且保证不同维度间相互正交，实现数据的可视化表达，此低维空间的维度数量，即为主成分数（或称主元数、主因子数）。通常地，选择主成分数，取决于它们可累计原始光谱数据总方差的百分比。同样地，PLS 分析可获得类似的变换空间维度，称为潜变量（或称隐变量），与 PCA 中主成分的区别在于，PLS 分解中获得潜变量时，同时考虑对浓度矩阵 C 的分解，即在分解过程中，X 矩阵和 C 矩阵交互信息用于对方的分解。概括来说，波长变量（光谱原始变量）是针对近红外量测原始数据来说的，而 PCA 的主成分数，以及 PLS 潜变量则分别为 PCA 和 PLS 分解后得到的新的线性变换特征。

⊙ 近红外光谱定量、定性分析从哪些基本数据处理方法和建模方法入手？

解　答　近红外光谱定量和定性基本数据处理方法可以从平滑、微分、多元散射校正、中心化和标准化等入手，近红外光谱定量建模方法可以从常用的偏最小二乘回归（PLSR）入手，定性建模方法可以从 SIMCA 和 PLS-DA 等入手。可参阅 GB/T 29858—2013、GB/T 37969—2019。

第四节　近红外光谱分析的基本流程与特点

一、近红外光谱分析的基本流程与特点

近红外光谱分析技术是一种间接分析技术，它是通过建立近红外光谱与样品理化分析结果（或类别）之间的对应关系，再利用所建立的对应关系，并根据待分析样品的近红外光谱来推断其成分含量（或类别）。因此，近红外光谱的好坏以及样品理化分析结果（或类别）的准确度是决定近红外光谱分析技术预测精度的两大重要因素。

1. 近红外光谱分析的基本流程

近红外光谱分析的基本流程如图 1-6 所示。

（1）收集或制备具有代表性的样品，样品分布范围要广，其成分范围要涵盖待测样品，然后采集代表性样品的光谱，初步剔除异常样品，并将样品分为校正集和验证集。

（2）通过标准的理化分析方法对代表性样品的成分进行测定，或确定代表性样品的类别。

（3）选择合适的光谱预处理方法对采集的代表性样品光谱进行预处理，然后通过化学计量学方法建立预处理后的代表性样品光谱与其理化分析结果（或类别）之间的相关关系，相关关系称之为校正模型（或类模型）。

（4）对于待测样品，采用相同的方式采集其光谱，并进行相同的光谱预处理，然后通过校正模型（或类模型）计算出待测样品的成分含量（或类别），实现待测样品的非破坏性检测。

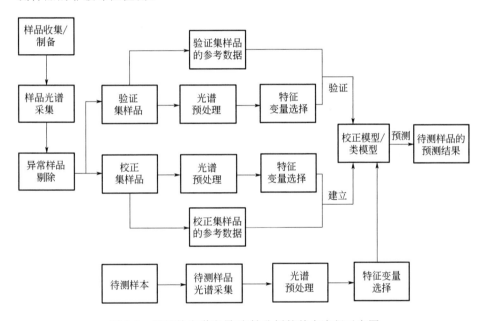

图 1-6　近红外光谱定量/定性分析的基本流程示意图

2. 近红外光谱分析技术的特点

20 世纪 80 年代以来，近红外光谱分析技术发展十分迅速，应用领域不断扩大，已广泛应用于石油化工、农业、食品、医药和生命科学等各个领域。近红外光谱分析技术的飞速发展得益于其分析技术的独特优越性。

（1）分析速度快。近红外光谱采集速度非常快，大多能在 1min 内完成，有的是几秒，甚至是毫秒级。样品光谱采集完成后，即可采用计算机进行数据处理，通过建立的校正模型可快速测出样品的组成或性质。

（2）多组分分析，分析效率高。近红外光谱分析技术只需测量样品的一次光谱，将光谱输入多个已建立的校正模型中，即可实现同时对样品的多个组分或性质进行分析。如测量一次水果样品的近红外光谱，可以通过相应的校正模型同时测出水果的糖度、酸度及坚实度等内部品质指标。多组分同时分析技术对于工业/农业中的生产过程控制或品质监测非常重要，可大大降低装置复杂度和成本。

（3）样品测量无需预处理，测量方便，操作技术要求低。一是由于近红外吸收较中红外弱，一般可以采用较长的光程进行光谱采集，样品无需进行预处理，光谱测量方便快捷，操作技术要求低。二是近红外光有较强的穿透能力和散射效应，根据样品物态和透光能力的强弱可选用漫反射或透射方式测量光谱，通过相应的附件可以直接对固体、液体及气体样品进行光谱测量。三是近红外光谱仪器一般都配有成熟的数据处理软件，自动化程度高，对操作者的技术要求低。

（4）非破坏性检测。近红外光谱测量过程中即不会消耗样品，也不会改变样品的化学性状和形态，是一种典型的无损分析技术。

（5）无需试剂、无污染。与传统分析方法相比，近红外光谱测量过程中，不需要化学试剂，是一种绿色的分析技术。因此，不会对环境造成污染，也可节约大量的试剂费用。

（6）可实现在线及远程分析。近红外光在光纤中有良好的传输特性，近红外光谱分析技术与光纤结合可以对不同物态的样品进行在线分析。对于有毒样品或恶劣环境，通过选用较长的光纤，可使操作者及光谱仪器远离分析现场，实现远程分析。

（7）投资少，分析成本低。近红外光的波长较紫外光长，较中红外光短，所用光学材料为石英或玻璃，光谱仪器价格较低，一次性投入少。此外，在分析过程中不消耗样品，不消耗化学试剂，仪器仅需要电能即可工作，与常用的标准或参考方法相比，测试费用可大幅度降低。

近红外光谱分析技术虽然拥有上述诸多优点，但也存在一定的局限：一是检测灵敏度低。近红外光谱为含氢基团倍频及合频振动的吸收，其谱带吸收强度是基频吸收的 $10^{-1} \sim 10^{-4}$，一般适用于 0.1%以上物质含量的分析。但当微量与常量成分之间存在相关关系时，也可进行微量分析；二是间接分析技术，依赖于模型。近红外光谱分析必须采用相似的样品先建立一个稳定的分析模型，才可以利用分析模型对样品组分或性质进行分析。而模型的建立需要投入一定的人力、财力和时间。对于经常性的质量监控，近红外光谱技术是十分经济且快速的方法，但对于偶然做一两次的分析或小批量的分散性样品分析则不太适用。

二、问题与解答

⊙ 近红外光谱与中红外光谱相比，各有哪些技术优势？

解　答　中红外光谱主要为分子基频振动的吸收，其吸收光谱强度大，灵敏度高，光谱指纹性相对较强，图库最为齐全，适合于化合物的结构鉴定，但存在光谱检测需要制样、光谱仪器易受环境影响的缺点；而近红外光谱主要为含氢基团的倍频及合频吸收，虽然存在吸收光谱强度弱、灵敏度低、光谱指纹性差的缺点，但具有测样方式简单灵活、光谱仪器成本低、信噪比高、环境适用性强的优势，在工业、农业等各领域应用广泛。

⊙ 近红外光谱与拉曼光谱相比，各有哪些技术优势？

解　答　拉曼光谱具有很强的指纹性和宽的波数测量范围（4000~50cm^{-1}），在有些场合不需要复杂的化学计量学方法即可获得物质的定性和定量信息；拉曼光谱对水吸收带不敏感，检测分析不受水分影响；拉曼光谱有丰富的实验手段，如共振拉曼、表面增强拉曼、显微共聚焦拉曼等，可以根据不同的应用对象选择合适的方法，能实现微量及痕量物质的检测。但普通拉曼光谱信号微弱、易受仪器变动和环境干扰的影响，光谱信噪比和重复性差。而近红外光谱则不易受环境的影响，仪器较为稳定，具有较好的光谱信噪比和重复性。通常用于常量物质的分析，但当微量与常量成分之间存在相关关系时，也可进行微量分析。

⊙ 近红外光谱与太赫兹光谱相比，各有哪些技术优势？

解　答　太赫兹泛指频率在 0.1THz 到 10THz 波段内的电磁波，位于红外和微波之间。太赫兹光谱具有很宽的带宽（0.1~10THz），动态范围大，具有大于 10^5 的高信噪比；具有瞬态性，可以进行时间分辨光谱的研究；太赫兹光谱光子能量低，穿透性强，适合于生物组织的活体检查。但存在仪器价格非常昂贵，分析检测环境要求高等缺点。而近红外光谱则对分析环境要求较低，受环境因素影响小；此外，近红外光谱仪器价格便宜，尤其是阵列式微型近红外光谱仪，且仪器性能稳定，具有较好的环境抗干扰能力，适用于工业生产场景的检测应用。

⊙ 近红外光谱与低场核磁相比，各有哪些技术优势？

解答 低场核磁共振及成像技术是一种利用样品组织中氢质子在磁场中共振特性的信号，检测样品中的含氢物质的分布及含量，可对被测样品进行快速定性及定量分析。在食品领域，核磁技术主要用于区分水分存在的状态，研究水分的分布及运移规律等。低场核磁技术穿透能力强，不受被测样品厚度的影响，无需对样品进行预处理，且具有操作简单、灵敏度高、快速有效等优点。近红外光谱主要用于具有含氢基团的有机物定性及定量分析，具有快速、无损、无需样品预处理、抗环境干扰能力强的优势。

⊙ 近红外光谱与激光等离子体光谱相比，各有哪些技术优势？

解答 激光等离子体光谱（LIBS 光谱），主要用于重金属等元素含量分析。LIBS 光谱谱峰尖锐，可以根据 NIST 数据库查询对应的元素谱峰；检测需要样品量极少，对样品的破坏性小，可以对固相、液相、气相的样品进行测量，几乎不需要样品制备，可以实现快速实时在线分析；具有宽光谱多种元素同时测量，ppm 量级探测灵敏度，可对痕量元素进行探测的优点。但 LIBS 光谱易受检测样品表面平整度及激光能量波动等因素的影响，单次光谱稳定性差，需要采用多次光谱采集取平均的方法进行处理。近红外光谱主要包含分子官能团的信息，一般用于常量分析（浓度 0.1%以上），谱峰较宽，需要结合化学计量学方法进行检测分析；可以进行快速、无损的实时在线分析，技术较为成熟，应用领域广泛。

⊙ 短波和长波近红外各有什么特点？

解答 短波近红外波长范围为 780～1100nm，具有穿透能力强、吸收相对弱的特点，一般用于固体如水果的透射和半透射检测；而长波近红外波长范围为1100～2526nm，具有穿透能力弱、吸收相对强的特点，一般用于液体的透射或固体的漫反射检测。

⊙ 哪些场合不适合采用近红外光谱分析技术？

解答 近红外光谱是基于含氢基团倍频及合频的吸收，其光谱谱带宽，重叠严重，光谱指纹性较差。因此，近红外光谱分析技术不太适用于分子结构的鉴定等研究场合。另外，近红外光谱大都基于化学计量学模型实现定量和定性分析，因此不经常用于零散样品的研究分析。

⊙ 近红外光谱分析擅长哪些应用场景？

解 答 近红外光谱分析技术具有快速、无损、不易受环境干扰的优点。因此，对于复杂物质（如石油和农产品）的实验室快速分析和现场在线分析，尤其在大型流程工业如石化、制药、食品等领域，近红外光谱分析技术最擅长。

⊙ 以近红外光谱分析为例，如何理解无损分析？

解 答 如水果糖度的近红外光谱检测，在前期建立水果糖度模型时，除获取水果的近红外光谱数据外，还需要水果糖度的真实数据，其真实数据是根据国标方法采用破坏性方法进行检测获得；然后将水果光谱和糖度值进行关联，建立糖度预测模型。在利用水果糖度模型进行在线或离线检测应用时，只需获取水果的近红外光谱，代入糖度近红外模型，即可获取水果糖度的数据；水果从物理形态、化学成分等方面均未受到破坏或改变，即无损分析。

第五节 现代过程分析技术与近红外光谱技术

一、现代过程分析技术简介

现代过程分析技术（process analytical technology，PAT）是融合分析化学、化学计量学、分析仪器、光学、电子工程、自动控制及计算机等学科与技术而形成的一门交叉学科，涉及分析化学家、过程化学家、生产工程师、系统工程师、仪器设计及自动控制等技术人员。根据 PAT 的发展进程，可将其分为五个阶段：离线分析（off-line）、现场分析（at-line）、在线分析（on-line）、原位分析（in-line or in situ）和不接触样品分析（non-invasive）。上述五个阶段的分析方法有各自的特点及优势，在实际应用过程中往往采用多种分析方法相结合的方式。

离线分析是指在生产流程中通过采样方式获取检测样品，然后将样品送往分析实验室并严格按照规定的方法进行分析。离线分析获得的分析结果具有可靠性高、检测精度高的优点，但存在分析结果滞后、无法实时指导生产过程的问题。

现场分析是将分析仪器设备放置在生产现场附近,将人工采样的样品送至分析仪器处进行分析。由于分析仪器在生产现场附近,现场分析的速度较离线分析有大幅提高,但其本质仍是离线分析的一种。

在线分析是在生产流程中将所需分析的样品从侧线引出,再利用自动取样等装置将样品送入至分析仪器进行分析。在线分析有间歇和连续分析两种方式,前者是间断性将样品引出注入分析仪器,而后者则是将样品连续不断地流入分析仪器,可以为生产过程提供实时分析。

原位分析是采用传感器或测量探头对生产流程的某一个特定部分进行测量分析,不需要将样品引出。因此,原位分析可以实现真正意义上的实时分析,但传感器或测量探头需要抵御测量环境的各种因素。

不接触样品分析是指在测量过程中传感器或测量探头不与样品实际接触的分析方法,具有独特的优点。如对于有毒害危险的生产流程的检测监控,不接触样品分析可以减少操作人员遭受有毒物质危害的风险;对于高温流体的检测,传感器或测量探头不需要具备耐高温的特性。

二、在线近红外分析系统

近红外光谱分析技术是一种快速、无损、绿色的光学检测技术,可以满足生产流程中非接触式或原位分析的需要。随着近红外光谱分析仪器的小型化及抗振、抗干扰能力的提高,近红外光谱分析仪器不断走出实验室,并广泛应用于石油化工、农业、制药、食品加工等领域的生产流程在线监测。一般来说,在线近红外分析系统主要由光谱仪、取样系统、样品预处理系统、光源系统及测样装置等组成。下面以 2 个简单的实例阐述在线近红外分析系统的组成。

图 1-7 为 Tùgersen 等在 1999 年构建的肉品质在线近红外分析系统[25],主要由绞肉机、MM55 光谱仪、电子控制单元、远程显示装置及计算机等组成。采用绞肉机将牛肉或猪肉绞碎,并通过螺旋搅拢输出。MM55 光谱仪放置在肉流上方约 25cm 处,并采用石英卤素灯作为光源。MM55 光谱仪上安装有 1441nm、1510nm、1655nm、1728nm 和 1810nm 的滤光片,并以 20Hz 的频率旋转滤光片,获得各个波长下肉制品的光谱吸光度,以非接触方式对肉流的脂肪、水分及蛋白质含量进行实时监测。

图 1-8 为 Maertens 等在 New Holland TX64 联合收割机上安装的谷物品质在

线近红外分析系统[26]。联合收割机配备了标准 DGPS 和谷物产量传感器，以及一些用于速度和作物入口检测的附加传感器。蔡司 Corona 45 NIR 1.7 传感器安装在净谷升运器的旁路上，对谷物的蛋白质和湿度进行在线检测。该系统的波长范围为 940～1700nm，光源为 9W 的卤钨灯。

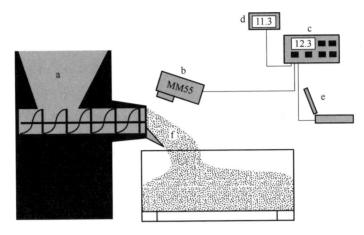

图 1-7　肉品质在线近红外分析系统[25]示意图

a—绞肉机；b—MM55 光谱仪；c—电子控制单元；

d—远程显示装置；e—计算机；f—肉流

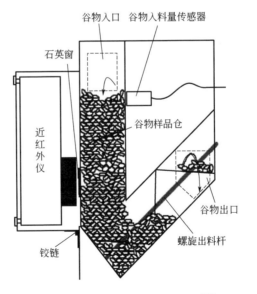

图 1-8　谷物品质在线近红外分析系统[26]示意图

三、问题与解答

⊙ 为什么将近红外光谱列为现代过程分析技术的主要手段之一?

解 答 现代过程分析技术是利用各类在线分析仪器及分析方法对流程工业过程进行监测和控制。与传统过程分析技术相比,其特征在于:

(1)通常无需化学试剂或制样,即可实现现场分析或在线分析。

(2)测量速度快(秒级或微秒级),并多以测量化学成分信息为主。

(3)采用化学计量学方法建立定量或定性分析模型,并可多种物化性质同时测定,分析效率高。

(4)仪器易损件和消耗品少,维护量小。

(5)大多数光谱类在线分析仪可采用光纤传输技术,适用于环境较为苛刻的场合,并可对多路多组分连续同时测量。而近红外光谱分析技术完全符合现代过程分析技术的主要特征,能满足各流程工业的现代过程分析需要。

⊙ 使用近红外光谱分析技术需要具备哪些条件?

解 答 一是要了解近红外光谱分析的基本原理;二是要能熟练使用近红外光谱仪器,了解近红外光谱仪器的结构和工作原理,了解影响光谱采集的各类因素,了解水分、温度及氢键等对光谱的影响;三是要了解常用化学计量学方法的基本原理,熟悉并熟练使用一种或几种化学计量学分析软件,会在 MATLAB 软件里使用较新的化学计量学算法工具包。最后,对检测对象领域的背景知识要有全面的了解,包括检测对象的物理、化学性质等。

第六节 近红外光谱分析技术展望

近红外光谱经过近十几年的快速发展,已然成为分析速度快、效率高、应用范围广的高效分析技术。近红外光谱分析仪器能够在几秒甚至毫秒时间内同时测量分析物中几种或者十几种质量参数,具有快速高通量分析的优点,使用一台近红外光谱仪可替代多种其他质量分析仪器,显著降低了分析设备的投资成本与维护费用。此外,近红外光谱采用光纤测量技术,实现了对处于危险与苛刻环境的对象遥测，可用于过程实时检测分析，是石油、化工、农牧、制药、食品和烟草加工工业的生产优化，以及环境与健康、医疗等业务场景必须依靠的重要分析技术之一。

随着移动互联网、智能制造、大数据、超级计算、深度学习等新科学和新技术的发展与助推，近红外光谱将继续在技术深度、受众广度和应用宽度等方面得到快速发展。在仪器硬件方面，力求打造更薄、更轻、更小、更多功能的小型化和微型化设备，光谱仪器之间的一致性也将取得重大突破；在光谱大数据利用方面，更具兼容性、智能性，将会在算据积累、算力提升、算法突破上有根本性的变革，有望催生颠覆性技术，能够实现"一键模式看数据"；在应用方面，预期将会与农业、工业、商业和医疗等各大业务场景深度跨界融合，为众多领域添上创新、升级、腾飞的翅膀，并深耕在供应链和消费端的"霸屏模式"，构建数据库共创分享新经济形态，未来的受众广度也将会呈指数型暴增，渗透到人们生活的各个角落，深刻改变着人们的生活方式、行为方式，甚至价值观念。

一、近红外光谱仪的微型化

近红外光谱仪器在小型化和微型化的道路上从未止步，从实验室台式（benchtop）、车载便携式（portable）、手持式（hand-held），发展到袖珍式（pocket-sized）和微型（miniature），用了不到十年的时间。尤其是集成了机、电、光、磁、化学和传感等多种机械、微电子与信息技术的微光学电子机械系统，促进了近红外光谱分析仪的微型化。微型近红外光谱仪具有重量轻、体积小、检测速度快、使用方便、可集成化、可批量制造以及成本低廉等优点，可以应用在实验室化学分析、工业监测、航空航天遥感和临床医学检验等领域。

1. 农业

美国 Brimrose 公司与 Jet Propulsion 实验室联合设计和制造的一种新型声光可调滤光器近红外（AOTF-NIR）光谱仪，就是采用微型窄带滤光片技术，通过改善施加在特殊晶体上的波长覆盖范围来调节波长分辨率和通光波长的反射型近红外微型光谱仪，其制造结构简单、性能良好、成本低廉。该微型光谱仪使用发光二极管阵列作为光源，光纤作为光波传输介质，重量小（<250克），外观尺寸小（约为 9.2cm×5.4cm×3.2cm），扫描速度快（可达 4000 波长每秒）。

它的分辨率高（达到 0.0125nm），波长调节速度快，灵活性高，可靠性好，将光谱分析从实验室搬入日常生活。

无人机携带近红外光谱仪，可先对果树的病虫害进行评估，然后根据虫病的危害程度，通过无人机或地面机器人实施特定条件下的药剂与药量喷洒。植保无人机进行覆盖树冠部分的精准农药喷洒，精度可以达到厘米级，极大地节省用药量以及人力。此外，植保机器人还可帮助完成果树的修剪和授粉等任务；在果实管理方面，果实采摘机器人上的近红外光谱分析仪可实时判断果实的成熟度，适时采摘，有效提高水果质量。采摘后的水果通过智能分拣系统，实现果品的大小和品质自动分选，整个分拣过程包括上料、卸料、分选、装箱、包装、码垛等。施肥机器人上的近红外光谱仪对果园土壤的水分和肥力进行实时测定，根据其水分及各种元素组成等结果适量、变量施肥施水。通过分析土壤水分、果树的长势以及近期的气象预报等大数据，制订出短期的灌溉计划，并利用现代化的装置便能实现精准灌溉和科学施肥，从而节省大量的水资源，有效地减少了施肥量，降低农业成本的同时保护环境。近红外光谱仪能与无人机、机器人、自动驾驶、人工智能、物联网、区块链、大数据等技术融合，形成感知、互联、分析、自学习、预测、决策、控制的全生态链智慧农业。果农无论在何方，都可以用智能端多角度调转，对每块田甚至每棵树的长势进行云端管理，争取让每颗果树达到理想生长曲线，真正实现智慧果园的"标准化种植"和"无人值守"。

采用复合光纤传感阵列设计的微型近红外光谱仪，可以通过波长、相位、衰减分布、偏振和强度调制、时间分辨、收集瞬时信息等真正实现多通道光谱分析，同时检测、鉴定和量化复杂待测物成分。目前市场上 Si-Ware 公司的 NeoSpectra 系列光谱仪，外观精巧、成本低、光谱覆盖范围广、能耗低，能够提供透反射、吸光度、颜色、激光的多种连续测量。

2. 食品

传统食物分析仪器往往是放置在实验室里的昂贵设备，例如凯氏定氮仪、气相色谱仪、液相色谱仪等。而市场上的食物种类繁多，质量检测人员以及消费者往往需要耗费大量的时间和精力才能搞清楚每样食物中的成分和营养。那么能否发展和应用移动式、便携式、嵌入式和可穿戴式近红外光谱仪来解决这一常规分析问题呢？日本科学家发明了世界首台卡路里测量仪 Calory Answer，采用近红外光谱原理，可以在不接触、不破坏食物的条件下，全自动直接测量单一食品材料和混合类食物的指标，分析时间为 6min。测量指标包括热量、蛋白质、脂肪、糖、水分、酒精等。其简单快捷的特性可充分体现在餐饮服务业的日常检测中，诸如菜肴、盒饭等复杂混合食物是无法用传统方法快速准确得到其卡路里值的。该仪器被普遍应用在日本各大超市、食品加工厂和营养机构等场所，国内很多健身机构、营养配餐机构也配备了这样的设备。

加拿大科学家发明的一款只有钥匙链大小的"Tellspec"手持式食物热量扫描仪，需与智能手机应用程序配合使用。这个扫描仪装有一个分光计，用户只需扫一扫便可获知食物的热量，可以帮助用户了解食物内的过敏源、化学物质、营养物质、热量和配料，甚至能够穿透塑料扫描食物，让购物者在超市选购食品时先扫描，再决定是否购买。扫描食物后，扫描仪将获取的数据上传到网络服务器。随后，经过特定的算法创建一份报告，并传输给智能手机应用程序，显示食物的成分，从而帮助消费者选择食物。以色列科学家发明的一种拇指大小的近红外线光谱扫描仪 SCiO，可用于探测食物、药品和其他物品中的化学成分。只要拿着扫描仪对准目标物品按下按键，使用者就可以获取其内部成分含量。比如查看一块奶酪含有多少卡路里，或确定一只挂在枝头的西红柿何时能熟透。预计未来，该产品将具备识别食物生熟、变质的功能，通过建立强大的后台数据库，甚至可以识别出含不良添加剂的牛奶。

二、近红外光谱仪的智能化

实际应用需求的扩大和深入，使得近红外光谱仪器及技术突飞猛进，相关的新产品、新技术层出不穷，在各大领域发挥着越来越重要的作用，也将成为食品、药品、环境、安防等与人民生活密切相关的行业的有力工具。每一款仪器在整机、外观设计、关键部件、集成化、原位、自动化、专用化、智能化等方面都有显著创新，不仅给科学研究和日常检测分析工作注入了新的活力，更是给企业带来了客观的经济效益，同时丰富人们的生活，提供了更多便捷服务。

随着信息化、智能化技术的飞速发展，近红外光谱仪器已经从单一的测试光谱数据演化为大视野范围成像系统，兼具光谱和成像的同时，在样品兼容性、信噪比、空间分辨率、测量模式等方面有了质的飞跃。智能化系统具有测量快速、高灵敏度、检测用量少、支持多指标检测、数据处理自动化、仪器自动维护、无人值守等优异功能和特点。其中，纳米傅里叶光谱仪和微秒级时间分辨超灵敏光谱仪在探寻近红外光谱测量极限上展现了独特的魅力，可以轻而易举地看穿凡·高的自画像、星月夜、向日葵、夜间咖啡馆、达·芬奇的蒙娜丽莎，还有张大千的桃源、嘉耦、爱痕湖、夏日山居图。拇指大小的智能化近红外光谱仪，通过非接触式的测量模式，在不破坏样品的情况下，即可瞬间鉴别白酒的真伪，并判断存放时间的长短。智能化软件可实现对所有系统组件的控制，包括激光光源的校准、激光光镜、自动光谱采集以及背景校正、数据分析。近红外光谱"智慧"仪还应用到了高分子多层膜、生命科学组织探测、司法物证分析、农业食品加工以及运输过程中组成变化的动力学监控、产品分类和来源鉴别、甄别半导体器件有机污染物提升良品率及监测土壤的物理和化学变化等。

三、近红外光谱仪的标准化

近红外光谱技术的分析速度快、非破坏性、样品制备量小、多组分多通道同时测定、几乎适合各类样品检测的特点决定了其光谱信号杂乱叠加，因此，在分析应用过程中，不得不建立校正模型。然而，限于现有的制造工艺，不同光谱仪器之间存在系统误差，例如布鲁克、珀金埃尔默、赛默飞、福斯、万通、德沃、步琦等不同品牌、型号的光谱仪，其分辨率和精密度变化较大，当然也随着仪器的价格波动。在一台主机光谱仪上建立的校正模型，用于另一台从机光谱仪上时，模型往往不能给出令人满意的预测结果。解决这一问题的途径，一般是首先完善仪器硬件加工的标准化，提高加工工艺水平，降低主机和从机在器件等方面存在的差异，使得同一样品在不同仪器上量测的光谱尽可能一致，即仪器的标准化。经过多年的努力，对于同一型号甚至不同型号的傅里叶型近红外光谱仪器，基本可以通过上述方法实现光谱的直接转移。近些年，随着技术和制造水平的提高，一些便携式仪器也能够进行同型号仪器间的光谱转移。但是，不同光谱仪，尤其是不同品牌仪器之间仍可能存在巨大的差异，例如光栅型光谱仪与傅里叶变换型光谱仪之间的差异。这种差异依然会引起多元校正模型的不适用性，即在一台仪器上建立的模型，用于其他仪器时，产生无法接受的系统性预测偏差。那么，就需要通过数学方法来解决不同仪器间光谱差异性的问题。目前，文献通常称之为模型传递或模型转移，也有文献称之为仪器转移或仪器传递。

标准化是在近红外光谱技术实践应用中，针对实际的或潜在的光谱表征样本构成信息和质量判定问题而制定和实施共同的和重复使用的统一规则的活动，以达到贯彻实施相关的国家、行业、地方标准等为主要内容的过程。标准化的重要意义是为适应科学发展和组织生产生活的需要，在光谱仪产品质量、规格、零部件通用等方面，尽量统一技术标准，从而改进光谱技术应用过程或服务的适用性。近红外光谱的标准化通常包含了仪器、技术和模型三个方面的统一、简化、协调和最优化。统一原理是为了保证检测分析物对象所必须的光谱或者成像数据量测和效率，具备分析物的构成、功能或其他特性，确定适合于一定时期和一定条件的一致规范，并使这种一致规范与被取代的分析物在功能上达到等效。简化原理是为了经济有效地满足需要，对标准化分析物对象的结构信息、光谱形式或其他性能进行筛选提炼，剔除其中多余的、低效能的、可替换的环节，精炼并确定出满足需要所必要的高效能的环节，保持近红外光谱技术构成精简合理，使之功能效率最高。协调原理是为了使标准的近红外技术功能达到最佳，并产生实际效果，通过有效的方式协调好仪器设备、技术使用和模型应用内外相关因素之间的关系，确定为建立和保持相互一致，适应或平衡关系所必须具备的条件。

"车同轨""书同文""度同制"，在可预期的未来，仪器的标准化问题将有望得到彻底解决，在一台仪器上建立的模型数据库可以方便准确地用于其他近红外光谱仪器。近红外光谱以及相关技术的标准化实施，可以整合和引导社会资源，激活科技要素，推动创新，加速技术积累、科技进步、成果推广、创新扩散、产业升级以及经济、社会、环境的全面、协调、可持续发展。

四、光谱分析技术的现代化

现代仪器研制技术的进步以及与化学计量学方法的日趋融合，使得近红外光谱分析系统，无论是硬件系统（即近红外光谱仪、配套专用测量附件等）的稳定性、光学一致性，还是软件系统（即仪器操作控制软件、数据分析软件等）的人机对话功能，复杂数据处理和数学建模功能，均得到全面提升。加之，近年来物联网技术、云计算技术的兴起，特别是基于近红外光谱数据库与相关领域知识的数据挖掘技术应用，以及建模服务系统的网络化，近红外光谱分析技术服务于产业现代化，无论是应用于离线分析，还是在线过程监测，必将发挥越来越重要的作用，量测信号的数字化和分析过程的绿色化将赋予该技术典型的时代特征，可能成为分析的巨人。

1. 通用光谱数据库

从人类开启信息化社会的大幕到网络形态飞速发展；从局域网、互联网到移动互联网，信息化进程的脚步从未停歇。"物联网+行业应用"的模式已在智慧城市、智慧农业、智能交通、智能工业和智慧医疗等细分领域得到规模化的应用。遗憾的是，对于物质成分的传感能力仍是物联网感知层的薄弱环节。传统实验室广泛使用的质谱、色谱和化学分析方法受其技术特点所限，很难在需要微型化、低成本和实时性的物联网领域直接应用。近红外光谱凭借其自身具有的独特优势，正在成为物联网重要的感知技术。对于近红外光谱的定性定量分析，校正模型和其所需的数据库是必不可少的组成部分，它们很大程度上决定了近红外光谱的分析效率。

光谱数据库在准确地解译关于各类化合物的光谱以及分析物物质构成的图像信息、快速地实现未知分析物的匹配、提高分析能力和分类识别水平方面起着至关重要的作用。由于光谱仪能产生庞大的数据量，建立通用光谱数据库，应用先进的计算机技术来保存、管理和分析这些信息，是提高光谱或者图像信息的分析处理水平并使其能得到高效、合理应用的唯一途径，并给人们认识、识别及匹配分析物提供了基础。近红外光谱技术的未来在于大数据，而大数据的关键是建立通用的数据库。

近红外光谱数据库是在软硬件平台上基于大量有代表性样本的光谱及其基础数据构建起来的，是极其宝贵的资源，也是未来近红外光谱工作者的一项重要工作，即在仪器标准化的基础上，依照不同领域需求分门别类地建立模型数据库，并在云平台上实现共享。一方面，构建官方及商业化的"互联网+近红外光谱分析"模式、网络模型维护与共享平台，不断扩充完善模型数据库，尤其是粮食、药品、奶制品、肉类、纺织品、石化产品、饲料、烟草、土壤的光谱模型库等，使其在实际应用中发挥应有作用。从任何近红外光谱仪器获得的相同分析物的通用光谱差异最小，不会对后续的光谱数据分析造成明显的影响，也就是说用一台仪器采集的光谱建立的模型预测同一组样品在本台仪器上测量的光谱，与使用本台仪器的模型预测另一台仪器测量同是一组样品的光谱所得到的结果无显著性的差异。当然，这里所说的通用光谱数据库包含了可实现网络平台光谱数据的标准化步骤，光谱仪则是这个网络环境中一个"传感器"和"预测器"。

一旦通用的近红外光谱数据库建成，并得到完善，国内外的行业工程师、化学家、数学家和计算机学家等将会密切协作，通过归纳和演绎等多种手段相结合的方式从大数据中提取有效信息，建立全球化的智能光谱模型库。用户只需在近红外光谱仪器终端的人机对话界面内选择相应的被测样品类选项，然后按下光谱采集键，系统将自动完成数据采集、传送云端、光谱分析、性质预测、报告回送等功能，大大弱化对用户的专业要求，使食品、药品、日用百货品等品质评估的大众化成为现实。

2. 云化与深度学习

云计算可能是近红外光谱分析现代化的另一种云化服务模式。资源的高度集中与整合使得云计算具有很高的通用性，用户只需将光谱数据通过网络传输到云端计算中心，"中心云"或"边缘云"便能够迅速、可靠和节能地响应用户需求，进行数据处理，提供分析服务，例如判断农产品大豆的生态环境、品种、等级以及相应的理化性质等特征信息。基于云端大数据模型预测大豆的质量稳定性与产量的历时性变化趋向，辅助基层农民改进或调整种植措施。

构建云计算智能化服务系统通常需要建立大数量样本近红外光谱校正模型。样本量越大，对网络环境中大体量的数据资源、计算机性能和探索性数据分析算法的准确性、运算速度的要求就越高，如在建模过程中组织训练集或校正样本集、清洗异常样本、筛选适宜的建模数据等等。传统的建模方式和流程效率低、适应性差。基于网络资源进行化学计量学网络计算，现代云计算技术为其搭建了高灵活性平台。如何选择诸如 Hadoop、Spark 等生态圈技术，通过分布式计算提升定性、定量建模效率，并结合长期积累的建模经验、领域知识（包含相关的波长或波段选择、光谱预处理及其参数设置、模型误差水平控制等），实现自动化建模，共享应用网络资源优势，平衡计算负载，是实现近红外光谱分析网络化云计算所要解决的问题。无论是对近红外光谱定性定量分析的普通用户，还是对近红外光谱数据进行深度挖掘的高级用户，都具有较好的便利性和实用性。

深度学习是一种特定类型的机器学习，具有强大的能力和灵活性，已在计算机视觉、语音识别、自然语言处理等领域广泛使用。深度学习的核心是特征学习，从原始输入数据开始将每层特征逐层转换为更高层更抽象的表示，在分类和预测时提取数据中有用信息，具有潜在的自动学习特征的能力。"深度"通常指神经网络中的隐藏层数，层数越多，网络越深。传统的"浅度"神经网络只包含 2 层或 3 层，而深度网络可能包含多达十几个或者数十个隐藏层。

由于分析物样品本身具有多样性和复杂性，其光谱信号又受环境条件、测量仪器等各种因素干扰，会直接影响定量或定性分析结果的准确性。为消除这些干扰，常使用预处理方法处理光谱数据。然而，从数十种预处理方法中选择出合适的预处理方法或其组合是比较困难的，原因是预处理方法的选择除了与光谱和预测组分有关，还与定量和定性校正算法有关。数据驱动的深度学习方法推动着人工智能技术的发展，它可以在不需要手动设计特征的基础上发现大数据集中的复杂结构，并从数据中提取关键特征，已经在二维和三维数据方面得到广泛应用。对于近红外光谱数据，卷积神经网络可从光谱中自动提出关键特征，在削弱测量环境、仪器的干扰信号的同时，能够实现光谱数据端到端的分析，建立的模型在保证预测精度的同时还具有较强的扩展性和鲁棒性。

深度学习的另一个特点是可以使用预训练模型，将在源领域学习过的模型，应用于目标领域。例如，使用 A 品牌光谱仪测量的光谱数据（源域）建立的小麦蛋白质回归模型（预训练模型），保持该回归模型的卷积层的参数不变，使用 B 品牌光谱仪（目标域）测量的少量样本，应用迁移学习方法重新训练全连接层网络参数，将回归模型在不同厂商仪器之间进行迁移，训练出的新模型即可适配 B 品牌光谱仪。在图像领域，广大的互联网用户通过众多的方式在 ImageNet 上手动注释了超过 1400 万张图片，基于这些海量开源的图像数据集训练出的预训练模型网络参数量过亿，可以识别数万个类别。在近红外光谱领域，未来随着深度学习算法的发展，收集大量不同仪器、不同样品的光谱，有望建立一个超大规模的预训练模型并开源，互联网用户可使用本领域的少量样品，对预训练模型进行迁移学习，便可训练出本领域预测能力较强的模型。深度学习势必会给近红外光谱领域带来更多新的应用机会，基于该技术可构建近红外光谱"最强大脑"，使近红外光谱分析更便捷、更高效、更智能。

参考文献

[1] Abney W，Festing E R．Near-Infrared Spectral of Organic Liquids［J］．Philosophical Transactions of the Royal Society，1881，172：887-918.

[2] Fowle F E．The Spectroscopic Determination of Aqueous Vapor［J］．Astrophysical Journal，1912，35（3）：149-162.

[3] Ellis J W，Bath J．Modifications in the Near Infra-Red Absorption Spectra of Protein and of Light and Heavy Water Molecules When Water is Bound to Gelatin［J］．The Journal of Chemical Physics，1938，6：723-729.

［4］徐光宪，王祥云. 物质结构［M］. 2 版. 北京：科学出版社，2010.

［5］陆婉珍. 现代近红外光谱分析技术［M］. 2 版. 北京：中国石化出版社，2010.

［6］褚小立. 现代光谱分析中的化学计量学方法［M］. 北京：化学工业出版社，2022.

［7］Bruno T J, Svoronos P D N. Handbook of Fundamental Spectroscopic Correlation Charts［M］. USA Florida：CRC Press, 2006.

［8］Hirschfeld T. Salinity Determination Using NIRA［J］. Applied Spectroscopy, 1985, 39（4）：740-741.

［9］Gowen A A, Amigo J M, Tsenkova R. Characterisation of Hydrogen Bond Perturbations in Aqueous Systems using Aquaphotomics and Multivariate Curve Resolution-Alternating Least Squaresanal ［J］. Analytica Chimica Acta, 2013, 759：8-20.

［10］Vandermeulen D L, Ressler N. A Near-Infrared Method for Studying Hydration Changes in Aqueous Solution：Illustration with Protease Reactions and Protein Denaturation［J］. Archives of Biochemistry and Biophysics, 1980, 205（1）：180-190.

［11］Waggener W C. Absorbance of Liquid Water and Deuterium Oxide Between 0.6 and 1.8 Microns. Analytical Chemistry, 1958, 30：1569-1570.

［12］Czarnik-Matusewicz B, Pilorz S. Study of the Temperature-Dependent Near-Infrared Spectra of Water by Two-Dimensional Correlation Spectroscopy and Principal Components Analysis［J］. Vibrational Spectroscopy, 2006, 40：235-245.

［13］Segtnan V H, Šašic Š, Isaksson T, et al. Studies on the Structure of Water Using Two-Dimensional Near-Infrared Correlation Spectroscopy and Principal Component Analysis［J］. Analytical Chemistry, 2001, 73：3153-3161.

［14］Inoue A, Kojima K, Taniguchi Y, et al. Near-Infrared Spectra of Water and Aqueous Electrolyte Solutions at High Pressures［J］. Solution Chemistry, 1984, 13：811-823.

［15］Kuda-Malwathumullage C P S, Small G W. Determination of Temperatures of Polyamide 66 Directly from Near-Infrared Spectra［J］. Journal of Applied Polymer Science, 2014, 131：40476-40484.

［16］Kakuta N, Arimoto H, Momoki H, et al. Temperature Measurements of Turbid Aqueous Solutions Using Near-Infrared Spectroscopy［J］. Applied Optics, 2008, 47（13）：2227-2233.

［17］Li H, Liang Y, Xu Q, et al. Key Wavelengths Screening Using Competitive Adaptive Reweighted Sampling Method for Multivariate Calibration［J］. Analytica Chimica Acta, 2009, 648：77-84.

［18］Favilla S, Durante C, Vigni M L, et al. Assessing Feature Relevance in NPLS Models by VIP［J］. Chemometrics and Intelligent Laboratory Systems, 2013, 129：76-86.

［19］Yun Y H, Wang W T, Tan M L, et al. A Strategy that Iteratively Retains Informative Variables for Selecting Optimal Variable Subset in Multivariate Calibration［J］. Analytica Chimica Acta, 2014, 807：36-43.

［20］Deng B C, Yun Y H, Cao D S, et al. A Bootstrapping Soft Shrinkage Approach for Variable Selection in Chemical Modeling［J］. Analytica Chimica Acta, 2016, 908：63-74.

［21］Song X, Huang Y, Yan H, et al. A Novel Algorithm for Spectral Interval Combination Optimization ［J］. Analytica Chimica Acta, 2016, 948：19-29.

［22］Yun Y H, Li H D, Wood L R E, et al. An Efficient Method of Wavelength Interval Selection based on

Random Frog for Multivariate Spectral Calibration [J]. Spectrochimica Acta Part A, 2013, 111: 31-36.

[23] Ouyang Q, Chen Q S, Zhao J W, et al. Determination of Amino Acid Nitrogen in Soy Sauce Using Near Infrared Spectroscopy Combined with Characteristic Variables Selection and Extreme Learning Machine [J]. Food and Bioprocess Technology, 2013, 6 (9): 2486-2493.

[24] Lee W C, Kang S H, Montagna P A, et al. Temporal Dynamics and Patterning of Meiofauna Community by Self-Organizing Artificial Neural Networks [J]. Ocean and Polar Research, 2003, 25 (3): 237-247.

[25] Tùgersen G, Isaksson T, Nilsen B N, et al. On-line NIR Analysis of Fat, Water and Protein in Industrial Scale Ground Meat Batches [J]. Meat Science, 1999, 51: 97-102.

[26] Maertens K, Reyns P, Baerdemaeker J D. On-Line Measurement of Grain Quality with NIR Technology [J]. Transactions of the ASAE, 2004, 47 (4): 1135-1140.

第2章

近红外光谱分析仪器

近年来,近红外光谱作为迅速崛起的光谱分析技术在分析测试领域中所起的作用越来越引起人们关注。近红外光谱分析技术作为一种无损、快速检测技术正越来越多被大家认同和应用[1,2]。初次从事近红外光谱分析的人员常常会提出这样的问题:可供选择的近红外光谱分析仪器种类繁多,那么它们之间到底有何区别?用哪些指标来评价近红外分析仪器?如何选择一台合适的近红外光谱仪器?带着上述疑问,本章为读者介绍近红外分析仪器的种类以及近红外分析仪的评价指标, 以期帮助读者更好了解近红外分析仪器。

第一节 近红外分析仪器基本构成

近红外光谱仪器也是由光源系统、分光系统、样品室、检测器、控制和数据处理系统组成。其中,控制和数据处理系统由光源电源电路、检测器电源电路、信号放大电路、A-D 转换、控制电路等部分组成;计算机系统则通过接口与仪器电路相连，主要用来操作和控制仪器的运行，除此还负责采集、处理、存储、显示光谱数据等。现代高集成的近红外分析仪器已经将数据处理系统设计在仪器内部的电路板上，实现仪器的小型化轻型化。

　　光源发出的光经分光系统成为单色光，单色光与样品室（检测附件）中的样品作用后，一部分被吸收，另一部分光到达检测器，光信号则转变成电信号，通过数据处理系统可计算得到近红外吸收光谱，该光谱经数据处理系统后可得到最终分析结果。整个系统都是在控制系统作用下协同完成的，一般控制系统和数据处理系统都是由微处理器或计算机完成，所以把它们合为一个系统。当分光系统放置于样品室之前的仪器制式为前分光光路仪器，如图 2-1 所示，而将分光系统放置于样品室之后的仪器制式为后分光光路仪器，如图 2-2 所示。此两种方式对样品的检测略有不同，其中后分光方式，其光谱仪系统可将分光系统和检测器集成到一个光谱仪模块上，集成度相对更高。国内众多近红外光谱仪器集成厂商绝大多数采用后分光方式的光谱仪，原因即在于此。

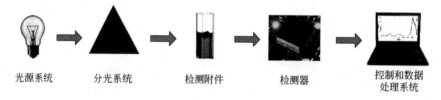

图 2-1　前分光光路仪器系统示意图

图 2-2　后分光光路仪器系统示意图

一、光源系统

　　光源的发光范围决定仪器的工作波长范围，近红外分析仪器最常用的光源是卤钨灯。它们的光谱覆盖整个近红外谱区，强度高，性能稳定，寿命也较长。卤钨灯的外壳通常是石英材质，卤钨灯内光源充入惰性气体（如氩气或氪气）和微量的卤素（通常是溴或碘）。卤钨灯灯丝的使用寿命平均无故障时间可达 1 年，同时由于灯丝可以在更高温度下工作，具有更高的亮度、更高的色温和更高的发光效率。光源作为近红外分析仪器的耗材，器件选型时则需要考虑其使用寿命。

在一些专用仪器中，尤其是便携式仪器中普通发光二极管被广泛应用，因为普通发光二极管功耗低，性能稳定，寿命长达几万小时，价格低廉，且很容易调制和控制。近年来，激光发射二极管作为一种新型光源很快在近红外光谱仪器中得到应用，激光发射二极管因发射的光带窄，不需分光系统，在一些专用仪器上得到了很好的应用，例如激光气体分析仪。

二、分光系统

分光系统也称单色器，其作用是将复合光变成单色光。对分光系统的要求是获得的单色光波长准确、单色性好，它关系到近红外光谱仪器的分辨率、波长准确性和波长重复性等近红外光谱仪的核心部分。单色器输出的并非真正的单色光，实际上具有一定带宽。近红外光谱仪器分光系统的分光方式主要有滤光片、光栅分光、傅里叶变换和声光可调滤光等4种类型。在本章第二节中作详细介绍。

三、样品室

近红外分析仪器一般可直接对样本进行近红外光谱测量，不需要预处理。由于样本的物态、形状各式各样，需要采用不同的样品室（测量附件）去适应不同类型的样本。近红外光谱的测试方法主要分为透射和反射两种类型。依据不同的测量对象，又可细分为透（反）射、漫透（反）射、漫反射等方式。针对不同的测量对象，市场上有各种商品化测量附件供选用。其具体介绍见本书第三章。

四、检测器

检测器用于把携带样本信息的近红外光信号转变为电信号，再通过 A-D 转变为数字形式输出。检测器一般由光敏元件构成，光敏元件的材料不同，其工作范围也不同，从而决定了仪器的检测波长范围。常用的检测器光敏材料及波长范围如表 2-1 所示。响应范围、灵敏度、线性范围是检测器的三个主要指标，取决于它的构成材料以及使用条件，如温度等。在短波区域，多采用 Si 检测器，长波区域则多采用 PbS 或 InGaAs 检测器。其中 InGaAs 检测器的响应速度快，信噪比和灵敏度更高，但响应范围相对较窄，价格也较高；PbS 检测器的响应范围较宽，价格相对较低，但其响应呈现较高非线性。

表 2-1 常用的检测器光敏材料及波长范围

光敏材料	波长范围/nm	光敏材料	波长范围/nm
Si	700~1100	InSb	1000~5000
Ge	700~2500	InAs	800~2500
PbS	750~2500	InGaAs	800~2500

检测器按工作方式可分为单点、线阵和面阵 3 种类型。单点检测器只有一个检测单元，一次只能接受一个光信号，得到全谱需经过光谱扫描；线阵检测器是多个检测单元排列成一条线，而面阵检测器是多个检测单元排列成面，可同时接收检测面上不同波长的光信号，不需扫描，速度很快。线阵检测器的类型主要有 CMOS 和 CCD 两种类型，常见的阵列有 256×1、512×1、1024×1、2048×1、128×128，阵列的数目越大分辨率越高，但价格也越高。选用阵列的数目要与光学系统相匹配。检测器的性能直接影响仪器的信噪比。检测器的噪声与温度有一定的关系，一般而言，若要获得较低水平的近红外光谱仪器噪声，则其检测器通常需要进行温控，且保持在较低的温度状态。一般采用半导体制冷技术可实现对检测器的制冷，在某些科研领域，则往往采用液氮制冷的检测器以获得更高的信噪比用于科学研究。

五、控制和数据处理系统

近红外分析仪器的各个系统能很好地协同工作，其控制系统功不可没。它控制仪器各个部分的工作状态，如控制光源系统的发光状态、调制或补偿，控制分光系统的扫描波长、扫描速度，控制检测器的数据采集、A-D 转换，控制样品室的旋转、移动，控制相应的温度调制等。控制系统一般是由微处理器或计算机配以相应的软件和硬件组成。

1. 控制部分

（1）谱采集与参数设置，如分辨率、测量次数、积分时间等。

（2）仪器的自检和故障诊断，如能量衰减、波长准确性以及恒温控制等。

（3）光谱变换，如基线校正（微分、扣减）、平滑、吸光度和透光率之间的转换，波长和波数之间的转换等。

（4）光谱显示，如光谱放大、缩小和叠加等。

（5）光谱格式的转换，如将光谱文件转换成国际通用的数据或文本文件等。

（6）其他，如光谱峰谷标定、积分计算等。

2. 数据分析处理系统

数据分析处理系统一般需要配合化学计量学软件，化学计量学软件的核心任务是建立定量和定性校正模型[3]，主要包括以下功能。

（1）光谱预处理，如微分、平滑、均值化、标准化、MSC、OSC、SNV 和小波变换等。

（2）波长筛选，如相关系数法、方差分析法、UVE、GA 等。

（3）多元定量校正，如 MLR、PCR、PLS、LWR 和 ANN 等。

（4）模式识别定性，如线性学习机、K 最近邻法和 SMCA 法等有监督的模式识别方法，以及聚类分析法等无监督模式识别方法。

（5）模型传递，如 FR、DS、PDS 和 Shenk's 算法等。

（6）其他，如模型界外样本的识别、校正样本的选择、模型质量控制以及模型评价等。

目前，近红外光谱仪的软件功能都较为完善，也基本类似，没有显著性的差异，只是在界面语言、风格以及操作习惯上，存在着一定的差异。对于专用型近红外光谱仪，针对不同的应用对象，软件功能差异较大，但基本都能满足实际工作的需要。

第二节　近红外光谱仪器的分光类型

近红外光谱仪的分类方式比较多，按照仪器的分光器件不同，一般可分为 4 种主要类型：滤光片型、光栅色散型、傅里叶变换型和声光调制滤光器型，另外还有多种其他型式的近红外光谱仪。

一、滤光片型近红外分析仪

滤光片型近红外分析仪又分为固定波长和线性渐变波长的滤光片仪器[1,2]。一些专用的近红外分析仪器采用滤光片得到所需的单色光。滤光片型分光系统，如图 2-3 所示。一般是用干涉滤光片作为分光器件，干涉滤光片是建立在镀膜干涉原理上的精密光学器件，具有带通性，只容许较窄波段的光通过滤光片而其他部分光不能通过，干涉滤光片价格低廉，仪器设计简单，所以特别适合用于专用、便携式仪器；但滤光片的光学性能如带宽、峰值波长和透过率受温湿度等影响很大，仪器在设计上具备有效的校正系统。目前在水分近红外分析仪上应用广泛。

检测器

滤光片轮

样品池

光源

图 2-3　滤光片型分光系统示意图

线性渐变滤光片（linear variable filter，LVF）是一种特殊的带通滤光片，使用光学镀膜和制造技术，在特定方向上形成楔形镀层。优于带通中心波长与镀层厚度相关，滤光片的透过波长在楔形方向上发生线性变化，从而起到分光作用。利用 LVF 可制成非常小巧轻便的光谱仪，但受到元器件的性能所限，其波长范围和分辨率稍受限，可根据需要定制 1000～1700nm 或者 1200～2200nm 的光谱仪，分辨率（光谱带宽）一般为 15nm 左右。

二、光栅分光系统

光栅作为分光器件的近红外光谱仪器所占比例很大，由于使用全息光栅，使光栅的质量大大提高，没有鬼线，杂散光很低，使光栅分光系统的光学性能有很大的提高。其中一种光栅分光系统采用精密波长编码技术的扫描技术,通过精密控制光栅的转动实现单色光的获取,如图2-4所示;另一种技术路线是采用固定凹面光栅的同时配上多通道检测器,如图2-5所示,检测器的不同通道单元接收不同波长的单色光,该方式改变了光谱扫描的方式,光谱读取的速度大大提高。上述两种光栅分光光谱仪器价格适中,对近红外光谱技术的普及与推广起很大作用。其中采用阵列检测器的光栅光谱仪因为没有任何移动部件,一般认为仪器的稳固程度较高,非常适宜用于在线系统。

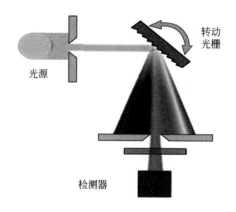

图 2-4　光栅扫描型分光系统示意图

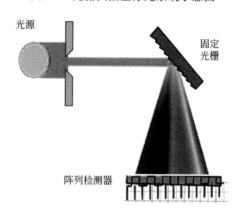

图 2-5　固定光栅-多通道传感分光系统示意图

三、傅里叶型分光系统

20世纪70年代傅里叶变换技术在中红外光谱仪器上的应用使其性能得到革命性的改变。进入80年代该类型的仪器已成为中红外光谱仪器的主导产品。借助于研制中红外光谱仪器的基础，通过调整光源、分束器和检测器，傅里叶变换型近红外光谱仪器应运而生。

傅里叶变换型近红外光谱仪的核心部件是干涉仪，迈克尔逊干涉仪结构如图 2-6 所示，由移动反射镜、固定反射镜和分束器组成。其中动镜和定镜为两块相互垂直的镜面。光源发出的光经准直成为平行光，按 45° 角入射到分束器上，其中一半强度的光被分束器反射，射向固定反射镜（定镜），另一半强度的光透过分束器射向移动反射镜（动镜）。射向固定反射镜和移动反射镜的光经反射后实际上又会合到一起，此时已成为具有干涉光特性的相干光，当移动反射镜运动时，就能得到不同光程差的干涉光强。当峰峰值同相位时，光强被加强；当峰谷值同相位时，光强被抵消，在相长和相消干涉之间是部分的相长相消干涉。对于一个纯单色光，在移动反射镜连续运动中将得到强度不断变化的余弦干涉波，所以检测器检测到的是样本的干涉图，每个时刻都可得到分析光中全部波长的信息。由计算机采集此干涉图，样本干涉图函数经傅里叶变换后与空白时光源的强度按频率分布的比值即可得到样本的近红外光谱图。

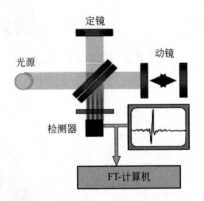

图 2-6　迈克尔逊干涉仪分光系统示意图

由于计算机只能对数字化的干涉图进行傅里叶变换，因此需要对其进行等间隔离散取点采样。目前，傅里叶型近红外光谱仪大都依靠激光协助完成，通常使用波长为 632.8nm 的 He-Ne 激光器。当激光通过干涉仪时，被调制成一个余弦曲线状态的干涉图，由光敏二极管进行检测。测样时，用该余弦干涉图监测测量的全过程，每当余弦波过零点时，即可触发对样本进行采样，从而获得数字化样本干涉图。此外，激光干涉图还用来监控移动反射镜的移动速度和决定移动反射镜的移动距离。以上可见，传统迈克尔逊干涉仪对光的调制是靠镜面的机械扫描运动来实现的，这决定了仪器的扫描速度不能很快。傅里叶型近红外光谱仪如要达到比较高的光谱分辨率，则要求加大动镜移动距离，这样会使系统比较庞大。同时它对机械扫描系统的加工、装配等精度提出更高要求。

为了提高干涉仪系统的稳定性、可靠性，降低加工和装配精度以及缩小系统体积，国际各大知名仪器制造商对经典的迈克尔逊干涉仪进行了各种改进。一方面是针对系统的抗振性能，提出了用 60°或 90°角镜、猫眼反射器来代替平面反射镜、固定反射镜动态调整技术；或者在机械扫描运动系统中，采用气浮导轨、磁浮轴承、面弹簧支撑等，以减小摩擦。另一方面，由于移动反射镜机械扫描的本质是为了改变两条光路之间的光程差，因此，也相应地提出了许多改变光程差的方案，如扫描分光镜结构、钟摆结构、旋转角镜或平板介质结构、插入光楔结构、转动平面镜组结构等。例如布鲁克开发了三维立体平面角镜干涉仪，采用两个三维立体平面角镜作为动镜，通过安装在一个双摆动装置质量中心处的无摩擦轴承，将两个立体平面角镜连接。三维立体平面角镜干涉仪的实质是用立体平面角镜代替了传统干涉仪两干臂上的平面反光镜。由立体角镜的光学原理可知，当其反射面之间有微小的垂直度误差及立体角镜沿轴方向发生较小的摆动时，反射光的方向不会发生改变，仍能够严格地按与入射光线平行的方向射出。由此可以看出，采用三维立体角镜后，可以有效地消除动镜在运动过程中因摆动、外部振动或倾斜等因素引起的附加光程差，从而提高了仪器的抗振能力和重复性。

法布里-珀罗干涉仪（Fabry-Perot interferometer，FPI）是利用多光束干涉原理产生十分细锐条纹的仪器。由上下两个镜片夹一个介质层（谐振腔）构成，如图 2-7 所示。不同的介质层厚度（即不同腔长）对不同波长的光具有选择透过性，这相当于一个滤光片，使得入射的多色光被分成几个更窄的波长带。一般由两块相互平行的平面玻璃或石英板 P_1 和 P_2 组成，两板的内表面镀一层高反膜。为了获得细锐的条纹，两反射面的平面度达 1/20～1/100 波长。两表面还应保持平行，

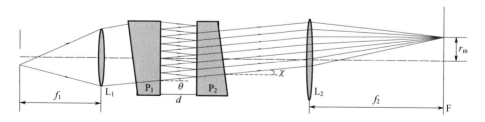

图 2-7　法布里-珀罗干涉仪示意图

f_1—焦距 1；f_2—焦距 2；L_1—透镜 1；L_2—透镜 2；F—成像面；θ—入射光与主轴夹角；

χ—出射光与主轴夹角；r_m—像斑到主轴距离

以构成产生多光束干涉的平行板。干涉仪的两块玻璃板通常做成有一个楔角（1′~10′），以避免未涂层表面反射光的干扰。如果 P_1、P_2 之间的光程 d 可以调节，则是通常所谈到的法布里-珀罗干涉仪，如果 P_1、P_2 间放一个空心圆柱形的间隔器，则二者之间的距离固定不变，这样的装置称为法布里-珀罗标准具。在光谱学中法布里-珀罗干涉仪常用作光谱线的超精细结构研究。

傅里叶型近红外光谱仪器的特点是光谱扫描范围宽、波长精度高、分辨率可调、信噪比高。这类仪器的弱点是干涉仪中有可移动部件，对仪器的使用环境有一定要求，且价格较高，目前国内市场上主要是以进口的傅里叶型近红外光谱分析仪见多。虽然各单位提供的傅里叶型近红外分析仪干涉仪型式不同，但其仪器基本性能均相差不多。

四、阿达玛变换型系统

阿达玛变换光谱仪严格意义上是一种信号处理方式不同于传统光谱仪的系统，是阿达玛线性变换原理与传统色散型光谱仪相结合的产物。阿达玛变换可以类比于数理统计学中的称重设计方法，在秤（检测器）的精度一定的情况下，将物体进行分组称重后再计算所得各物体的重量，比每一个单独称出的重量要准确。

阿达玛变换近红外光谱仪是在常规光谱仪的基础上，以编码模板取代出射（或同时也取代入射）狭缝，通过模板对信号的调制作用实现阿达玛变换的多通道光谱仪。由光源、光栅、微镜阵列、检测器组成，光源发出的连续光经过光栅分光后，不同波长的光投射到微镜阵列（HT 模板）的不同位置上，不同波长的光分别经相应的微镜反射后全部集中到检测器上。

一般，采用 m 个 HT 模板对试样信号进行调制，可以得到 m 个调制的信号，用检测器检测每一个调制信号的量值，m 次测量后再通过 HT 逆变换把这 m 次测得的调制信号还原成试样的信号，如线阵 CCD 光谱仪一次测量过程中，检测器在每一时间间隔内只测量一个谱元的信号强度，而阿达玛变换多通道检测技术在同一时间里却可以同时检测多个谱元组合信号的总强度，这能一定程度上降低噪声影响，提高仪器信噪比，适用于检测微弱信号。

五、声光可调滤光器分光系统

声光可调滤光器（AOTF）型仪器以双折射晶体为分光元件，采用声光衍射原理对光进行色散。AOTF 由双折射晶体、射频辐射源、电声转换器和声波吸收器组成。双折射晶体多采用 TeO_2，也可使用石英或锗，射频辐射源提供频率可调的高频辐射输出,晶体上的电声转换器将高频的驱动电信号转换为在晶体内的超声波振动,声波吸收器用来吸收穿过晶体的声波,防止产生回波。

该型仪器的工作原理如下:当高频电信号由电声转换器转换成超声信号并耦合到双折射晶体内以后,在晶体内形成一个 TeO_2 晶体声波吸收器行波场,当一束复色光以一个特定的角度入射到声行波场后,经过光与声的相互作用,入射光被超声衍射成两束正交偏振的单色光和一束未被衍射的光,其中两声行波束衍射光的波长与高频电信号的频率有着一一对应的关系。当改变入射超声频率时,晶体内的声行波就会发生相应的变化,衍射光波长也将随之改变。因此,自动连续改变超声频率,就能实现衍射光波长的快速扫描,从而达到分光的目的。

一般射频的输出频率改变后 $20\mu s$ 的时间内,晶体内的声行波就会变化,扫描速度很快,约 4000 波长点/s,最快可达 16000 波长点/s。分光后光束的带宽由晶体的特性与尺寸、射频输出功率和射频输出的带宽来决定。近红外光谱仪器通常只用其中的一束衍射光进行分析,另外两束光则用挡光板吸收去掉,也可将另外一束衍射光用于仪器的参比光束。

AOTF 型近红外光谱仪的显著特点是分光系统中无可移动部件、扫描速度快。它既可实现扫描范围内的全光谱扫描,也可以在扫描范围内任意选定一组波长进行扫描,对于固定的应用对象,则可以大大节省测量时间。另外,AOTF 型近红外光谱仪体积小、重量轻,可以做到光谱仪器的小型化。但这类仪器的分辨率不如光栅扫描和傅里叶类型的仪器高,价格也较为昂贵。由于晶体制作等原因,仪器间的一致性较难保证,晶体也易受温度的影响,需要采取严格的温控措施,才能保证波长的稳定。

六、基于 DLP 技术的分光系统

DLP 是"digital light procession"的缩写,即为数字光处理,也就是说这种技术要先把影像信号经过数字处理,然后再把光投影出来。它是由德州仪器发明的、专门用于投影和显示图像的全数字技术。近红外光谱分析中的 DLP 技术利用数字微镜器件（digital micromirror device，DMD）和单点探测器取代了传统的线性阵列探测器。通过按顺序打开与特定波长相对应的一组镜列,对应光线被指向探测器,并被捕获。通过扫描数字微镜元件上的一组镜列,可以计算出吸收光谱。

DMD 芯片外观看起来只是一小片镜子，被封装在金属与玻璃内部，事实上，这面镜子是由数十万至上百万个微镜所组成的，DLP 芯片上可装载 880 万个微镜，每秒开关速度高达上万次。

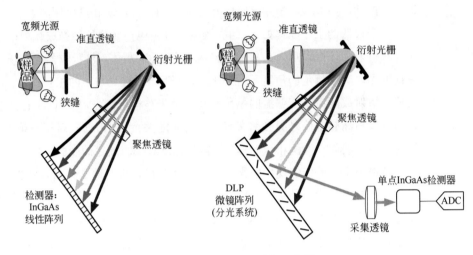

图 2-8　DLP 分光系统示意图

借助可编程显示模式，图 2-8 所示的 DLP 分光系统能够通过控制一个镜列中的像素数量来改变到达探测器的光的强度；通过控制镜列的宽度来改变系统的分辨率。

七、显微成像近红外技术

传统的近红外光谱技术测量的是平均光谱，反映样本的平均组成，而近红外显微成像技术增加了光谱的空间分布信息，可以使样品的异质性得到进一步确定。近红外显微成像系统是将近红外光谱仪与光学显微镜联用的系统，主要由近红外主机、近红外显微镜系统和计算机组成。近红外主机多采用干涉分光原理，主要部件包括迈克尔逊干涉仪、显微镜光学系统、检测器等。显微镜把光束聚焦到测量样品的微区上，从而可移动镜头对样品进行点、线、面的分子水平的扫描，可以快速获得大量的近红外光谱图，并把测量点的坐标与对应的红外光谱同时存入计算机，得到不同化合物在微区分布的平面图或立体图。

1. 近红外显微成像技术的特点

（1）样品不需预处理。

（2）穿透能力强。

（3）水的干扰小，可以对鲜活组织和溶液中的细胞样品直接测定。

（4）测定的区域可达到 $1cm^2$ 以上，并且可以检测粗糙表面的样品。

（5）非接触性、非破坏性、无环境污染。

（6）二维光谱可以增强分辨率，展示更多的细节。

（7）可分析多种物态的样品。

2. 近红外显微成像方式

（1）总吸收图像，以每一个的数据点的近红外光谱图为基础，宏观显示图像分析区域内的近红外吸收强度。

（2）单波长成像，以特定波长的近红外吸收强度为特征，显示对应化学官能团在图像分析区域内的分布信息。

（3）化学成像，也叫峰面积图像，是以特定吸收峰的峰面积为特征，显示对应化学官能团在图像分析区域内的分布信息。

（4）相关谱成像，以某一张近红外光谱为标准，计算出整个图像上的像素点光谱与它的相关性，再以相似度为度量成像。特别适用于鉴别纯物质中的零星污染物。

（5）峰比率成像，以近红外光谱图不同吸收峰的峰比率为特征，显示对应化学官能团在图像分析区域内的分布信息。

近红外显微成像技术在材料、食品、医药等行业已经发挥了较大的作用，利用其进行化学成分测定及微区分析，快速、简单、直观。与扫描电镜、透射电镜、电子探针、X射线衍射等其他微区分析技术相比，近红外显微成像技术具有制样简单、操作方便、快速定量、无损分析的优点。因此，作为现代分析技术，近红外显微成像技术必将得到越来越广泛的应用。如何建立适用性、稳定性更好的数学模型，实现不同仪器之间、同一仪器不同条件下的定标模型的转移，以及与其他分析技术的联用将是近红外显微成像技术的发展趋势。

八、高光谱成像近红外技术

近红外高光谱成像系统是将近红外光谱仪与光学望远镜头联用的系统，主要由近红外主机、望远镜系统和计算机组成。技术路线与显微成像类似，区别在于显微成像在微小尺寸进行分析，而高光谱成像在大尺度空间进行近红外成像分析，两者的本质没有差别，在此不再赘述。

第三节　实验室用仪器

常规实验室用近红外光谱仪器按用途和功能可分为通用型近红外分析和专用型近红外分析仪器。

表2-2列出了部分实验室近红外光谱仪器，更多产品内容读者可在仪器信息网查阅。

表2-2　实验室型近红外光谱仪器

特性（指标）	分光系统	波长范围/nm	波长准确度	波长精密度	噪声水平	分辨率/nm	分析速度	测样附件
聚光-谱育1370系列	光栅扫描、后分光	1000~1800 1000~2500	±0.2nm	<0.05nm	<5E-5	10.95±0.3	5 次/s	铝制样品盘
棱光	光栅扫描	900~1700 1300~2500	<1nm		<1E-3		2min/次	比色皿
上海谱绿	光栅扫描	1100~2500	<0.3nm	<0.05nm	<5E-5	10	1 次/1.8s	玻璃底样品杯
FOSS DS2500	光栅扫描、前分光	400~2500	<0.05nm	<0.005nm	<5E-5 400~700nm <2E-5 700~2500nm	8.75±0.1	小于 1min	玻璃底样品杯
FOSS DA1650	光栅阵列	1100~1650	0.3nm	<0.02nm		10.44±0.5		玻璃底样品杯
Perten 7250	光栅阵列	950~1650	±0.05nm					铝制样品盘
Bruker MPA	FT-角镜干涉	780~2500	<0.3nm @1450nm	<0.05nm	<1E-4	1 或更低	1 次/s	多种附件
Bruker Tango	FT-角镜干涉	780~2500	<0.1cm⁻¹	<0.04cm⁻¹		可调		玻璃底样品杯
Buchi NIR master	FT偏振干涉仪	800~2500	±0.2cm⁻¹		信噪比 10000	可调	2~4 次/秒	多种附件
Thermo Antaris II	迈克尔逊干涉仪	12000~3800（cm⁻¹）	<0.03cm⁻¹	<0.05cm⁻¹		可调		多种附件

第四节　便携式和微小型仪器

一、便携式仪器

便携式仪器是介于实验室型和微小型之间的一类现场使用的设备,以其灵活轻便的应用方式受到很多关注。如表 2-3 所示仅列出了部分便携式的近红外产品,读者可以查阅更多资料了解便携仪器情况。

表2-3　便携式近红外光谱仪器

厂家名称	仪器型号	波段/nm	仪器性能参数描述	应用领域	检测项目
肯特	KJT130		钨灯光源、PbS 检测器、滤光片型仪器	主要用于水分检测	水分含量
聚光谱育	EXPEC 1350	1000~1800	钨灯光源、InGaAs 检测器、光栅扫描型仪器	科研、果蔬、纺织	组分含量
艾克逊	Axsun	1350~1970;1350~1540;1540~1800 等	SLED 光源、阵列检测器信噪比 5500:1、波长准确性 0.025nm,重复性 0.01nm,分辨率 3 波数	多用途,可用于液体、粉末检测	具体细分领域未知
宝丽科	Polychromix-Phazir™	900~1700	钨灯光源、连续光谱	多用途,可用于液体、粉末检测	药品原料鉴定、纺织品、塑料判别等
阿玛拉	TD-2000C		重 1.2kg 使用 0.6W 光,对眼睛无害,检测速度 3s/次	水果,如苹果、梨等	糖度
布莱铭斯	5030-731 型 Mini-AOTF	600~1100;850~1700;900~1800;1100~2300;1200~2400	分辨率 2~10nm;重复性 0.01nm;光源 20W 卤钨灯 InGaAs TE 冷却;漫反射测量方式	通用型、可用于检测多种物料	重点应用领域未知
范泰克	FQA-NIRGUN	600~1100	接触式测量,钨灯;测量时间可调:最小为 1s;重 750g,2nm 间隔取点	水果	糖度酸度成熟度
久保田公司	K-BA100	600~1100	漫反射环形光源;测定时间 2s	水果,如苹果等	糖度
联泰科	QS-200 便携式		测量时间可达 0.1s,配备电脑	水果	糖度,酸度,硬度,成熟度
爱玛科	AM77H		重 500g,4AA 电池可连续测量 5000 次;客户自建模型;测量时间 1.5s/次;LCD 面板	果蔬如苹果、日本梨、桃、番茄	糖度

二、MOEMS 微小型仪器

微光机电系统 MOEMS（micro optical electro mechanical system）技术是一种新兴技术，是 MEMS（micro electro mechanical system）技术的一个重要研究方向。MOEMS 是一种可控的微光学系统，该系统中的微光学元件在微电子和微机械装置的作用下能够对光束进行汇聚、衍射、反射等控制，从而实现光开关、衰减、扫描和成像等功能。MOEMS 内含微机械光调制器、微机械光学开关、集成电路等构件，由于充分利用了 MEMS 技术的小型化、多重性、微电子性等优点，与大尺度光机械器件相比，具有可以实现光学元件和信号处理及控制电路集成，可以大批量制造，器件质量更小，响应速度更快，更加可靠等独特优势。作为微光机电系统中的一种，MOEMS 光谱分析仪具有重量轻、体积小、光谱测量速度快、使用方便、可集成化、可批量制造以及成本低廉等优点。

近红外光谱仪已有多种类型成熟的商品化仪器，如傅里叶变换型、光栅扫描型、阵列检测器型、声光可调滤光器（AOTF）型等，但为生产出低成本、轻巧微型化、低能耗和响应速度快的仪器，许多研究单位和企业从未放弃对新原理和新技术的开发和应用。由于微机电系统（MEMS）和微光机电系统（MOEMS）技术的兴起，近几年国际上开发出了几种新型的近红外光谱仪器，如编码光度式近红外光谱仪、MEMS 法布里-珀罗干涉仪近红外光谱仪、MEMS 傅里叶近红外光谱仪、MEMS 扫描光栅近红外光谱仪和 MEMS 可编程光栅近红外光谱仪。本节介绍了部分光谱仪产品的情况如表 2-4、表 2-5 所示。有兴趣的读者可以查找资料深入了解。

三、微小型近红外光谱仪器展望

国际上近红外光谱分析仪的微小型化是一个潮流，市场上已经出现了多种微小型的近红外光谱仪。

除此之外，国内已有多家单位研制出了多种分光类型的小型或微型近红外光谱仪器。在专用仪器方面更是日新月异，例如杭州聚光谱育、无锡迅杰光远等公司研制了专用于大豆分析"大豆蛋白分析仪"；安徽农业大学等研制出俗称"生茶报价仪"的茶叶品质分析仪等。

表 2-4　微小型近红外光谱仪（一）

产品型号	技术原理	生产厂家	光谱范围/nm	RMS噪声	波长重复性/nm	基线稳定性	波长准确性/nm	检测器	扫描速度	尺寸（H×L×W）/mm	质量/kg	分辨率/mm
MultiComponent™ 2750	编码光度式近红外光谱仪	美国 Aspectrics	1375~2750	<15μAU（采集1min）	±0.17	0.1mAU/48h（RMS/4.8h）	±0.17	两级电子制冷单点 PbSe 检测器（采样频率 1MHz）	100 次/s（100Hz）	333×177×381	6.8	
AXP50073-40	MEMS法布里-珀罗干涉仪近红外光谱仪	Axsun	1350~1800		±0.01	±0.5%（24h）	±0.025	单点 GaSb 检测器		178×114×62		
SGS1900 型近红外光谱仪	MOEMS扫描光栅光谱仪	德国 Hiper Scan	1200~1900			0.3%（10 次扫描）	±0.5	单点 InGaAs 检测器	<10ms（单次扫描）	100×80×75	0.8	10nm（入射狭缝 50μm）
Polychromix LAB POD™	MEMS 可编程光栅近红外光谱仪	Polychromix	900~1700			±0.05%（6h）	±0.6	单点 InGaAs 检测器		105×85×145	1.8	12nm

表 2-5 微小型近红外光谱仪（二）

产品型号	技术原理	生产厂家	光谱范围/nm	信噪比	分辨率/nm	光源	检测器	扫描速度	尺寸/mm	质量/g
microPHAZIR	MEMS 可编程阿达玛近红外光谱仪	Thermo Fisher	1596~2396	N/A	11	卤钨灯	单点 InGaAs 检测器	2 次/s		1250
DLP NIRscanNano	基于 MEMS 数字微镜阵列和衍射光栅	Texas Instruments	HP (DLP4500NIR): 1350~2490; MS (DLP2010NIR): 900~1700	30000：1 (1350~2490)；6000：1 (900~1700)	12 (1350~2490)；10 (900~1700)	卤钨灯	单点 InGaAs 检测器	HP 模块：4 (kHz)；MS 模块：2.88 (kHz)	82×63×43	<145
NeoSpectra scanner	MEMS 迈克尔逊干涉仪	Si-Ware Systems	1350~2500	N/A	6 (1550)	卤钨灯	单点 InGaAs 检测器			
Nano FT-NIR	MEMS 迈克尔逊干涉仪	南巢科技	800~2600	9000：1	6 (1600)	卤钨灯	单点 InGaAs 检测器		143×49×28	220
NIRONE sensors	MEMS 法布里-珀罗干涉仪近红外光谱仪	Spectral Engines	1150~1350 (S1.4) 1350~1650 (S1.7) 1550~1950 (S2.0) 1750~2150 (S2.2) 2000~2450 (S2.5)	15000：1	12~16(S1.4) 13~17(S1.7) 15~21(S2.0) 16~22(S2.2) 18~28(S2.5)	两个卤钨灯	单点 InGaAs 检测器或扩展 InGaAs 检测器	单张光谱＜50ms	25×25×17.5	15
MicroNIR Pro ES 1700	线性可变滤波器近红外光谱仪	VIAVI	908~1676	23000：1	12.5 (1000)、25 (2000)	两个卤钨灯	阵列检测器 InGaAs	50 次/s	45×50（直径×高度）	64
SCiO NIR 微型光谱仪	带通滤波器近红外光谱仪	Consumer Physics	740~1070	N/A	约 28	LED	硅光电二极管阵列检测器（4×3 配置）		67.7× 40.2×18.8	35

注：N/A 为缺少公开材料数据。

近红外光谱分析仪器经过近半个世纪的发展，已走过了所谓的概念炒作期，进入了稳步发展的平台期。从近年来近红外光谱仪的发展状况可以看出，近红外光谱分析仪作为一种分析仪器，在如下几个方面仍有发展空间：一是不断提高近红外光谱仪器信噪比和稳定性，减小台间光学特性差异，同时降低仪器价格，便于网络化应用；二是针对各种物态的样品测量附件进行研发，研制专用的近红外光谱仪器，保证测样过程更加便利，光谱更加稳定；三是持续扩大近红外光谱技术的应用范围，开发不同的行业数据库和应用软件；四是在已有基础上实现近红外光谱分析仪器评价方法及其仪器应用方法的标准化，实现近红外光谱仪器检测应用有法可依。

当前新型近红外光谱仪大都是基于 MEMS 技术设计和制造的。这些产品基本从光通信产品转型而来，目前在一些技术指标（如波长准确性和信噪比等）尚不如主流产品，但却具有许多优点，如重量轻、体积小、探测速度快、寿命长、可集成化、可批量制造以及成本低廉等，因而有着巨大的市场前景。可以相信，近红外光谱仪的研究工作在未来几年内必将取得更大的进展，其整体性能也会得到较大提升。

近红外的显微成像和大尺度的近红外高光谱成像技术，将提供微观和宏观的光谱图像信息，随着计算机运行速度和通信速度的提升，当前的近红外检测成像技术将转变为视频技术，将能更直观"看到"样品内部的实时信息，为更好地观察和理解世界提供出更尖端的工具。

第五节　仪器的性能指标

如何评估仪器各项性能，选择哪些指标可以更好评价仪器，是分析工作者需要考虑的问题，一般需要注意下列性能指标。

一、波长范围

仪器的波长范围是指近红外光谱仪所能记录的光谱范围。从仪器应用角度来看是评价仪器的一个关键指标。对任何一台特定的近红外光谱仪器，都会有其特定的光谱范围，光谱范围主要取决于仪器的光路设计、分光种类、检测器的类型以及光源。通用型近红外光谱仪器往往覆盖了整个近红外的光谱范围 12000～

4000cm⁻¹（800～2500nm），专用设备往往只覆盖其中的某一个波段。为什么只覆盖某一段波长的专用设备能满足要求呢？原因在于近红外光谱主要检测 C—H、N—H 和 O—H 等氢键基团，这些基团的信号在 800～2500nm 范围内，存在重叠信号。可以将仪器波段大致划分为如下几段：800～1100nm、1100～1600nm、1600～2100nm、2100～2500nm，这些波段包含的信号大多重叠，基本上每一段均可替代其他波段完成大多数分析任务。但是在选择何种分析波段进行分析时，需要考虑选用合适的检测附件和检测条件。基本规则如下：短波段的光吸收能力弱，需要长光程检测附件，能更深入样品内部探测信息；长波段的光吸收能力强，需要短光程的检测附件，探测样品浅表的信息。

二、分辨率（光谱带宽）

近红外光谱仪的分辨率是指仪器对于紧密相邻的峰可以分辨的最小波长间隔，表示仪器实际分开相邻峰的能力，即 $v/\Delta v$ 或（$\lambda/\Delta\lambda$），v 为两峰中任一峰的波数，Δv 为两峰波数之差。它是最主要的仪器指标之一，也是仪器质量的综合反映。

仪器的分辨率主要取决于仪器分光系统的性能。对于色散型仪器而言，其分辨率取决于分光后狭缝截取的波段精度，狭缝越小截取的波段越窄，分辨率越高。但随之而来的是能量下降，灵敏度降低。傅里叶型近红外光谱仪器的分辨率仅取决于干涉采样数据点的多少，即取决于动镜移动的距离，动镜移动距离越长，分辨率越高。从分辨率绝对值上看，一般傅里叶型仪器的分辨率指标比其他类型仪器的分辨率指标高。

分辨率指标对于红外定性分析而言，是非常关键的指标，高分辨率的仪器可以获得物质更精细的结构，从而获得准确的定性结果。但对于单台近红外光谱仪器定量分析而言，该指标却并非关键，原因之一在于近红外光谱所获得的光谱峰自身重叠度比较高，即使分辨率达到 0.1nm 高的分析仪器也不能区分其精细结构，反而会因噪声增加，而不能获得清晰的谱图；原因之二在于近红外分析通常用于定量分析，定量分析要求仪器具有非常高的稳定性，而高分辨仪器要获得较好的稳定性比较困难，因此在定量分析时，常常将仪器降低分辨率使用。

对于多台仪器定量分析，进行模型传递使用时，仪器的分辨率的一致性则相当关键。众所周知，定量分析必须控制在同一分辨率条件下，例如建模和分析时，分辨率必须一致，否则模型则不能用于分析检测。对于傅里叶型近红外分析仪而言，通常定量分析的分辨率控制为 16cm^{-1} 或者 32cm^{-1} 左右，而较少选择其他分辨率。而对于固定分辨率的仪器，则要求分辨率的一致性达到 0.5nm 以内，以便更好开展模型传递工作。

三、波长准确度

波长准确度指测定时仪器显示的波长值和分光系统实际输出的单色光的波长值之间的符合程度。波长准确度一般用波长误差，即上述两值之差来表示。

连续采集 10 张标准物质光谱，计算 10 张标准物质光谱特征峰的中心波长平均值。按照式（2-1）计算波长准确度 $\Delta\lambda$：

$$\Delta\lambda = \overline{\lambda} - \lambda_r \tag{2-1}$$

式中，$\overline{\lambda}$ 为波长测量的特征峰平均值；λ_r 为波长标称值。

由于近红外分析是用已知样品所建立的模型来分析未知样品的，而不是采用积分等方法进行定量分析，如果仪器的波长准确度不高，则样品光谱就会因仪器波长的移动（即光谱图中 X 轴发生了平移），而使整组光谱数据产生偏移，进而造成分析结果的误差。因此波长准确度是衡量仪器 X 轴准确的一个重要指标，也是近红外光谱仪能够准确测试样品的前提，更是保证模型能够准确传递的前提。

仪器的波长准确度主要取决于其光学系统的结构，此外还会受到环境温度的影响。滤光片型近红外光谱仪和色散型近红外光谱仪 X 轴波长校准后，使用中需要经常用已知波长且性质稳定的标准物质对仪器进行校正，保证仪器波长不发生漂移。傅里叶型近红外的干涉仪采用氦-氖激光器或者稳定的半导体激光器作为干涉的采样标尺，仪器的波长稳定性较好。因激光器受环境温度的影响，波长也会发生一定变化，因此在使用过程中同样需要波长校准系统进行检查和校准波长。

在定量模型的传递使用中，要求不同仪器的波长准确度能达到 ±0.2nm 的要求，如果仪器的波长准确度不佳，则模型传递效果达不到预期要求。

四、波长精密度（重复性）

波长的精密度（重复性）指对样品进行多次扫描，谱峰位置间的差异，通常用多次测量某一谱峰位置所得波长或波数的标准偏差表示。

使用 10 次测量的数据，选择标准物质某一特征峰谱线，计算该特征峰实测中心波长值的标准偏差 δ_λ 作为检定数据。按照式（2-2）计算波长重复性：

$$\delta_\lambda = \sqrt{\frac{\sum_{i=1}^{10}(\lambda_i - \bar{\lambda})^2}{9}} \qquad (2\text{-}2)$$

式中，$\bar{\lambda}$ 为波长测量的平均值；λ_i 为单次测量的波长值。

波长精密度是体现仪器稳定性的一个重要指标，对校正模型的建立和模型的传递均有较大的影响，同样也会影响最终分析结果的准确性。一般仪器波长的精密度应优于 0.1nm。

五、吸光度噪声（信噪比）

仪器吸光度噪声可通过在一定的测试条件下，在确定的波长范围内对空白相应变化的分析获得，用其最大噪声峰值或该波长范围内所有噪声峰值的均方根值（RMS）表征。当在确定的波长范围内对同一样品进行多次测量时，仪器吸光度噪声表现为测得的样品吸光度的标准差。

在参比状态下连续采集 2 张光谱，其中 1 张作为参比光谱，按照式（2-3）计算吸光度。在工作波长范围内选取一定宽度的光谱区间，按照式（2-4）计算吸光度噪声：

$$A = \lg(I_{\text{ref}} / I_i) \qquad (2\text{-}3)$$

式中，A 为吸光度；I_{ref} 为参比光谱；I_i 为单次测试光谱。

$$S = \sqrt{\frac{\sum_{j=1}^{n}(A_j - \bar{A})^2}{n-1}} \qquad (2\text{-}4)$$

式中，S 为该区间（共 n 个波长点）的吸光度噪声；A_j 为该区间某个波长数据点 j 的吸光度值；$\bar{A}$ 为该区间（共 n 个波长点）吸光度的平均值；n 为波长点数。

仪器的噪声主要取决于仪器光源的稳定性、电子系统的噪声、检测器产生的噪声以及环境影响所产生的噪声，如电子系统设计不良、仪器接地不良、外界电磁干扰等因素都会使仪器的噪声增大。近红外光谱分析是一门弱信号分析技术，即从一个很强的背景信号中提取出相对较弱的有用信息,得到分析结果,因此吸光度噪声是近红外光谱仪器非常重要的指标之一,直接影响分析结果的准确度和精确度。

仪器的信噪比与仪器的吸光度噪声水平具有对应关系。一般而言,仪器的信噪比越高,则仪器的吸光度噪声水平越低。因信噪比的计算方式有多种,在此不再进行详细说明。

六、吸光度稳定性

吸光度稳定性指在同一背景下对同一样品进行多次扫描,各扫描点下不同次测量吸光度之间的差异。通常用多次测量某一谱峰位置所得吸光度的标准偏差表示。吸光度重现性对近红外检测来说是一个很重要的指标,它直接影响模型建立的效果和测量的准确性。一般吸光度重现性应在 0.0001 以内。

其计算过程如下:在参比状态下每间隔相同时间(1min 或 10min)采集一张光谱,共采集 13 张。第 1 张光谱作为参比光谱,在工作波长范围内选取一定宽度的光谱区间,分别求出 12 张光谱的吸光度,按照式(2-5)计算 12 张光谱某个波长数据点 j 的吸光度标准偏差 δ_{Aj},按照式(2-6)计算吸光度稳定性:

$$\delta_{Aj} = \sqrt{\frac{\sum_{i=1}^{12}(A_i - \overline{A})^2}{11}} \tag{2-5}$$

式中,δ_{Aj} 为该区间某个波长数据点 j 的吸光度标准偏差;A_i 为第 i 次测量的该区间某个波长数据点 j 的吸光度;$\overline{A}$ 为 12 次测量的该区间某个波长数据点 j 的 A_i 的平均值;i 为测量次数。

$$N_L = \text{Average}(\delta_{Aj}) \tag{2-6}$$

式中,N_L 为吸光度稳定性。

七、吸光度准确性

吸光度准确性指仪器对某标准吸光度物质进行测量时,测得的光度值与该物质标称吸光度值之差,在光谱图中表现为 Y 轴的误差,通常直接影响近红外定量分析结果的准确性。在实际考察仪器性能指标时,该指标并不作为关键指标加以考察，主要原因在于吸光度标准物质的标称值的范围比较大，对吸光度准确度的衡量不足，另外一个原因在于近红外分析过程中，通常需要对样品的吸光度光谱进行各种预处理运算，消除各种因素引起的吸光度误差。

八、杂散光

杂散光是指到达检测器的除所需波长以外的其他杂光，通常以没有样品时到达检测器的总能量或总功率的百分数来表示。杂散光主要是由于光学器件表面的缺陷、光学系统设计不良以及机械零件表面处理不佳等因素引起，尤其在色散型近红外光谱仪器的设计中，对杂散光的控制非常关键，其往往是导致仪器测量出现非线性的主要原因。杂散光的存在，使测出的吸光度值比真实值低。在强吸收谱带处，杂散光造成的影响是严重的，甚至导致错误的结论，但其对高透过率的弱谱带的影响较小。由于光源长波部分的辐射能量小，因而光源辐射能量大的短波部分的散射光会在长波区造成较大的影响。抗杂散光能力越强，仪器的灵敏度越高。傅里叶型近红外光谱检测器上检测到的信号，不是光的实际信号，而是按照 $f=2v'v$（其中 f 为调制频率；v' 为动镜移动速度；v 为波数）调制的信号，故外界的高杂散光不会干扰检测，可当作直流分量处理。一般情况下，傅里叶型仪器的杂散光信号可以忽略不计，只有在考察光栅型仪器时才需要考虑这个指标。

九、问题与解答

⊙ 影响近红外光谱仪器噪声的主要因素有哪些？

解 答 （1）仪器电路设计中信号的处理方式，以及电路中的信号串扰和接地情况的影响。

（2）传感器的类型，一般有温控的传感器噪声比较低。

（3）光通量，一般光通量大噪声低。

（4）光谱仪结构影响温漂，温漂越大，噪声越大。

（5）电源质量稳定性的影响，如果供电电路中纹波处理不好，纹波越大噪声越大。

（6）环境温湿度的稳定性，温湿度变化越大，噪声越大。

（7）振动源的影响，振动越大，噪声越大。

⊙ 衡量近红外光谱仪器之间一致性的主要指标有哪些？

解　答　从仪器指标来看，影响近红外光谱仪器一致性的主要指标有如下几个，其中波长和分辨率尤为重要。

（1）波长准确度，衡量仪器 X 轴的一致性。

（2）吸光度准确度，衡量仪器 Y 轴的一致性。

（3）分辨率，衡量仪器伸缩的一致性。

⊙ 为什么近红外光谱仪器的长期稳定性很重要？

解　答　有些仪器的标准曲线可以通过标准样随时建立，所以，只需要保证仪器在一段时间内保持稳定即可。而近红外光谱仪器需要建立模型，建立模型需要投入大量的人力、物力和财力，不可能随时构建随时更新。因此，希望分析模型建好后可以长期使用而不需要过多校正，这对仪器的长期稳定性提出了很高的要求。

⊙《中国药典》对近红外光谱仪器的性能指标有何要求？

解　答　《中国药典》对近红外光谱仪器的光学性能指标提出了要求，主要集中在波长准确度，一般要求波长准确度达到 0.2～1nm，吸光度线性的斜率要求在 1 ± 0.05，截距为 0 ± 0.05；此外，还对仪器的噪声提出要求。现在《中国药典》因采用近红外光谱仪器检测作为一种附录方法，所以对其分析模型的建立和分析结果的验证也给出了指导。

第六节　近红外光谱仪器的测量软件

软件是现代近红外光谱仪器的重要组成部分，近红外光谱仪器的测量软件一般由仪器控制管理和分析测量软件等几部分组成。有的近红外光谱仪器测量软件运行在电脑上，仪器需要通过数据线与电脑进行通信；而有的直接运行于仪器内的单片机上，利用单片机直接进行仪器管理控制与测量分析工作。一般而言，台式分析仪采用前一种模式居多，而便携手持仪器采用后一种模式居多。还有一种网络化的测量分析软件，它一般由两部分组成，跟仪器相关的软件获得光谱，将光谱上传到云服务器；而部署在云服务器上的后台软件接收到光谱后，带入到相应的分析模型中，计算得到最终结果返回给仪器软件。这种模式适合于专用化的分析设备及网络分析系统。一般情况下，软件均包含如下功能模块。

一、仪器控制与管理

仪器控制是通过软件发送命令，通过仪器的控制芯片等操作仪器内各元器件的方式，其主要实现的功能有：仪器信息查看、仪器自检、仪器报警、仪器性能测试、仪器复位等。其中仪器性能测试是通过控制仪器内的性能自检机构，执行仪器光学性能检查，判断仪器是否处于性能正常状态。仪器性能测试一般测试仪器光谱强度、波长准确度、仪器噪声水平等指标。

二、测量分析

仪器的测量分析部分主要功能是采集背景光谱和样品光谱，计算得到吸收光谱，并将吸收光谱代入到分析模型，计算得到最终的预测结果。对于大多数软件而言，预测分析部分与光谱获取集成在一个软件中，这有利于直接获得检测结果。

三、数据管理

数据管理部分涉及数据的存储、查询、统计分析和数据展示。部分软件采用数据库方式进行数据管理，有些软件采用文件方式进行数据管理。当前采用数据库进行数据管理已经成为主流。

第七节　仪器的维护及校准

一、仪器的维护

为了保证近红外光谱分析仪能长时间准确、可靠地工作，需要周期性地维护该分析仪。用户可以自己对仪器进行日常维护，并更换一些组件。

维护工作主要是清洁分析仪主机,清洁分析仪主机时可用湿布或者干布蘸取浓度 99%以上酒精擦拭分析仪。请勿使用含有有机溶剂、酸性的清洁剂清洗分析仪。

维护的第二项工作是更换光源,一般按照仪器操作说明更换光源,更换完成后一般进行仪器的运行确认(OQ)测试,测试通过即光源更换完成。

分析仪长期储存时请将分析仪放入仪器包装箱内。长期储存时注意分析仪所处环境的湿度、温度及腐蚀性环境,勿压、勿淋、勿暴晒,并每 3 个月拿出通电,保证设备正常使用。

避免将分析仪放置在靠近任何潜在电力干扰(如泵、微波炉等)、高能磁场或无线电干扰源的地方。

二、仪器的校准与 IQ、OQ 和 PQ

1. 仪器的校准

仪器在使用过程中,应每天进行性能自检,自检通过后方能开展正常分析工作,一般仪器自检的项目主要是光学性能自检,自检科目包括波长准确度、波长重复性、吸光度噪声等指标。

仪器在维修或者更换了部件之后,应进行校准,校准的项目包括波长准确度、分辨率、吸光度准确度等内容。具体的校准方法可参考各仪器的操作说明,一般而言都是通过特定的标准物质测定仪器的上述光学性能,如果合格则通过,如果不合格,则根据检测结果进行校准纠正,确保性能合格。

2. 仪器的 3Q

3Q 一般包括 IQ、OQ 和 PQ:IQ 为安装确认(installation qualification),OQ 为运行确认(operation qualification),PQ 为仪器性能确认(performance qualification)。因为药品检测要求较高,通常只有在制药行业才要求对仪器执行3Q 确认和验证,其他行业对此要求不高,但很多也参照实施[4]。

分析仪器的确认(analytical instrument qualifi cation,AIQ)是我国 2010 年修订的 GMP 中的新增条款,明确规定企业的设备和检验仪器应经过确认或验证,应当建立并保存设备采购、安装、确认的文件和记录。AIQ 是证明某个仪器表现得适合其预定用途的文件证据的汇总。确认活动可分成 4 个阶段:设计确认

（design qualification，DQ）、安装确认（IQ）、运行确认（OQ）和性能确认（PQ）。

DQ 是基于仪器预定用途，对仪器的功能与操作标准和提供商的选取标准做出规定的活动总汇，并以文件记录。DQ 阶段是仪器购买前的准备阶段，是用户及仪器供应商共同互动完成的一项工作。对于近红外光谱仪器，已经过数十年的研制历史，各种类型和用途的仪器基本都已成型、成熟，因此需要使用者提出设计要求再由开发商研制的过程基本可以省略，取而代之的是由使用者对于仪器的使用环境、用途和功能参数，供应商在辅助安装、服务、培训方面的能力以及供应商质量体系的可靠性等方面提出自己的使用要求（user requirement specification，URS），设备供应商依据客户提出的 URS 以书面材料的形式确认自己的设备能否符合对方要求的过程。DQ 阶段的完整性是确保后期 IQ、OQ、PQ 确认的理论依据及成功的保证，也是对销售商选择的明确标准依据。

IQ 是对用于确定某个仪器按照设计和规定的方式运输并正确安装在选定的环境中，完成物料检查测试和记录。此部分的工作应该由供应商与使用者共同参与完成。安装记录应该在安装完毕的同时记录并由使用者审核后签字确认。

OQ 是证实某个仪器将会在选定的环境中按照其操作规范运行所必需的活动总汇，并以文件记录。OQ 的主要目的是检查仪器设备各个部件包括各部分开关、功能键以及软件等是否能够正常运行，是否具备使用者要求的功能。此阶段工作可以由供应商独立完成或者指导使用者共同完成。当所有的按键及控制器确认完毕后，表示仪器已经可以进入正式使用的阶段。日常分析中不需要再进行 OQ 测试，但当仪器在移动、维修、更换主要组成部件或增加配件时，应对仪器做非例行性 OQ 确认。尽管近红外光谱仪器类型、品牌众多，但是决定一台近红外光谱仪能否正常使用的关键因素无外乎波长准确性（度）、吸光度线性以及噪声水平。如果一台近红外光谱仪仅用于简单的定性鉴别，光度计测量线性和噪声水平检测也非必需。对于波长准确性，可以使用某种适宜的波长准确度检查用标准物质近红外光谱的特征峰来检查。除了滤光器型单波长的仪器外，其他类型的近红外光谱仪都可以测定样本的一定近红外光谱区。波长准确度检查时一般需要检测同一张光谱图上不同位置的至少 3 个峰以判断该仪器的波长准确度，而对于傅里叶变换型近红外光谱仪，由于其具有线性的频率范围，所以可以使用一个固定频率检查其准确性。一般情况下，当光谱区在 2000nm 以下时，波长的漂移在 ± 1.0nm 是可以接受的；当光谱区在 2000～2500nm 时，波长的漂移在 ± 1.5nm 是可以接受的。当然，由于仪器类型和用途的不同，使用者还可以自行确定接受限度。对于波长准确度检查用标准物质，种类很多，美国药典委员会有专门的近红外光谱系统适用性标准物质，美国国家标准与技术研究院（national institute of standards and technology，NIST）也有专门的波长检查用标准物质。除此之外，也有制造商选择二氯甲烷 R（methylene chloride R）、滑石 R（talc R）、聚苯乙烯和水蒸气等用于波长的准确度检查。对于吸光度线性，可以由一组吸光度或者透过率已知的标准物质来检查。有市售的不同反射率的标准物质可以买到，如掺加不同碳量的聚合物。一般在仪器吸收度范围内，至少需要检测 4 个不同吸收度的标准物质。由于生产校正反射标准物质的环境与其真正应用的环境会有差异，所以在使用这些标准物质检查一台仪器的响应线性时，使用的并不是每个标准物质测定结果的绝对值，而是以这一组标准物质理论反射率（或透射率，也可以使用每个标准物质第一次的测量值作为理论值）与仪器测量值之间的拟合直线的斜率和截距来表示。只要保证这些标准物质在使用时没有物理或者化学的变化，使用相同的反射背景，仪器测量每一个标准物质时测定条件（包括采用位置）是一致的，这组标准物质就可以给出准确的有关光度计响应的长期稳定性信息。一般斜率的限度要求是 1.00 ± 0.05，截距的限度为 0.00 ± 0.05。只要适合于使用目的，使用者也可以自行制定限度。对于仪器的噪声，一般近红外光谱仪会包含内置的程序自动检查，并提供关于仪器噪声或者信噪比的报告，主要过程包含制定仪器在高低光通量时可溯源参照物质在制造商推荐的特定谱段的反射率或者透射率。对于限度，不同仪器要求不同，也视仪器的使用目的而定。

　　PQ 是证实某个仪器持续按照由用户定义的规范运行，并适合其预定用途的活动总汇，并以文件记录。PQ 检查的目的是确认仪器的整体性能可以一直满足使用者的要求，通常 PQ 作为仪器性能自检使用，如果 PQ 不通过，则说明仪器需要维护或维修。目前仪器 PQ 和 OQ 有时分得不那么清晰，但总体而言，都是为了保证仪器性能可控，长期稳定，保证分析数据有效可靠一致。

三、问题与解答

⊙ 实验室型近红外光谱仪器日常维护有哪些?

　　解　答　实验室型近红外光谱仪器的日常维护工作内容比较少,基本上不太需要维护。需要注意的一点是经常使用的仪器，要定期更换干燥剂，定期更换光源，以保证仪器良好一致的分析能力。仪器长期不使用时，应过 3 个月给仪器加电，保持电路有效。平常使用时主要防尘，防止漏液到仪器内部。使用过程中应每天进行仪器自检，发现异常及时处理。

⊙ 需要间隔多长时间进行一次近红外光谱仪器的校准？

解 答 近红外光谱分析仪没有列入计量器具强检目录，没有法规约束强制检定校准。但为了保证仪器性能稳定可靠，可自行组织检定校准，一般情况取 1 年校准一次。

⊙ 氟化钙分束器与石英分束器的性能有何差异？

解 答 氟化钙分束器主要用于中红外傅里叶型仪器；石英分束器主要用于近红外傅里叶型仪器；主要差别在于其材质不同，镀膜不同，透过的光谱段有差别。

⊙ 氦氖激光器与半导体激光器的性能有何差异？

解 答 同样作为激光器，氦氖激光器稳定性比普通半导体激光器的稳定性更高，主要原因在于激光器受温度影响，激光波长会发生偏移，氦氖激光器的温度稳定度相比半导体激光器更稳定，受环境影响更小。

⊙ 近红外光谱分析常用的光源有哪些？

解 答 日常分析用的光源主要是溴钨灯，在部分仪器校准时可使用 Hg 灯，傅里叶型红外仪器中还有用于光谱采集定位的激光光源。

⊙ 微型CCD近红外光谱仪的狭缝如何选择？与分辨率的关系如何？

解 答 狭缝与 CCD 的光感应能力和同光量有关。如需要取得较好的信噪比，则要求光通量比较大，此时狭缝宽度则应适当加宽，但加宽狭缝，会导致仪器的分辨率下降。通常而言，微型光谱仪的狭缝和分辨率都是固定的，选择的关键在于合适的信噪比。

⊙ 在近红外定性定量分析中，为什么近红外光谱仪器的性能稳定性、同类型近红外光谱仪器之间的光学性能一致性很重要？

解 答 近红外光谱分析依赖于分析模型，因构建分析模型的数据量大，人力物力成本高，模型成熟时间长，因此，希望构建好的模型能在不同仪器上传递使用。这要求仪器具有良好的稳定性和一致性，尤其在近红外光谱仪器网络化使用中更是如此。衡量近红外光谱仪器的稳定性在光学指标上有三个维度：一是横轴维度波长稳定性（波长重现性）；二是纵轴维度的基线稳定性；三是伸缩维度的分辨率稳定性。上述 3 个指标又有短期和长期之分。上述三个指标任何一个不稳定，则仪器表现不稳定，仪器不稳定则不能获得良好的分析结果。衡量近红外光谱仪器一致性的光学指标有光谱仪波长准确度（可理解为不同仪器的波长重复性）、分辨率和吸光度准确度。不同仪器上述三个指标越相近，则说明仪器一致性比较好，越容易实现模型传递。另外吸光度准确度影响因素比较多，存在光度的漂移，在模型构建阶段通常使用光谱预处理方法对光谱进行预处理，因此，实际使用中常采用噪声水平代替吸光度准确度评价仪器。

参考文献

[1] 褚小立. 近红外光谱分析技术实用手册 [M]. 北京：机械工业出版社，2016.

[2] 陆婉珍. 近红外分析仪器 [M]. 北京：化学工业出版社，2010.

[3] 褚小立. 化学计量学方法与分子光谱分析技术 [M]. 北京：化学工业出版社，2011.

[4] 胡昌勤，冯艳春. 近红外光谱法快速分析药品 [M]. 北京：化学工业出版社，2010.

第 3 章

测量附件与实验
方法

在近红外光谱技术的应用中,光谱仪器的性能与测试方法的重要性处于同等重要的地位。测试方法体现为针对不同形态、不同状态样品的采样附件、采样方法等,这些采样附件和采样方法还需要结合使用场景的环境因素进行进一步的优化设计。采样附件作为一个具体的硬件产品,主要考虑的是光机电的系统设计,测试方法作为一个全局策略,也需要系统地考虑光谱仪器的特性、样品的特性、使用者的习惯、应用场景的环境等因素,最终目标是能够获得最佳的样品光谱数据,方便后续的模型开发、模型维护以及实际应用等工作[1,2]。

第一节　近红外光谱的测量方式

近红外光谱是一种吸收光谱,测量方式表现为光与物体的接触方式,其总是为了获得更强、更均匀的吸收光谱。对于不同物理状态的样品,不同的光接触方式会产生较大的影响。建立近红外光谱的多元定量和定性校正模型,对光谱数据的灵敏度、稳定性要求很高，因此近红外光谱的测量方式非常重要。从光路原理来讲，光谱信息的获得可以采用漫反射、透射、散射、掠射等[3]，不同的光路测量原理，会得到载量不同的物质光谱信息，反映在光谱曲线方面，就是动态范围的不同。下面主要介绍几种不同光路原理的光谱测量方式。

一、漫反射测量

漫反射是一种典型的光和物质的作用方式，对于固体来说，密度大，分子之间结合紧密，漫反射往往体现为多种颗粒的表面反射；对于液体来说，密度小，分子之间结合松散，漫反射体现为整个液面的表面反射，以及液体内部微小颗粒的散射；而气体的分子之间距离最远，由于近红外光的波长远大于分子直径，因此一般无法使用漫反射，对于气溶胶式的颗粒才有微弱的漫反射现象。漫反射测量往往采用45°角的方式来设计光源和探测器的相对位置，如图 3-1 所示，可采用双探测器，单光源的设计，也可采用双光源，单探测器的设计。

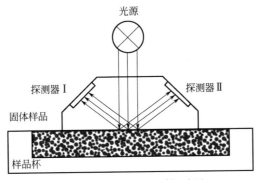

(a) 双探测器、单光源漫反射示意图

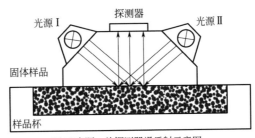

(b) 双光源、单探测器漫反射示意图

图 3-1　探测器、光源设计示意图

二、透射测量

透射是常见的一种光波穿透方式，主要用于气体和液体测量，也可以用于具备一定透射特性的固体。对于气体和液体，仅靠漫反射方式获得的光谱信息量少，通常需要将样品全部穿透来实现光谱信息的获取。而对于一些固体样本，如小麦、大豆等农产品，也可采用短波透射方式获得光谱信息。常见的透射测量方式如图 3-2 所示。依据不同的光谱谱段，可以选用不同光程的样品池，针对性地采集液体样品光谱。

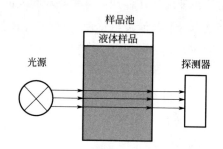

图 3-2 透射测量方式示意图

三、透反射测量

为了实现光源和探测器的整体化设计，实现直接对液体或者固体测量，同时也可以增加液体样品光谱吸收的光程，往往采用透反射测量，相对于一般的透射测量方式，样品的光谱吸收光程增加了一倍，实现透反射测量还需要增加一个镜面反射元件，具体方式如图 3-3 所示。

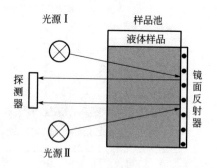

图 3-3 透反射测量方式示意图

四、问题与解答

⊙ **液体样本的近红外光谱通常采用哪些测量方式?**

　　解　答　液体样本根据液体的黏度、透明度,需要选择不同的测量方式。一般来讲黏度低、透明度高的液体,例如水、汽油等,可以采用透射式的流体池来进行测量;但是对于牛奶这种有悬浮颗粒物的液体,就需要采用透反射式来进行测量,为了提高采样的准确度,还需要进行匀速搅拌,使得悬浮物可以在液体样品中均匀分布。而对于黄油、巧克力,这种黏度非常高的半固体、半液体类型样品,则可以采用和固体采样一样的漫反射方式来测量。

⊙ **固体样本的近红外光谱通常采用哪些测量方式?**

　　解　答　固体样本一般都需要采用漫反射式测量。固体样本分为块状、颗粒状,比较理想的样品都需要进行研磨,形成颗粒状的样品来进行均匀采样。颗粒度大小会影响到样品的光谱形态,一般来讲,颗粒度越小,样品的测试结果越准确。

第二节　常见的测量附件

　　近红外常见的测量附件大致可以分为需要简单制样的测量附件,以及不需要制样直接测量的测量附件等。

　　颗粒状或者粉末状的固体一般采用样品杯来装载样品,样品杯的设计需要考虑一定的光学特性要求、耐磨损特性要求。由于样品杯直接和光谱仪的探测窗口接触,因此一般采用石英玻璃或者蓝宝石玻璃窗口作为样品杯的底面。玻璃窗口要考虑对近红外光的吸收特性,同时在样品杯的机械设计方面也要考虑避免样品对窗口材料磨损而导致表面的划伤等现象。为了提高光谱的均一性和稳定性,样品杯的设计一般要远大于光谱仪的探测窗口。很多经验表明,对样品进行圆环状的扫描效果是最佳的,如图3-4所示。液体一般采用液体池来装载样品,如常见的比色皿或柱状小瓶。对液体进行透反射测量,可采用高反射的带有固定间隙的金属盖子来形成透反射光路,如图3-5所示,透反射液体池一般采用石英玻璃制作,金属盖子采用不锈钢制作,如图3-6所示,无论液体池材料还是金属盖子材料都需要考虑耐腐蚀特性。由于近红外光谱受温度的影响很明显，因此一些液体池也会带有温度监控甚至温度控制功能，以减少温度对光谱信息的影响。有一些特殊的液体，例如带有悬浮颗粒的液体、黏稠的液体等，还需要使用帮助注入液体以及匀化液体的装置。

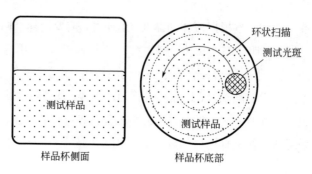

图 3-4　固体漫反射测量样品杯示意图

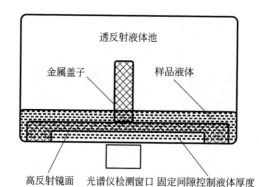

图 3-5　一种液体透反射测量池示意图

图 3-6　不同光程的透反射金属盖子

光纤探头也是比较常用的一种测量附件，一般用来对样品进行直接检测。通常可以分为测量液体的光纤探头，以及直接测量固体的光纤探头。光纤探头一般都采用透反射测量方式设计，在一个光纤探头中会集成多根光纤，设计中需要考虑的技术参数主要有光纤的纤径、弯曲半径、光纤的个数、光纤在探头端面的排布、光纤探头的耦合效率等。如图3-7所示，最简单的光纤探头设计仅需要一根照明光纤和一根探测光纤。如图3-8所示，复杂的光纤探头需要多根环状排布的照明光纤、多根探测光纤以及用来提高耦合效率的准直透镜等。还有一些直接进行插入式测试的光纤探头，用来进行液体光谱采集，在光纤的端面采用透反射设计，端面的探测头可以更换，以适用不同的液体探测光程，如图3-9所示。为了提高近红外光照的效率，积分球是常用的一种测量附件。如图3-10所示，积分球的作用是尽可能地将光源发出的光线全部照射在样品上，探测器上收到的带有光谱信息的光强也随之增大，可以大幅提高光谱信息的强度和稳定性。为了在积分球中有效分离样品照射光路和探测器的样品吸收光路，往往需要对各个光路进行准直处理，光纤固有的准直特性非常适合进行积分球采样光路的设计，因此积分球采样附件也往往会搭配光纤进行设计。

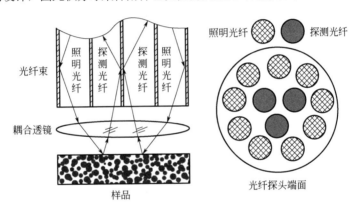

图 3-7　光纤探头示意图

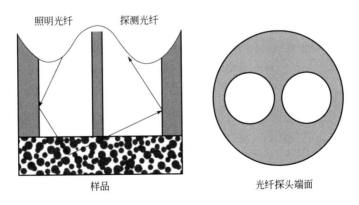

图 3-8　多束光纤探头示意图

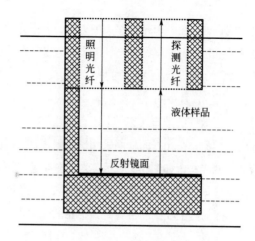

图 3-9　液体插入式光纤探头示意图

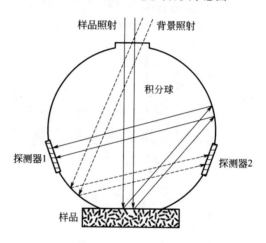

图 3-10　积分球结构示意图

第三节　多种类型样品的采样及误差来源

一、采样及误差来源

对于固体、液体、气体这三大类样品来说，可以进一步细分为块状固体、颗粒固体、粉末固体、片状固体、纯净液体、混合液体、悬浮液、黏稠液体、纯净气体、气溶胶等多种类型。不同类型的样品，为了获得好的光谱质量，需要特别注意测量方法、测量附件的设计和使用，以及测量参数的优化选择。无论哪种类型的样品分析，都要求使用时的样品类型、测量方式、测量参数和建模时的样品类型、测量方式、测量参数保持一致，这样才能保证建模样品的光谱和分析样品的光谱具有可比性，以保证预测结果的可靠性。

仅针对待测样品获取方法来说，大致可以分为三大类：一是免采样；二是手工取样；三是自动采样。其中，免采样指的是直接采用漫反射或透反射方式对样品进行照射，然后获得光谱信息；手工取样指对样品进行简单的处理，使用测量附件来盛载样品，再获得样品的光谱信息；自动采样指在线采集样品光谱，样品往往具备一定的流动特性。

影响样品光谱质量的因素有很多，光谱测量方法会直接影响光谱质量和光谱分析的准确度，大多数的光谱分析工作都希望拿到代表性的样品，这需要持续不断地采样，然后对搜集到的样品进行细分组合才能实现。而如何确保样品的代表性也是一个复杂的问题，需要考虑样品的储存条件、采样环境影响，以及实际样品由于环境不同带来的差异等。

样品光谱数据误差来源有四个方面，包括样品来源、采样方式、样品本身和样品的代表性。样品来源指的是样品是否代表了整个样品集合，或者样品是否包含了分析者希望得到的信息，获得样品的代表性，需要深入研究样品物质的本身特性、使用特性、环境特性等。

采样方式产生的误差影响很大，主要指的是采样的地点或样品本身所处的地点、样品本身的特性、样品杂质的种类或者数量、样品的物理尺寸、形状和重量、样品的流动特性、样品的包装、样品的运输、样品的混合、样品的鉴定、样品集的采样频率、子样品集的划分以及样品的保存等带来的误差，下面针对几个关键点来进行说明。

选择合适的采样地点需要考虑样品所处的使用现场环境，在什么位置采样，在哪个流程环节采样，需要采几次样，甚至是否需要配备专用的采样人员，都需要按照标准化程序来实施。

温度对样品光谱的影响很明显，如果预测集样品的环境温度和建模集样品的环境温度存在差异，那么必然在预测的时候就存在偏差。所以最好是在预测样品之前进行温度控制。对于液体来讲，恒温水浴是比较好的温度控制方式。如果面对不好控制环境温度的样品，那么就只能进行算法补偿。

环境湿度对样品的影响也很关键，由于水汽在近红外光谱的各个频段都有较强的吸收，不同湿度下的样品会导致不同程度的光谱水分吸光度影响，直接会改变样品本身光谱曲线的形状，进一步影响到光谱建模。

样品的包装和运输也有一定的影响,样品从现场送到实验室的过程要保护完好,一般固体都采用密封袋包装,液体采用塑料、金属或者玻璃容器包装,如果样品是带有热量的,还需要注意保护,避免在容器内发生变化。大多数的塑料容器密封性很好,避免了和外界的湿度交换。但是有些情况不能使用塑料容器,例如低温储存的样品等。

减小光谱数据测量误差最有效的方式就是增大测量次数,这个测量次数指针对同一样品的采样次数,类似于通过重复测量,来消除误差的影响,很多光谱仪都采用了这种操作方式,例如利用旋转样品杯,对同一个样品可以进行多次重复扫描,降低样品的预测误差。

二、问题与解答

⊙ 水果测量时应注意哪些问题?

解 答 水果测量需要关注采样点的位置,一般需要沿水果的四周,也称为赤道位置进行采样,避开水果的顶部和底部,同时为了得到较高的光谱质量信息,一般需要从光源着手,增大光源的照度,以获取更多的水果光谱信息。

⊙ 漫反射测量时应注意哪些问题?

解 答 漫反射测量,需要注意探测器和光源,一般采用 45°角度的排列,在这种排列方式下,光源和探测器可以组合采集到较丰富的光谱信息;由于漫反射的光线散射特性,往往需要进行很多次的重复扫描以提高采样精度。

⊙ 近红外光谱能测量气体吗?

解 答 近红外光谱可以测量气体,其优势是可以测量混合气体成分,通常为了提高气体测试的准确度,会设计较长距离的气体通路,增加气体的光谱吸收,进而提高检测精度。尤其是在挥发性混合气体测试方面极有优势,因为普通的气体传感器存在交叉响应问题,而近红外光谱分析的优点就在于可以通过一次测量,利用数学建模来将多种不同光谱吸收形态的气体同时检测出来。

⊙ 使用光纤测量附件应注意哪些问题？

解　答　光纤测量附件的种类很多，有用来测固体的漫反射式的，测液体的漫透射式或者透反射式，有探测器光纤和光源光纤独立的，也有探测器和光源做在同一根光纤上的。为了提高光纤检测效率，往往需要大口径的光纤，芯径至少100um以上。光纤的端面形状也有多种截面形状，例如圆形、六边形等，主要是为了改善光纤的模式。在实际使用过程中，需要注意的是光纤不能过度弯曲，因为光纤有弯曲弧度的要求，超过弯曲弧度后，将会破坏光纤的全反射性能。同时光纤和探测器以及光源之间的耦合也很关键，需要尽量加大耦合效率，提高光照强度和探测器的灵敏度，更重要的是耦合位置一定要稳定，不能产生轻微抖动或者晃动，否则会引入噪声和导致光谱变形。

⊙ 透射测量时应注意哪些问题？

解　答　透射测量一般用于液体，需要注意尽量保证光路的准直性，减小散射、反射现象的发生，获得足够高的光谱信噪比。对于液体样本，还需要注意环境温度的影响，必要时可增加温度控制装置。对于复杂的液体，例如有悬浮颗粒的液体，还需要保证悬浮液体的均匀性，这样获得的光谱信息才具备代表性。

⊙ 采样杯、比色池光学材料对光谱重现性有什么影响？

解　答　采样杯、比色池这些采样附件，由于所用的材料和采样光路是直接关联的，因此材料对光谱信息的影响会直接反映到样品的光谱数据上。虽然一般都采用透明石英材料来做采样附件，但是不同的石英等级，其在近红外区的光谱响应曲线也是不一样的，会直接影响到样品的光谱信息，从而对近红外光谱分析带来分析误差。

⊙ 固体粉末粒径对光谱重现性有何影响？如何提高光谱的重现性？

解　答　固体粉末粒径会影响光谱的重现性，一般来讲，粒径越大，颗粒表面的镜面反射越多，而在光谱分析过程中，表面的镜面反射信息携带的光谱信息量较少，因此减小粒径尺寸，会有效减少样品颗粒的表面镜面反射，同时改善了样品的均匀性，光谱的重现性也就会更好。所以，在近红外光谱分析中，务必执行统一的制样规范，无论是校正样品、验证样品，还是待测样品，制成的样品粉末的含水率和粒度必须保持一致。

第四节　光谱采集参数设置

一、光谱采集参数的设置

光谱采集参数的设置，一般可以分为校准参数、测量参数两大类。校准参数用来检查仪器的稳定性，如果经过校准发现仪器不稳定了，则无法进行下一步工作。仪器不稳定的处理方式可以有硬件层面的，也可以有软件层面的。硬件层面需要对光源、探测器等有限寿命的部件进行更换，以使整个系统状态稳定；软件层面需要将仪器由于元器件劣化导致的影响，通过算法处理成相应的系数，来对扫描的光谱曲线进行校准。目前在实际使用过程中，软件层面处理的方法还不成熟，大多都是通过硬件检查修复来解决校准通不过的问题。

光谱测量参数的设置主要包含影响光通量和光谱分辨率的狭缝、影响光通量的积分时间，影响光谱信噪比的扫描次数等。其中分辨率的调节，会对同一样品的光谱形状带来较明显的变化，而积分时间、扫描次数的调节，对同一样品的光谱形状影响较小，主要带来的是光谱稳定性的提升。

二、问题与解答

⊙ 光谱采集参数如何优化？

解　答　通常光谱采集可以设置的参数主要是光谱仪自身的参数，包含积分时间、扫描次数、分辨率等，这些因素都会直接影响到光谱质量，其中积分时间越长，获得的样品光谱质量越高，但是带来的扫描时间也会越久；扫描次数越多，样品光谱的重复性、稳定性越好，光谱质量也越高，但是同样会消耗时间成本；分辨率越高，光谱曲线越精细，但是对近红外光谱分析来说并不是分辨率越高越好，因为很多光谱仪分辨率越高，意味着光通量越小，从而光谱的信噪比越差，反而不利于进行光谱建模。因此，需要考虑实际的应用场景，多做些实验尝试才能选择最佳的参数。

⊙ 漫反射和透射测量时，参比光谱如何选取？

解　答　参比光谱用来对比实际测得光谱信息，可以滤除光谱信息的不确定因素。因此无论漫反射还是透射测量，参比光谱最佳的使用方式是，与样品在同一时间，同一系统里检测，但实际过程中是做不到这些的，只能做到先检测参比光谱，然后紧接着检测样品光谱，根据设备、环境的稳定性，可以在若干次的样品光谱检测中使用同一个参比光谱。

⊙ 近红外光谱测量时，吸光度为什么会出现负数？

解　答　吸光度一般表示为样品的反射或者透射光强去掉背景光强，再除以光源光谱去掉背景光强，然后取对数，当反射或者透射光强小于背景光强时，吸光度就会出现负数。

参考文献

［1］Ciurczak E W，Igne B，Workman J，et al. Handbook of Near-Infrared Analysis（4 ed）［M］. Boca Raton：CRC Press，2021.
［2］陆婉珍. 现代近红外光谱分析技术［M］. 2 版. 北京：中国石化出版社，2010.
［3］陆婉珍. 近红外光谱仪器［M］. 北京：化学工业出版社，2010.

第4章

在线近红外光谱
分析技术

随着生产过程对先进控制要求的不断提高,在线分析仪器越来越广泛地进入工业生产的各个环节,它所提供的及时、准确的分析数据为稳定生产、优化工艺、节能降耗起到了不可替代的作用。在线分析技术的作用可归纳为以下几个方面:①获得质量均一、稳定的产品;②对原料和生产的中间环节进行监测,以保证设备的稳定运行和及时调整;③对影响生产安全的要素进行状态监控,以保证生产的安全运行;④对影响环保的排放口进行监控,以达到环境保护的要求。

第一节　在线近红外光谱分析仪的构成

在线近红外光谱分析系统在硬件配置上除了作为主体部件的光谱仪外,还需要配置自动采样系统用于生产线上的样品光谱采集,以及各种标准的通信接口实现与过程控制系统和企业信息管理系统的连接。在软件配置上需要安装用于过程分析的校正模型,提供系统自动诊断和维护软件,提供分析报告文档自动生成软件等。在线近红外分析系统包括采样系统、光谱仪器、分析模型、分析和维护软件、数据通信等多个子系统，在实际应用中，需要针对具体的测试对象、分析要求和测量环境进行合理的系统配置。

一、硬件

1. 光谱仪

在整个在线分析系统中，光谱仪处于核心位置。目前，大多数类型的近红外光谱仪器都可以用于在线分析系统，如固定波长滤光片、扫描光栅色散、固定光路阵列检测器、傅里叶变换和声光可调滤光器等。由于在线分析仪多用于每天24h连续运行的生产过程，所以在选择在线光谱仪时，应首要考虑的问题是如何抵抗环境干扰以保持自身长期稳定性。例如，酸雾会对不同的光学元件（反射镜、滤光片和光栅等）产生不可逆的损坏，精密机械结构如光栅驱动器和过滤片轮也会受到腐蚀。而且近红外分析属弱吸收分析，其吸光度的变化经常小于 0.001 AU，这些光学元件的蚀斑、微小灰尘的沉积以及周围大型机械装置引起的振动都会引起近红外检测信号的改变，导致校正模型逐渐失效。因此，除密封设计外，在线光谱仪的内部光学/机械元件都有特殊设计来保护。

2. 光纤

大多数在线近红外分析仪器采用光纤方式实现光的远距离传输，可在困难条件或危险环境中以及复杂的工业生产现场进行工作。但光在光纤中传输时，会产生损耗，光能量会衰减。光纤的损耗通常用衰减率来表示，以每千米（km）光纤中的能量损耗分贝数（dB）的形式定义。因此，在使用光纤时，其传输距离不宜太长。

采用光纤技术，还很容易实现一台光谱仪检测多路物料（多通道测量），比如可将一根光纤分成多束分别进入多个检测器，或采用光纤多路转换器将光依次切入不同的测量通道，从而提高仪器的利用效率，减少投资成本。

3. 多通道测量器件

在线近红外分析仪的特点之一就是可以对多路样品进行测量，目前可以通过以下 3 种方式来实现。

（1）光纤多路转换器（光开关）。其作用是通过机械转动将一条入射光纤和多条出射光纤进行耦合对接，用 2 个光开关相互配合将光切入不同的测量通道以实现多路测量。这种方式的优点是光源的光被充分利用，光通量相对较大，由于使用一个检测器，成本也相对便宜。不足之处是通道需要依次测量，存在滞后问题，光开关有机械移动部件等。

（2）光拆分方式。光拆分方式是将光源发出的光或经过分光后的光分成不同等份，这种方式的优点是多路并行测量，实现真正意义上的同时测量，且实时参比测量可以消除环境因素对光纤传输的影响。不足之处在于光被分成几份后，光通量下降，多个检测器的使用也使成本相对较高。

（3）阀切换方式。阀切换方式是通过控制器依次将不同管线物料切换进入分析器来实现多物流分析。

4. 其他部分

除了以上提到的各部件外，在线近红外光谱分析系统有时还涉及模型建立模拟系统、模型界外样品抓样系统、防爆系统和分析小屋等部分。

模型界外样品抓样系统则用来自动收集分析模型不能覆盖的样品，并通过一定的方式通知有关部门将这些样品送往中心化验室，采用标准方法分析后，进一步扩充模型的适用范围。

防爆系统适用于一些易爆、易燃的分析场合比如化工厂和炼油厂。其防爆方式和等级需根据现场要求，按照国家或企业的相关标准确定。

现场分析小屋是为了解决高频度的现场抽样分析与实时连续的在线分析的需求而设立的，也是实施过程分析技术的必要配置。分析小屋的工作条件虽不如常规实验室，但有助于提高分析的时效性，同时又能够避免现场分析环境复杂、干扰因素较多等问题，分析小屋需要采取防震、防静电、防尘、屏蔽、抗干扰等措施，为仪表提供良好的操作运行环境，增强系统的可靠性，确保仪表的安全正常运行。

二、软件

1. 在线分析软件

在线近红外光谱分析系统的软件除具备必需的光谱实时采集和化学计量学

光谱分析（定量定性模型的建立、待测样品类型及模型界外样品的判断、样品性质或组成的定量计算等）功能外，还应包括以下功能：

（1）数据与信息显示功能，如显示各个通道所测的当前物化性质结果及历史趋势图，各个通道的历史数据，质量及模型界外点报警内容等。

（2）数据管理功能，如分析模型库、光谱和分析测量结果的储存管理，分析模型输出输入等。

（3）通信功能。一般由发送设备、传输介质、通信协议、传输报文和接收设备等几个部分组成，实际上是软件和硬件的结合体。

（4）故障诊断与安全功能，如由气泡、电压波动等因素引起的假分析信号的识别、光谱仪性能安全监控、环境条件监控、样品预处理系统安全监控、紧急报警等。

（5）监控功能，如对样品预处理系统各单元的操作参数以及模型界外样品抓样系统进行调节和控制。

（6）网络化功能。

2. 分析模型

模型是近红外分析技术的核心。与实验室相比，建立一个适用范围广、稳健性好的在线近红外分析模型将更为复杂。一般情况下，在系统建立、调试初期，可利用一段时期内现场收集的有代表性样品，使用模型建立模拟系统建立一个初始模型，然后随着在线检测逐渐扩充模型。美国材料与试验协会（american society for testing and materials，ASTM）为近红外分析模型的建立、检验和维护制定了具体的标准化操作规范（ASTM E-1655 标准），ASTMD-2885/3764 则提供了模型自动检验标准，ASTMD-6122 为自动检验特异样品和判定测量值漂移标准。美国 FDA 于 2021 年发布了《近红外分析程序的开发和提交》指南，指导制药行业相关技术人员使用基于近红外（NIR）的分析方法来评估药物属性。该指南对 2015 年发布的指南草案进行更新和定稿，更好地反映了自该草案发布多年以来 NIR 的使用情况，并纳入了 NIR 技术的一些新的进展，指南中还增加了在产品生命周期内管理 NIR 的注意事项，这一指南及其工作流程非常值得国内相关机构参考借鉴。近些年来，国内也相继发布了《近红外光谱定性分析通则》（GB/T 37969—2019）和《分子光谱多元校正定量分析通则》（GB/T 37969—2019）[1,2]。

第二节　取样与样品预处理系统

尽管在线近红外分析仪可以直接安装在装置上,但大多数情况仍需要从装置上连续取样,尤其是对于液体分析。取样和样品预处理系统的目的是得到连续"干净"的样品,这些样品既能够代表过程物流,而且要满足分析仪的操作条件。其主要任务是:对气体和液体样品进行压力、流量和温度调节,以及滤除干扰测量的有害成分等;对固体样品进行分离和加工成型等操作,然后,把处理后的样品送入在线分析仪的检测池中进行测量。

一个典型的在线近红外取样和样品处理系统由以下七个部分组成:样品取样点和回样点;取样探头和样品输送系统(通常设有快速回路,以减少滞后);样品预处理系统;样品回收系统;校正/验证系统(通过人工或自动方式向分析仪注入校正或验证标样,标定分析结果);模型界外样品抓样系统;分析取样口(为了定期与实验室方法进行比对,需要采集样品用于实验室分析)。

一、取样点

取样点的好坏不仅决定着分析信息的准确性,还会影响到预处理系统和其他测量附件的复杂程度。取样点的选择应遵循以下基本原则:一是取样点采集的样品一定要满足实际应用的需要,且所取样品必须具有代表性;二是如果有多个取样点可供选择,一定选择所需样品预处理操作最简单的取样点;三是为减少滞后时间,取样点和分析仪之间的距离应尽可能缩短;四是取样点应便于安装实施和后续维护。

在选择返样点时,应注意以下问题:一是从采样点到回样点之间的流动不应影响整个装置或过程;二是采样点到回样点之间存在的正压差可以避免动力泵的使用及其相关的维护问题。

二、取样探头和样品输送

对于液体和气体样品,通过采用插入式取样探头,以获得混合均匀且有代表性的样品。探头插入管道的深度通常是管内径的 $1/3 \sim 1/2$,探头的开孔应背对于物体流动的方向。探头的制作材料尤其重要,选择时需要考虑样品的温度、灰尘、腐蚀性和磨蚀性等。通常在取样探头的顶部安装粗过滤器。有必要时可匹配适宜的探头吹扫、清洗设备，以减小光谱采集过程受到的干扰。通常预处理系统或分析仪与取样点有一定的距离，一般在100m以内，也有较长距离如250～400m。样品输送系统的作用是将样品从取样点送到预处理系统或分析仪。为减少取样偏差，通常设有快速回路，并安装流量计，以测量和调整流速。

三、样品预处理系统

样品预处理系统并非是在线近红外分析技术的必须部分，但在一些液体样品的过程分析如石油产品分析中却扮演着重要的角色。其主要功能是控制样品的温度、压力和流速，以及脱除样品中影响测量的组分，如气泡、水分和机械杂质等，确保分析结果有效准确。对不同的测量体系，预处理系统的组成也不尽相同，一般由过滤（除尘、除机械杂质和其他干扰组分）、压力调节、流速调节和温度调节等系统组成。

1. 样品预处理系统设计遵循的基本原则

（1）尽可能不破坏样品的组成，保持样品的原有组成。

（2）尽可能减少滞后。

（3）耐用、可靠。在很大程度上在线分析仪的可靠性取决于样品预处理系统的正确设计和使用。

（4）简单。在满足要求的前提下，尽可能简单。这不仅是成本问题，而且可以最大限度地降低故障率以及后续维护成本。

（5）环境和安全。必须避免火、爆炸、毒性以及其他对人体或安装有害的因素，所有排出物质的处理和潜在的泄露都必须得到有效控制。

（6）便于维护。

2. 样品处理系统的基本构成

样品预处理系统各个部分的设计和制造往往需要在实验室先进行可行性研究，以选择最优的组件和材料。有些组件很难在市场上买到，经常需要用户根据实际需求进行定做。样品处理系统基本由以下几个部分构成：

（1）过滤装置。

（2）物理参数（压力、流量、温度等）的测量装置，以便给控制装置提供控制变量。

（3）控制装置，一般由稳压器、稳流器、流量调节器、温度控制器、执行器
调整装置等构成。

（4）其他辅助装置，如恒温装置、自动转换阀和控制器、输送管线等。

第三节　在线测量方式

如图 4-1 所示，在线近红外光谱的在线测量方式有 3 种：侧线在线（On-line）、
线内在线（In-line）和无接触在线（Non-invasive）。这 3 种方式的应用对象以及
优缺点对比见表 4-1。

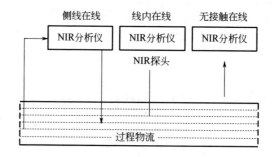

图 4-1　3 种在线测量方式的示意图

表 4-1　3 种在线近红外测量方式的比较

在线测量方式	定义	优点	缺点	应用对象
侧线在线	通过旁路将样品引出后进行分析	可对引出样品进行预处理，如恒温、恒压、过滤等。分析结果准确可靠，便于硬件和模型的维护	依据取样的距离和预处理的烦琐程度。分析存在的滞后问题，30s～3min	适用于对分析滞后要求不严格、可以通过旁路取样的场合
线内在线	直接将光学探头安装在生产线或特定的测样部位上	不需要取样管线和预处理系统，实时分析无取样滞后	对探头的设计和制造要求很高，以适应高湿、高压和腐蚀的测量环境。分析模型的建立和数据比对较为困难。分析结果易受环境的干扰	适用于无法通过旁路取样、以及对滞后要求严格的场合
无接触在线	光学探头与样品不直接接触	不对生产过程产生任何影响，实时分析无取样滞后	分析结果易受环境和样品运动情况的影响，模型建立也相对困难	可以直接安装在传送带的上方或通过开光学视窗的方式安装在输送管道或装置上

如图 4-2 所示,以侧线液体测量方式为例。在线近红外光谱对样品的基本分析过程为:首先通过取样系统将样品引出,经预处理系统对样品进行必要处理后,进入检测池,在此与光谱仪传出的光发生作用,携带样品信息的光被送回光谱仪进行信号处理,得到样品的光谱,再由分析模型计算出最终的分析结果,分析结果经通信模块实时送入过程控制系统。

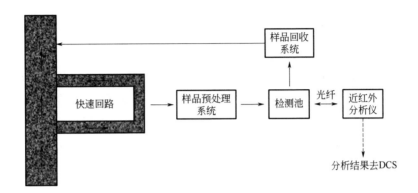

图 4-2　侧线在线液体分析过程示意图

由以上在线分析过程可以看出,在线近红外光谱分析具有以下 3 个特点:一是从取样到数据的处理和分析结果的显示和输送全是自动进行的;二是在线分析通常采用侧线在线方式,需要有自动取样和样品预处理系统,它往往是在线分析仪能否快速、准确、长期稳定工作的关键;三是许多生产过程为 24h 连续运行,在线分析仪应无间断连续运行,且使用环境相对复杂,这对仪器的长期使用可靠性提出了更严格的要求。因此,在线分析仪大多在实验室仪器的基础上做了软硬件的技术改进,如增加密封、抗震和抗电磁干扰等硬件措施,以及增加仪器的自诊断和定期标定/校准等软硬件功能。

样品的物理状态和所处环境是影响测量方式的重要因素,下面分别就液体样品、固体样品和悬浮液与乳状液样品的在线测量方式做分类介绍。

一、液体样品

液体样品的光谱采集一般采用透射或透反射方式,这种测量方式的一个共性问题是光程的选择。光程的选择应遵循以下原则:样品的吸光度范围在仪器的线性范围内,通常 700～1100nm 光谱范围所用光程为 5～50mm,1100～

1800nm 光谱范围所用光程为 2~10mm，2000~2500mm 光谱范围所用光程为 0.5~2mm。在保证样品光谱信息量足够的情况下，尽量选用长光程，可减小外界干扰因素（如压力、杂质等）的影响，样品量大、代表性强，也便于测量附件的清洗和维护。测量方式可选用侧线分析、线内分析和非接触式分析。用于液体测量的附件主要有流通池和光纤探头两种形式。

二、固体样品

固体样品的在线测量一般采用漫反射方式，波长范围在 1100~2500nm 之间。在漫反射方式下采集光谱，样品的物理特性（如颗粒度、表面粗糙度、形状、方向、密度、厚度等）对光谱特征的影响很大，样品必须满足以下几个条件以保证样品光谱的重现性：一是样品的厚度为无限厚，即在此基础上再增加样品的厚度不会增加样品的反射吸光度；二是样品的颗粒度均匀；三是样品的松紧度一致。在生产过程中，固体样品具有不同的物理形态，需要针对不同类型的样品形状设计相应的测量系统。

测量粉末或颗粒状样品，可以将反射光纤探头直接安装在生产线上，插入容器内。在选择安装位置时，注意保证样品状态在测量前后的一致性。

对于不均匀的粉末或较粗的颗粒可以采用非接触采样方式，将探头安装在料斗或传输管道上并与内壁平面齐平，通过玻璃把探头与样品隔开。

另一种开放式的非接触的测量方案是近红外探头在与固体物流保持一定距离，这个距离可根据被测样品的反射率、仪器的探测效率以及期望的光斑面积等因素来确定。在实际测量时有可能出现样品中有空隙或传送带上无物质等情况，在模型中可考虑使用模式识别方法检测这些特异情况。

对于网状或片状样品，一般采用非接触方式测量。这类样品均匀性较好，尺寸较大，在生产线上传送速度较快，可能达到每秒钟数米的移动速度。因此，这类样品测量的结果通常是平均值，如成分的平均含量、样品的平均厚度等。测量这类样品时，可以考虑把测样点选择在滚筒附近以防止样品飘动。

薄膜或纤维状样品的测量难度较大，因样品厚度达不到无穷厚度，用通常的漫反射方法测量时信号较弱，光谱重现性差，影响检测精度。用漫反射方法测量时，在被测物底层放置一层漫反射物，可以加强光的散射程度，增加有效光程，这种方法还可以改善因样品不均匀所造成的误差。

三、悬浮液与乳状液样品

这类物体的测定比液体和固体样品的难度更大，其测量方式可以根据物质的光谱特性与分析要求选择反射或透射。如果需要测量的是液相部分物质，推荐使用反射方式测量，这是由于颗粒的后向散射将使大部分的光集中在液体内，使反射光谱携带丰富的液相物质的信息；相反，透射方式则适用于测量固体相物质。在生产过程中可能在前期为较透明的液体，逐渐液体变得混浊，需要设计既可用于反射方式也可用于透射方式的专用探头。

四、问题与解答

⊙ 在线分析必须使用样品预处理吗？

解　答　由于近红外光较强的穿透能力和散射效应，对大多数类型的样本来说，在线分析时不需要进行任何预处理。对于液体样品，通常可选用适宜型号的流通池或光纤探头进行在线光谱采集。对于固体样品，通常采用漫反射的方式通过光纤探头进行光谱数据的采集。但是在石油产品等液体样品的在线分析中，则需要控制样品的温度、压力和流速，以及除去样品中的气泡、水分和机械杂质等，确保分析结果准确、有效。

⊙ 选择光纤探头或流通池应注意哪些问题？

解　答　近红外光谱仪器使用的探头或流通池一般均可根据生产工艺、工况等情况进行定制，通常使用光纤将探头与光谱仪连接起来，这样可以避免很多环境因素的影响和限制。对于光纤探头，入射光路和返回光路设计在一个探头内，使用时只需将探头插入被监测的物料内即可，因此使用方便、灵活。探头可选用不锈钢等卫生等级比较高的材料进行制作，也可选用耐酸、耐高温的材料进行定制。各种探头一般需要与仪器适配，需要考虑的因素有探头配套光源的功率、探头内光纤与光源的能量耦合效率、探头收光角度等。流通池适用于液体样品的在线测量，将流通池固定在监测点的管路上，连接于流通池上的入射光和返回光通过两路光纤进行光传输，并与光谱仪相连。在实际生产过程中，环境往往比较复杂，这对在线监测会产生很多制约，常见的要求包括必须耐高温、耐压、耐腐蚀、耐磨等，还要考虑解决可能存在的探头堵塞、流通池产生气泡等问题。

⊙ 采用液体插入式漫反射探头应注意哪些问题？

解　答　（1）尽量选择材料强度高的光纤探头，以避免磨损。

（2）对于黏度较高或粒径较小的样品，应注意探头采集窗口的洁净情况。

（3）光纤探头应避免安装在湿度高、可能会结霜处，有腐蚀性气体处，对本体有直接振动或冲击影响处。

（4）光纤长度不宜过长，同时尽量避免光纤大角度弯曲。

（5）不同孔径的光纤具有不同的信号传输量，应根据样品对近红外光的吸收情况选择适宜孔径大小的光纤。

⊙ 探头的安装位置应如何选取？

解　答　（1）对于非侵入式检测，探头可安装在搅拌机、管道或输送机上，根据光谱信号强度调节与产品所保持的距离并固定，以保证光谱信号的稳定、准确。

（2）对于侵入式检测，探头安装处应确保样品与采集位点充分接触，避免空气对信号采集的干扰。

（3）对于非均匀体系的检测，应采用多探头均匀分布的原则，保证所采集光谱数据的代表性。

（4）探头应安装在振动小、温湿度稳定处，以尽量避免外界因素对光谱信号的干扰。

⊙ 在线取样固体时应注意哪些问题？

解　答　（1）取样时要求样品必须有代表性，可用分层式取样器进行取样。

（2）要保证必要的样品重量，每次取样时方法须一致。

（3）在数量和质量上都要满足取样的要求，在取样前要经过仔细检查。

（4）在取样前要做好标签，并再三核实检查不得有误。

（5）物料取样数量应能够满足检验及留样的要求。

（6）取样人员应经过相应的取样培训，并充分掌握所取样品的相关知识，以便能安全有效的取样。

（7）取样区的空气洁净度级别不低于被取样物料的生产环境，无菌物料的取样应充分考虑取样对于物料的影响，取样过程应严格遵循无菌操作的要求进行。

（8）毒性样品应设定单独取样区，与其他样品的取样操作分开，放射性物料的取样应采取相应的防护措施，其取样环境、取样操作应能防止放射性物质的外泄。

（9）粉末状与颗粒固体可用取样扦（或称扦样器，有长短规格）取样，应尽可能避免使用玻璃器具、工具。

（10）若物料不具有物理均匀性，则需要使用特殊的取样方法取出有代表性的样品，可以根据物料的性质，采用经验证的措施，在取样前恢复物料的均匀性。

⊙ 如何取到与光谱测量对应的在线样品？

解　答　对于液体样品的在线采集，可在支路上安装流通池或光纤探头，利用支路入口和取样口上的自动控制阀控制开关频率，同时对近红外光谱仪的光谱采集频率进行控制，使二者准确对应，进而可以收集到与光谱准确对应的在线样品；对于固体样品的在线采集，可利用样品自动收集器按一定时间间隔自动导出适量样品，然后通过样品上端的光纤探头采集物料的漫反射光谱，实现样品与光谱的准确对应。

⊙ 如何实现一台在线仪器测量多个检测点？

解　答　采用光纤技术，很容易实现一台在线光谱仪检测多路物料，可将光源发出的光分成多束通过光纤流通池后分别进入多个单立的检测器；或采用光纤多路转换器将光依次切入不同的测量通道实现多点检测，从而提高仪器的利用效率，减少用户的投资成本。

⊙ 在线分析校正模型是如何建立的？

解　答　在线分析校正模型的建立主要分为 5 个步骤：

（1）获取代表性样品并采集对应的近红外光谱。校正模型预测性能的稳健性很大程度上取决于校正样品本身的代表性，获取具有良好代表性的校正样品是建立有效模型的重要基础。待获取样品后，利用光谱采集装置进行在线近红外光谱的采集，然后利用标准方法测定各份样品待测指标的数值，最后获得样品待测指标与对应光谱信息一一对应的数据集。

（2）校正样本集与验证样本集的选择。校正样本集用来模型训练而验证样本集则用来验证模型的预测性能。理想的校正集应包含未来待测样本中可能存在的所有化学成分，其浓度范围应大于待测样本。目前，常利用 Kennard-Stone 法、光谱-理化值共生距离法进行校正集和验证集的选取。

（3）光谱预处理及波长筛选。在建模过程中，光谱预处理往往是必不可少的，运用适当的方法进行预处理可以有效保留光谱中的关键信息并剔除噪声信息，以提升校正模型的预测性能。波长选择也是重要环节之一，进行波长筛选一方面可以简化模型，更主要的是由于不相关或非线性变量的剔除，可以得到预测能力强、稳健性好的模型。

（4）异常样本的剔除。异常样本会极大影响建模过程，降低模型的预测准确性和稳定性，需要异常样本的识别与剔除。

（5）校正模型的建立。待前面 4 个部分的工作完成后，借助化学计量学算法建立定量校正模型，运用校正标准误差、预测标准误差、决定系数或相关系数等对校正模型的预测性能进行评价。涉及建立、评价定量校正模型或定性判别模型（类模型）可参考 ASTM E-1655、GB/T 29858—2013 和 GB/T 37969—2019 等标准。此外，在线模型也可由实验室建立的离线模型通过模型传递技术获得。

⊙ 光纤的有效传输距离有多长？

解　答　一般用于透射式探头或流通池的光纤为单根，其有效传输距离在 200m 以上。而漫反射式探头由于信号衰减较为严重，一般采用光纤束以增加光通量，通常其传输距离较短，一般在 10m 以下，并且价格也比较昂贵。

⊙ 选择在线近红外光谱仪应考虑哪些问题？

解　答　（1）需根据应用场景选择适宜类型的近红外光谱仪，目前，常用于在线分析的有微型光谱仪、在线光谱仪和便携式光谱仪。

（2）根据分光系统的不同，在线近红外光谱仪主要分为滤光片型、发光二极管型、光栅型、傅里叶变换型、声光可调滤光器型、阵列检测器型等。在实际应用时，可以根据具体检测物料的性质需求，合理选择适宜波长或适宜光谱范围（反映物料性质变化的波长范围）的近红外光谱仪。

（3）作为在线近红外光谱仪的关键部件，光纤探头、光纤和其他测量附件需要认真检查，确保适用于待测样品。

（4）近红外光谱仪器一般都配备有数据分析软件，一款较成熟的在线分析软件可以很好地提高数据分析效率，节省大量人力物力。

⊙ 制药企业对在线分析仪器有哪些特殊要求?

解　答　（1）在中药有效成分含量测定研究中，由于某些成分含量较低，近红外吸收较弱，外界的干扰可能会显著影响这些成分含量校正模型的稳健性。因此进行此类研究时，对分析仪器的性能要求较高，需要其提供足够稳定的光谱信号。

（2）在医药产品分类研究中，由于批次产量大、批内产品数量多，往往需要光谱仪器具有较快的检测速度。

（3）满足制药企业对制药行业仪器的3Q认证，即IQ（安装确认），确认仪器文件、部件及安装过程。OQ（运行确认），确认仪器在空转状态下，在操作的极限范围内能正常运转。PQ（性能确认），确认仪器载样运行下是否符合标准规定。

⊙ 在传递带上对物料进行漫反射测量应注意哪些问题?

解　答　（1）当传递带上样品较分散或较大时，为采集到具有良好代表性的样品光谱，需对光谱采集范围进行考察。

（2）在进行光谱采集时，为保证近红外光强度在合理范围之内，需要调节探头与样品间的距离。

（3）传递带的速度直接决定接受近红外光照射的样品量，因此需要进行合理调节。

（4）光纤探头位置应该固定，不能随意变动。

第四节　在线工程项目的实施

选择在线近红外光谱分析系统用于过程分析的一个最重要前提是，在实验室中已经成功对相关项目进行成功分析或有相关实践经验，而且，对这些分析项目进行实时测定，确实能够在优化生产操作、稳定产品质量、降低劳动强度、提高经济效益等方面发挥重要作用。在线近红外光谱分析系统是一项系统工程项目而非实验室规模的单个常规仪表，在线系统的安装和实施应按照工程项目管理的规程进行[3,4]。

在线系统包括分析仪表、电气设备、工艺、计算机软件和自动化控制等诸多技术，单单重视近红外光谱而忽略其他领域的专业人员或技术会使最终的分析结果产生偏差或错误。在线近红外系统工程项目的实施主要从这几个方面进行考虑。

1. 可行性研究

一是经济研究，投资性价比（最初投资、操作费用）；二是技术研究，使用在线近红外系统是否确有优势？对于近红外从未开展过的分析项目，需要在实验室进行可行性试验；三是安全和环境影响评估；四是后续运行、维护和管理等保障能力的评估。

2. 成立项目组

项目组成员应由用户的在线分析现场工程师、实验室分析工程师、仪表工程师、装置工艺工程师、科技管理工程师和自动化工程师等相关人员组成，组长应由工厂负责仪表或工艺的总工担任，以对各部门进行协调，保证项目的顺利实施。仪表供应商确定后，其技术研发和现场应用人员也应加入项目组。新建厂还需设计单位相关部门（工艺和仪表等）人员和文档管理人员的参与。

3. 用户的初步设计

一是提出需求，编写需求说明书，并根据需求制定项目的进度表；二是根据用户的实际情况确定软硬件的设计，包括取样系统的初步设计，分析小屋选址，测量方式和流路数的初步确认；三是提出环境、安全等级，以及仪器厂商认证的要求；四是提出后续运维管理等保障措施预案。

4. 市场调研和分析仪厂家评估

用户与厂家进行技术交流，用户参观厂商示范现场，厂商参观用户加工车间，并进行技术交流、索要报价等。仪器厂商应具有与本项目相同或类似的应用业绩。此外，售后服务是极其重要的。

5. 用户和分析仪供应商共同参与设计

一是硬件设备，包括分析仪、预处理系统、分析小屋、公用工程（包括水、电、蒸汽、通信等）、安全硬件设施；二是软件设备，主要是实施方案、分析模型、安全软件设施；三是售后服务，应急响应、硬件拓展与软件升级等售后技术支持。

6. 采购

可由用户按照详细设计要求,逐项向不同的供应商采购,也可由近红外分析仪供应商总承包,包括开工、运行和维护(两年)所需的备件,签署技术协议和购销合同。

7. 开工会

一是确认工程设计方案并确定系统软硬件配置和规格;二是核准工程接口职责;三是确定本项目的所有供货清单,经确认的供货清单与服务条款即为生产订单;四是确认文件资料的详细内容及具体的交付时间,双方确认的文件即成为技术附件,具有合同附件的同等效力。在项目执行过程中,如果有必要,供、需双方还可就系统详细设计与现场工程设计之间进行必要的协调,组织设计联络协商处理,双方确认的文件及修改版也具有合同附件的同等效力。

8. 工厂验收测试

各部分加工完成后,为避免现场安装调试出现较大问题,以降低开工成本、节约时间,应该在用户组织下,在供应商工厂进行预系统、分析仪和分析小屋等的验收测试。根据质量标准和技术指标按照审定的程序进行验收测试,测试记录应附在最终项目文档中。

9. 现场安装和调试

一是取样系统、分析小屋、预处理系统、公用工程等硬件的安装与调试及各个系统之间的对接和安全报警系统运行调试;二是光谱仪、数据通信软件、远程服务器的安装调试与对接;三是整套系统的联调;四是编写试运行、开车和停车说明书,制订应急预案。

10. 试运行

一是启动仪器前对输送管线吹扫清洗;二是开通整套系统流路,试运行,用标样运行分析仪,并建立初步的分析模型,对分析模型进行验证和扩充;三是根据试运行情况,对出现的软硬件问题进行改进和最终调整,解决问题后现场验收测试。

11. 开车

在线仪表正式投入使用。

12. 技术终交和培训

一是在试运转和开车阶段，对维护人员和技术人员进行理论、实际操作和维修维护等培训；二是完整的技术资料，包括所有设计、施工图纸、仪器说明书、质量证书和测试证书、用户手册（操作规范及运维管理规程）和培训手册等文档；三是安全说明（高温、低温、高压、易燃、易爆、高电压、辐射或有毒等）和紧急情况应对方案；四是明确维护和操作人员的责任和工作内容；五是分析系统供应商提供终身售后服务。质保期内免费服务，质保期后按双方商定的协议继续提供服务。

第五节　在线分析系统的管理与维护

一、在线分析系统的管理[5,6]

由于在线近红外光谱分析技术是一套复杂的系统，所以，在管理模式和人员素质要求上更偏向于工程管理而非化验室常规仪表的管理。对于在线分析仪表，判断其运行好坏的最重要指标主要是看该仪表是否能提供稳定准确的分析数据，这项工作单靠仪表专业是难以完成的，需要分析专业强有力的支持与帮助。所以，在管理模式上应采用在线分析仪表与分析化验室同处于一个部门（或者是两个部门同处于一个上级领导部门）的管理模式，使这两个专业相互支持、相互配合、共同发展，化验室定期对在线分析仪表进行对比分析，以便仪表专业人员对在线分析仪表的运行状态进行评估，保证分析结果的准确性，同时也为在线分析仪表的维护和校调提供了依据；而在线分析仪表的采用大大减轻了分析化验室的工作压力，从而使在线分析仪表得到不断的发展，充分发挥其最大作用。因此，相比于在线近红外分析仪表性能，严格的工程管理才是在线近红外光谱系统发挥作用的基础。

由于在线近红外分析仪表牵涉分析化学、光谱学、仪表自动化和化学计量学等诸多技术，所以要求管理和使用人员具有各相关专业的基础知识和基本技能，而且责任心也应较其他部门更强。在线分析仪表班组必须综合仪表、分析、电气、工艺、设备、计算机等专业人员的技术力量，形成一个良好的相互补充、相互协调、责任明晰、共同发展的工作氛围，才能为在线分析仪表长期、稳定、准确运行提供保障。此外，需要提及的一种发展趋势是，用户不再组建自己的在线分析仪表管理和维护队伍，而是将在线分析技术这一繁杂、专业技术性很强的维护和服务任务承包给社会专业公司完整负责，以系统形式提供全方位服务，这样一方面可以保证在线分析仪的正常运行，另外还可节省和优化人力资源。应该说，这是使在线分析仪正常运行、发挥出其应有效用的一种较完善的方式，这一观念也正逐渐在国际大型工厂（如石化企业等）得到认可和实践。

二、在线分析系统的验证及其维护

在分析系统安装完毕后，应按照设计说明和生产商提供的技术指标，严格对在线分析系统的软硬件进行验收，逐项验证各项指标是否满足要求，如光谱仪和样品预处理的性能、软件功能是否齐全等。对初始分析模型的验证，可参考 ASTM D6122 标准方法进行。收集至少 20 个非模型界外过程分析样品作为验证样本，且待测性质和组成的分布范围应足够宽，其标准偏差至少为所用基础测试方法再现性的 70%，然后对近红外分析模型的预测值和基础测试方法得到的结果进行统计学检验分析，如相关（斜率）检验和偏差检验，只有完全通过这些检验的模型才能用于过程分析。ASTM D6122 同时给出了在线分析过程中，对光谱仪（包括光纤探头和流通池）性能（如基线、光程、波长、分辨率和吸光度精度和线性）进行定期（最好是每天一次）检验的方法。检验使用 3 类样品——检验样品（check samples）、测试样品（test samples）和光学滤光片（optical filters）。其中，测试样品为模型能覆盖的在线实际分析样品，通过一定方式保存，保证其组分不随时间发生变化；检验样品则可以是纯化合物或几种化合物的混合物，但应尽可能包含在线分析样品的主要基团；光学滤光片主要用于插入式探头的检测，其在材料上应不同于光谱仪内置的用来校正波长的滤光片。检验涉及 3 种方法：水平 0 检测，对光谱仪的变动进行测试，包括波长稳定性、光度噪声、基线稳定性、光谱分辨率和吸光度线性；水平 A 检测，用数学方法比较检验样品、测试样品或光学滤光片的光谱与其历史记录光谱之间的差异；水平 B 检测，用所建模型预测检验样品、测试样品或光学滤光片光谱，其预测值、马氏距离和光谱残差与历史值进行比较，以检测分析仪性能的变化。

在实际应用分析中，若连续 6 次测量光谱都为模型界外点，则必须用上述方法对仪器的性能进行检验，以确定模型界外光谱是否是由于光谱仪的变动引起的。为保证近红外在线分析数据的准确性，需要定期对其结果标定（ASTM D6122建议每周一次），可以采用两种方法来保证分析数据的准确性：一是采用标准样品。对于有些测试对象很难获得标准样品，这时可采用第二种方法，即与化验室进行数据对比，其差值应在基础测试方法要求的再现性范围内。如果差值超过范围，则需要再次采样分析，如果结果又满足了要求，说明采样或者化验室分析数据有问题，否则需要对硬件和模型进行系统检验，找出引起偏差的主要原因。而且，每隔一段时间（如 1~2 个月），要对这段的对比数据进行统计分析，可使用ASTM D6122 推荐的 3 种质量控制图（单值控制图、指数权重移动平均控制图和两图移动范围控制图），即使两种方法之间的偏差满足要求，也可以根据统计结果来判断分析仪的运行状态，如是否存在系统误差等。在与实验室分析结果进行对比时，有几点问题值得注意：一是在线分析样品与实验室分析样品在时间和组成上的一致性，即两者为"同一个"样品；二是实验室所用的分析方法是建立近红外分析模型所采用的方法；三是在实验室进行分析时，应尽可能用同一台设备和同一人员进行分析。如有可能应平行测定 3 次，取平均值。对在线近红外光谱分析系统的日常维护一般主要集中在光谱仪、样品预处理系统和分析模型 3 部分上。光谱仪的光源能量会随着时间的变化逐渐下降，可通过光谱信噪比测试来判断何时更换光源，更换光源后应对分析模型的有效性进行验证，确保其变动对模型没有显著影响。此外，取样-测样装置也应定期检查和清洗，防止光学窗片污染、刮伤、磨损等对分析结果的影响。样品预处理系统的维护包括各控制阀件和仪表工作是否正常，以及一些耗用品如干燥剂、过滤网/膜等的更换。

对分析模型的修改与扩充是在线近红外分析系统维护的主要内容，也是最为复杂的一个环节。一般当出现模型界外样品时，就需考虑模型维护问题。ASTM为近红外分析模型的建立、检验和维护制定了具体的标准化操作规范。建立分析模型可参照 ASTM E1655、GB/T 29858—2013 和 GB/T 37969—2019 等标准，ASTM D 2885/3764 则提供了模型自动检验标准，ASTM D6122 为自动检验特异样品和判定测量值漂移标准。模型预测性能受到两大基本因素影响：一是样品化学组分发生变化；二是仪器的系统漂移。当样品化学组分发生变化时，需要及时将这些样品补充到样品集中，对近红外在线分析模型进行更新，扩充模型的覆盖范围。但在线模型用于控制循环中以后，不宜进行频繁的模型重建工作，如果实在需要才能对模型进行更新。因此，在线测量模型必须在确定建立完善后才能投入使用。若界外样品由仪器的系统漂移引起，则需要找出问题的具体原因，加以解决，如排除硬件故障，保证分析条件的一致性。对于样品粒度、温度、压力或流速等因素引起的界外样品，也可通过将这些变动因素引入模型的办法来解决，但这样做会降低模型的精度。为确保仪器的可靠性，常规的仪器诊断数据如波长准确度、噪声水平、带宽以及参考标准样品的光谱响应等应该做自动记录。此外，还需要经常性地抽取一些控制样本进行近红外测量和参考方法测量的对比以检验近红外方法的性能，一般每隔 4～8h 需要做一次验证工作，并记录检验结果。把这些记录结果绘制成一个控制图表可以有效地监控仪器和测量模型的性能。

三、问题与解答

⊙ 国内外涉及近红外光谱分析技术的标准有哪些？

解　答　近红外光谱方法：模型建立与维护通则（AACC 39-00）；多元在线、旁线和实验室红外分析仪的验证规范（ASTM D6122）；红外光谱多元定量分析规范（ASTM E1655）；光谱分析仪系统性能评定的标准实施规程（ASTM D8340）；光度计性能检验指南（ASTM E1866）；校正模型验证规范（ASTM E2617-09a）。英国：近红外光谱方法建立和验证准则（guidelines for the development and validation of near infrared spectroscopy methods，PSAG）。使用近红外光谱鉴别药物的方法验证（verification of the identity of pharmaceutical substances with near-infrared spectroscopy，RIVM）。日本：近红外分光光度分析法通则（JIS K0134）。中国：纸张定量、水分的在线测定（近红外法）（QB/T 2812—2006）；粮油检验 近红外分析定标模型验证和网络管理与维护通用规则（GB/T 24895—2010）；分子光谱多元校正定量分析通则（GB/T 29858—2013）；近红外光谱定性分析通则（GB/T 37969—2019）。

⊙ 对温湿度变化大、粉尘大的环境条件，在线或现场近红外光谱分析应注意什么？

解　答　工业现场的光谱采集影响因素较多，其中，以温度、湿度和粉尘等因素最为常见，影响最为严重。粉尘较为严重的环境下，要将光谱仪与粉尘隔离开来，并对光谱仪进行定期的清洁。温湿度变化较大的环境下，要尽量采取措施，控制光谱仪工作环境下的温湿度，减小温湿度波动程度。由于现场、在线分析环境影响因素难以避免，在实际的建模过程中要考虑这些环境因素的模型预测性能的影响，采取一些稳健化措施，建立环境不敏感模型，提高模型的预测能力和稳健性。

参考文献

[1] 李文龙，瞿海斌. 近红外光谱用于中药定量分析的技术规范化研究进展 [J]. 中国中药杂志，2016，41（19）：3511-3514.

[2] 罗雨，李文龙，瞿海斌. 近红外光谱定量分析法的验证方法研究进展 [J]. 中国中药杂志，2016，41（19）：3515-3519.

[3] Bogomolov A. Multivariate process trajectories：capture，resolution and analysis [J]. Chemom Intell Lab Syst. 2011，108（1）：49-63.

[4] Li W，Han H，Cheng Z，et al. A feasibility research on the monitoring of traditional chinese medicine production process using NIR-based multivariate process trajectories [J]. Sensor Actuat B-Chem. 2016，231：313-323.

[5] 褚小立. 化学计量学方法与分子光谱分析技术 [M]. 北京：化学工业出版社，2011.

[6] 陆婉珍. 近红外光谱仪器 [M]. 北京：化学工业出版社，2010.

第 5 章

化学计量学方法与建模

第一节 化学计量学历史沿革

化学计量学是利用统计学、数学、计算机科学等方法和手段解决化学问题的一门交叉学科。由于近年来各类先进的分析仪器相继问世，产生了大量量测数据，昔日以单变量分析为主的传统数据处理方法的效率和效果都有所下降。随着数学、统计学和计算机科学等学科的迅速发展，各种新型仪器产生的大量高阶数据得以进一步挖掘，从而更多地解析出复杂数据中包含的丰富信息。

化学计量学诞生于 20 世纪 70 年代初期。1971 年，瑞典化学家 Wold 在为一项基金项目定名时提出了"化学计量学"（chemometrics）一词，标志着化学计量学这门新兴学科的诞生[1]。1974 年，他与美国华盛顿大学的 Kowalski 教授在美国西雅图成立了国际化学计量学学会（International Chemometrics Society，ICS）。早期的化学计量学方法实际上大都是经典的统计学方法，例如 1901 年英国统计学家 Pearson 提出的主成分分析（principal components analysis，PCA）。偏最小二乘法（partial least square，PLS）是瑞典著名计量经济统计学家 Wold 在 20 世纪 60 年代为处理经济学数据提出的，后来他的儿子在 1983 年将其发展，用于解决较难处理的化学数据回归问题，并且获得了非常满意的结果。目前，PLS 已成为化学计量学领域最常用的一种多元建模方法。20 世纪 80 年代，化学计量学的两本国际专业期刊 *Journal of Chemometrics*（1987，Wiley）和 *Chemometrics and Intelligence Laboratory Systems*（1988，Elsevier）的问世，对化学计量学成果的交流传播发挥了重要作用。同时，Matlab 编程语言（1984 年美国 MathWorks 公司推出）的出现，使得很多化学计量学的复杂计算仅通过简单的 Matlab 语句便可实现，极大地促进了该学科的发展。20 世纪 90 年代，化学计量学与分析仪器相结合，进入到了实际应用阶段。

化学计量学在近红外光谱分析中具有重要地位。近红外光谱是 850～2500nm 波段的电磁波，主要反映了物质中含氢基团的倍频和合频。但是近红外的吸收峰较宽且重叠严重，光谱的解释能力比较差，很难进行确切的谱峰归属。此外，在实际应用中，还面临着使用环境变化、复杂体系干扰严重、仪器变化等多种干扰因素。因此，化学计量学建模是近红外光谱分析中必不可少的过程。按照分析过程的先后顺序，近红外光谱分析中常见的化学计量学方法可以概括为：样本分组、奇异样本识别、光谱数据预处理、波长选择、化学模式识别、多元校正、模型转移和更新等方法。

第二节 样本分组方法

相较于传统分析化学方法，结合化学计量学的近红外光谱分析更容易出现过拟合现象。因此对化学计量模型的验证尤为重要。在建模之前通常需要将采集的样本光谱和参考值分为校正集（calibrationset）和验证集（validationset）。前者主要用于建立多元校正或化学模式识别模型，后者用来验证所建立模型的预测性能。通常校正集和验证集中样本个数的划分比例介于 0.5～0.8 之间（两者的样本数量具体根据样本、模型的复杂程度来定）。常见的样本分组方法包括：随机算法、Kennard-Stone（K·S）算法、光谱-理化值共生距离算法（sample set partitioning based on joint *x-y* distances，SPXY）等。

一、随机分组方法

随机分组方法是从数据集中随机选择一部分样本作为校正集，其余样本作为预测集。其中，随机分组算法的选择过程具有不确定性，在样品量较少或者建模效果波动较大时难以建立高效的模型。随机分组不能保证每次选择的校正集样本都具有代表性，因而在验证新提出方法的性能时，为了保证模型性能不受分组方法的干扰，常采用多次随机分组方法进行综合评价。即将数据多次采用随机分组的方法进行分组，对校正集多次建模，计算模型预测结果的平均值。该预测结果不受数据分组的影响，能较好体现模型的性能。

二、KS 分组方法

K·S 算法由 Kennard 和 Stone 提出[2]，是一种基于光谱距离迭代选择样本的方法，旨在选择出覆盖范围广，且均匀分布的样本集。首先，选择一个初始样本，之后每一步都选择与已选样本光谱距离（通常为欧氏距离或者马氏距离）最远的一个样本，直到选择出的样本达到预设的数量为止。

三、SPXY 分组方法

K·S 算法仅考虑了光谱的信息，没有考虑参考值的影响。当待测组分含量较低时，若光谱特征不显著，采用 KS 方法可能不会得到满意的校正集样本。Galvao 等[3]在 K·S 算法的基础上提出了光谱-理化值共生距离算法（SPXY）。该方法兼顾参考值和光谱距离，从而保证选择的样本的光谱和参考值都覆盖较大的范围并且均匀分布。SPXY 算法的逐步选择过程与 K·S 算法相同，只是在计算样本 i 和样品 j 之间的距离时，采用了同时考虑光谱 x 和目标参考值 y 的新的距离定义 $d_{xy}(i,j)$。

$$d_{xy}(i,j) = \frac{d_x(i,j)}{\max_{i,j\in(1,z)}[d_x(i,j)]} + \frac{d_y(i,j)}{\max_{i,j\in(1,z)}[d_y(i,j)]} , \ i,\ j\in[1,\cdots,z] \quad (5\text{-}1)$$

式中，$d_x(i,j)$ 为以光谱 x 为特征参数计算的样本 i 和 j 之间的欧式距离；$d_y(i,j)$ 为以目标参考值 y 为特征参数计算的样本 i 和 j 之间的距离；z 为样品的总数目。为了对 x 和 y 空间中的样本分布赋予同等重要性，距离 $d_x(i,j)$ 和 $d_y(i,j)$ 除以它们在数据集中的最大值进行标准化处理。

四、最优 K 相异性方法

在选择校正样本时，需要同时考虑样本的代表性和多样化，所谓的代表性是所选样本要尽可能反映整个数据集中所有样本的属性，而多样化是指所选样本之间的差异应尽可能大，彼此容易区分。最优 K 相异性方法（optimizable K-dissimilarity selection，OptiSim）是一种能选择既有代表性又兼顾多样化样本的方法[4]。最优 K 相异性算法涉及三个参数：K 定义为每一次迭代中子样本集的大小；R 定义为一个有效的候选样本与任何一个已经选定的样本之间所允许的最小相似性；M 为所选的代表性子集样本的总数目。通过 K 值可控制所选样本代表性和多样性之间的平衡，低的 K 值能选出更具代表性的样本，较大 K 值能选出更多样化的样本。

第三节　奇异样本识别方法

奇异样本（outlier）有时也称为异常值、不规则点、离群点或界外点，至今没有严格的定义，一般是指那些落在总体之外的样本向量。造成奇异样本的原因有多种，可能是由于总体条件的突然变化或者未知的某个因素的出现，如实验条件的改变、样本性质的变化；可能由于数据本身存在的量测误差，包括仪器的测量误差和人为的测量误差；也可能是由于性质截然不同于总体的样本存在。一方面，奇异样本的存在会在一定程度上影响甚至改变整体数据的分布趋势，从而影响校正模型的准确性。另一方面，奇异样本可能恰好是与已有样本不一样的新发现，比如药物设计中不同于其他化合物的活性药物的发现。所以，奇异样本的有效识别具有重要意义。

对于奇异样本的分类，也有多种观点，经典的分类方法是按照奇异样本对回归模型的影响，将奇异样本分为纵向奇异点（vertical outliers）、好的杠杆点（good leveragepoint）和坏的杠杆点（bad leveragepoint）三类[5]。纵向奇异点指远离目标值空间（Y 空间）的样本，即样本的光谱 X 值落在正常样本范围内，而 Y 值过大或过小。坏的杠杆点指远离光谱（X 空间）的样本，即样本的 Y 值落在正常样本范围内，而 X 值过大或过小。好的杠杆点是同时远离 X 和 Y 空间，但是符合总体分布的样本。纵向奇异点和坏的杠杆点都会影响甚至破坏回归模型。好的杠杆点虽然不影响回归模型的结果，但是，如果它的值发生了微小的变化，就会对结果造成很大的影响。因此，这三类奇异样本的识别都很重要。

奇异样本识别方法大致可以分为三类：经典识别方法、稳健识别方法、基于统计学的识别方法。经典识别方法都是基于最小二乘估计，对识别单个奇异样本很有效，但当多个奇异样本存在时往往会发生误判。稳健识别方法包括基于稳健距离估计的识别方法和基于稳健回归估计的识别方法。前者先找出奇异样本，剔除奇异样本后再用常规方法处理。后者则是寻找抵御奇异样本影响的拟合模型，以减轻或消除奇异样本的影响，同时也具有检测奇异样本的功能。基于稳健距离估计和稳健回归估计发展了一系列的稳健主成分回归和稳健偏最小二乘回归方法。

一、经典识别方法

奇异样本的经典识别方法包括残差法（包括普通残差、标准化残差、学生化残差）、马氏距离（Mahalanobis distance）、杠杆值（leverage）、主成分得分图（principle component plot）等。依据的原理都是判断某统计量是否超过一定分布下（如正态分布或 χ 分布）的临界值。其中，马氏距离、杠杆值和主成分得分图主要用来识别光谱奇异样本。主成分得分图能够有效量化奇异样本与主体样本之间的距离，远离中心的样本被判断是奇异样本。识别目标值中奇异样本的方法主要是残差法。由于需要已知样本组分的参考浓度或其他待测性质，只能用于校正集。并且获得每个样本的预测值都需要重新建模，因此，该方法计算量非常大，只能作为一种辅助的判断方法。

当数据中只有一个奇异样本时，以上方法都很有效。但是，当数据中存在多个奇异样本时，它们将在一定程度上破坏数据的重心（均值）和离散度（协方差矩阵），最终导致两种不良后果：一种为掩盖（masking）现象，即未能识别出某些真正的奇异样本；另一种为淹没（swamping）现象，即将正常样本误判为奇异样本。为克服以上困难，发展了稳健的奇异样本识别方法。

二、稳健识别方法

1. 基于稳健距离估计的识别方法

稳健的奇异样本识别方法就是利用各种手段寻找光谱矩阵的均值和方差的

正确估计，然后用稳健的均值和方差判断各样本远离中心的程度。常用的方法包括椭球多变量修剪法、最小体积椭球估计法、最小协方差行列式法、最小半球体积法和半数重采样法等。由于这些方法都没考虑响应变量的信息，单独使用时只能检测出光谱方向的奇异样本。

（1）椭球多变量修剪法　椭球多变量修剪（ellipsoidal multivariate trimming，MVT）法[6]通过不断对光谱数据进行修剪来寻找稳健的均值和方差。通过多变量修剪获得均值和协方差的稳健估计，过程如下：

① 计算初始的均值 $\bar{x}$ 和协方差 S 下每个样本的马氏距离的平方。

② 剔除马氏距离最大的 N 个样本后，重新计算均值 $\bar{x}_1$ 和协方差 S_1。

③ 计算每个样本在新均值 $\bar{x}_1$ 和协方差 S_1 下的马氏距离的平方。

④ 再次剔除马氏距离最大的 N 个样本后再计算均值 $\bar{x}_2$ 和协方差 S_2。

⑤ 比较 $\bar{x}_1$ 和 $\bar{x}_2$、S_1 和 S_2，重复步骤③～⑤，直到均值和协方差都收敛。并用稳定时的均值和协方差计算每个样本的马氏距离。该方法隐含的假设就是即使数据中存在奇异样本，马氏距离的计算也一直是正确的。而当光谱数据中包含多个奇异样本时，各样本马氏距离的估计就是错误的，因此，导致了MVT法的失败。

（2）最小体积椭球估计法　最小体积椭球估计（minimum volumeeppipsoid estimator，MVE）法[7]通过寻找一个含有一半数据的最小体积椭球，用来作为整体数据的形状和位置的稳健估计。这种算法把数据集分成不同的子集，然后计算代表这些子集的椭球。奇异样本会增加椭球的体积，因此存在奇异样本的椭球体积肯定不是最小的，最小体积的椭球代表数据真实的核心。找到最小椭球体积之后，超过马氏距离指定阈值的点将被认定为奇异样本。MVE 最大的问题在于计算效率，因为 MVE 主要依赖于找到合适的一半数据，随着样本数的增加，精确解的寻找是一个组合爆炸的问题。最早计算 MVE 就是基于重采样技术的搜索元素集的算法。后来，遗传算法、模拟退火和禁忌搜索算法等也用于搜索最小体积椭球。这些智能搜索方法在一定程度上改善了重采样技术的完全随机性。另一种策略是搜索半集的算法，但这些算法依然会对数据集的大小存在约束。第三种策略是基于搜索椭球空间的算法，该方法比前两种策略效率都有所提高。但是，到目前为止，依然没有精确计算大样本数据的 MVE 的算法。

（3）最小协方差行列式法　最小协方差行列式（minimum covariance determinant，MCD）法[8]是用最小协方差行列式的样本计算稳健的均值和方差。该方法首先从光谱数据中随机选择子集（一般子集的大小为 $m/2$），分别计算每个子集的行列式。然后将具有最小非零行列式的子集作为标准数据集，计算该子集的均值和方差，并用于重新估计每个样本的马氏距离来识别奇异样本。MCD 方法最早由 Rousseeuw 在 1984 年提出，虽然该方法具有很高的稳健性，但是由于其算法的复杂性加上当时计算机性能的落后，并没有得到很好的应用。直到 1999 年 Rousseeuw 和 Driessen 提出改良的快速 MCD（FAST-MCD）算法[9]后，才使得 MCD 方法真正地应用在各种稳健估计中。但是 MCD 方法的一个最大缺点就是不能处理变量数量比样本数量多的数据。

（4）半数重采样法　半数重采样（resampling by half-means，RHM）法[10]基于对原始光谱的随机半数重采样，统计出现奇异长度的样本。从原始光谱矩阵中随机选择部分（一般选择总样本数的一半）样本作为采样子集，计算每个采样子集矩阵的均值和方差，再根据均值和方差计算采样子集中每个样本的向量长度（不同波长点下光谱减去均值除以方差的均方根）。对光谱数据进行多次随机采样，并记录每次采样后计算的向量长度。对样本的向量长度进行排序，距离最大的一定概率（如 5%或 10%）的样本得分为 1，其余为 0。最后对各样本的总得分进行统计，得分最高的部分样本就为奇异样本。

（5）最小半球体积法　最小半球体积（Smallest half volume，SHV）法[10]从整体数据挑选出距离最近的一半光谱计算均值和方差，作为整体数据的形状和位置的稳健估计。然后计算其他样本点相对于所估计中心的距离来识别奇异样本。该方法首先计算光谱矩阵 $X_{m×n}$ 中各样本之间的欧式距离，得到一个 m 阶方阵。显然，方阵对角线上的元素为 0，第 j 列数据代表第 j 个样本到其他所有样本的距离。然后对方阵中的每一列数据按照从小到大的顺序排列，对每列的前 $m/2$ 个距离进行求和，和最小的列意味着该样本在 n 维空间上有最接近的 $m/2-1$ 个邻居，即这 $m/2$ 个样本在空间中最集中，可以近似认为它们代表着数据的正确趋势，并且将和最小的列所代表的样本近似为样本集的中心。最后计算这 $m/2$ 个样本的均值和方差作为整体数据的均值和方差，以此重新估计每个样本的马氏距离进行奇异样本的识别。

2. 基于稳健回归估计的识别方法

稳健回归估计方法的目的是使回归估计不受奇异样本的强烈影响，并且能识别奇异样本。回归估计的稳健特性用崩溃点（breakdown point）来评价。崩溃点指的是强烈影响估计偏离其"实际"情况的奇异样本数与估计所包含的样本数的比值。某方法的崩溃点越高，其稳健性越好，可容忍的奇异样本数目越多。最小二乘估计的崩溃点是 $1/m$，即只要 m 个样本中有一个奇异样本，就可以使最小二乘估计失效。稳健估计的另一个重要评价指标是效率。对于一组数据，假定不存在奇异样本，进行稳健回归估计所得结果应该和最小二乘估计是一样的。稳健回归估计的效率指的是稳健方法的均方根误差除以最小二乘估计的均方根误差，此值越接近于 1，表明稳健回归估计的效率越高。常见的稳健回归估计包括最小一乘估计、M 估计、S 估计、MM 估计、最小中位方差估计和最小方差修剪估计等。

（1）最小一乘估计 对于线性回归模型，最小一乘估计就是寻找回归超平面，使得拟合残差绝对值之和达到最小。而被广泛应用的最小二乘估计与最小一乘估计的区别在于最小二乘是使拟合残差的平方和达到最小。如果奇异样本有很大的偏离，其平方和更大，为了压低平方和就不得不更将就这个点，把回归直线往这个点更多地拉近一些，从而导致整体拟合变坏；对最小一乘估计而言，当奇异样本有很大偏离时，由于只考虑偏离的一次方而非平方，因而受奇异样本的影响就小得多。因此最小一乘估计比最小二乘有更好的稳健性。然而，最小一乘的计算比较困难，使其应用远不如最小二乘广泛，随着其实现算法的发展，会有更好的应用。并且最小一乘估计值对目标值奇异样本稳健，对光谱奇异样本（尤其是坏杠杆点）比较敏感。

（2）M 估计 M 估计是极大似然估计（maximum likelihood estimator）的简称，由 Huber 在 1973 年提出。这是一个广义的估计类，通过一定准则使线性拟合残差最小化来得到。其中，最小二乘估计是 M 估计的一个特例。Philips 最早将 M 估计应用于计量学中的回归分析，M 估计能有效地克服目标值（Y）空间奇异样本的影响，但对光谱（X）空间的奇异样本（杠杆点）不稳健。另外 M 估计的崩溃点很难大于 30%，不能抵御更多的奇异样本。

（3）最小中位方差估计 最小中位方差估计（least median of square，LMS）是为解决 M 估计崩溃点低的问题而由 Rousseeuw 提出的[11]。LMS 估计的目标函数为残差平方的中位数。LMS 估计具有很高的崩溃点，可以达到 50%。Massart 等[12]首次将 LMS 估计引入到化学计量学。然而，该方法的收敛速率较慢，一般来说，LMS 方法的计算时间与量测样本数的立方成正比。

（4）最小方差修剪估计 为克服 LMS 估计的收敛速率慢的缺点，Rousseeuw 又提出了最小方差修剪（least trimmed squares，LTS）估计[13]。LTS 估计又名最小截尾平方估计，该方法与最小二乘相似，不同之处在于 LTS 估计仅取一部分残差较小的样本进行回归。该方法将残差平方从小到大进行排序，其目标函数为排序后前 k 个样本残差的平方和。当 k 为样本总数的一半时，LTS 估计的崩溃点也是 50%，但收敛速度明显加快。

3. 稳健主成分回归

PCR（主成分回归）包括 PCA（主成分分析）和 MLR（多元线性回归）两步，两者对奇异样本都具有敏感性。PCA 对奇异样本敏感主要是因为 PCA 以经典的方差最大化为投影指标，以经典的协方差矩阵为分解对象。奇异样本会把主成分轴拉向自己，使其不再通过数据的主体部分，从而歪曲了投影前的数据结构。MLR（多元线性回归）对奇异样本敏感是因为 MLR 是基于不稳健的最小二乘回归。

为了处理这种情况，不断有学者把稳健统计的方法应用到 PCR 中。最初实现稳健 PCA 主要有两种方式：一种是基于稳健方差矩阵的特征向量，如 MVT、MCD 等，但这类方法只限于低维的数据[8]；另一种是基于投影寻踪（projection pursuit，PP）的方法，该方法通过最大化扩散来获得数据连续的投影方向，可用来处理高维数据。结合这两类方法的优势，Hubert 又提出了 ROBPCA（稳健主成分分析）[5]，该方法先用 PP 对数据降维，然后再将 MCD 稳健估计应用到低维数据中。稳健 PCA 只能找到光谱（X）方向的奇异样本，对于目标值（Y）方向的奇异样本，则通过稳健回归估计，如 LMS、LTS 和 PSV 等方法识别。因此，稳健 PCR 可以看作是稳健的协方差估计与稳健回归估计在 PCR 中的应用。

4. 稳健偏最小二乘回归

与 PCR 类似，经典的 PLS 对奇异样本也很敏感，于是发展了一系列稳健 PLS 方法[14]。概括起来，这些稳健 PLS 包括两类：一类是基于稳健回归估计的加权 PLS，包括内部加权和外部加权的方式；第二类则是基于稳健协方差的 PLS。相应地，利用稳健 PLS 进行奇异样本识别也就相应地分为两种方式：一种是根据样本内部或外部权重，权重为 0 的样本视为奇异样本；另一种则依靠稳健的协方差矩阵计算的稳健距离，稳健距离超过一定界限的样本为奇异样本。实际上很多时候，稳健回归和稳健距离同时用于数据中奇异样本的识别。

三、基于统计学的识别方法

虽然在数据中哪个样本是奇异样本是未知的，但是可以通过奇异样本与正常样本的性质差异，建立大量的模型，然后把奇异样本通过统计参数选择出来，这就是基于统计学中蒙特卡罗交叉验证（Monte Carlo cross validation，MCCV）的一类奇异样本识别方法。

采用 MCCV 将数据集多次划分校正集与预测集,如果奇异样本在校正集中,整个模型的质量将受到影响;相反,如果奇异样本在预测集中,仅此样本的预测结果受到影响。尽管两种情况对预测结果都有影响,但效果明显不同。Shao 等[15]利用 MCCV 中奇异样本的统计规律来识别奇异样本。利用 MCCV,建立 1000 个 PLS 模型,计算每个模型的预测残差平方和(prediction residual error sum of squares,PRESS),然后将 PRESS 按照从小到大的顺序进行排序。如果某样本在具有小 PRESS 的 PLS 模型(或在具有大 PRESS 的模型)中出现频次明显偏离,则表明其为奇异样本。将该方法用于小麦近红外光谱数据集中奇异样本的识别,结果如图 5-1 所示。从图中可以看出,第 26 号和 49 号样本被识别为奇异样本。

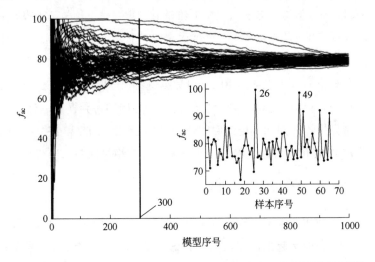

图 5-1　小麦数据集增加人工奇异样本后各样本的累计频次变化图[15]

Liang 等[16]根据预测集中奇异样本的预测残差会明显大于正常样本的预测残差也提出了一种基于 MCCV 的奇异样本识别方法。该方法首先使用 MCCV 建立大量的 PLS 模型,然后预测验证集中的样本,可以得到每个验证样本的预测残差的柱状分布图。如图 5-2 所示,它们的统计特征均值和方差被用来诊断奇异样本。

Bian 等[17]基于奇异样本对 PLS 模型的敏感性,即含有奇异样本与不含有奇异样本的模型会有很大差别,提出来一种基于 MCCV 及聚类分析的奇异样本识别方法。该方法首先利用 MCCV 建立一定数量的 PLS 模型,然后对这些模型的回归系数进行主成分分析。包含奇异样本和不包含奇异样本的回归系数在主成分空间里会聚成不同的类别。统计样本在这些类别中的出现频次,进而根据每个样本出现频次的大小完成对奇异样本的识别。将该方法应用于拉曼光谱数据集中奇异样本的识别，结果如图 5-3 所示。从图中可以清晰地观察到出现频次为 0 或者其他样本 2 倍的样本，即 42、57 和 62 号样本为奇异样本。

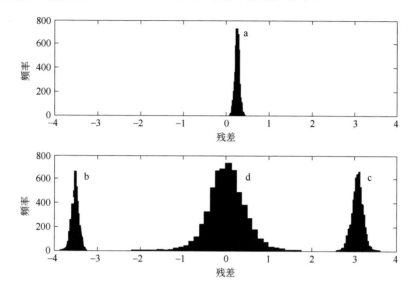

图 5-2　用 MCCV 方法得到的模拟数据的样本残差分布示意图

a—正常样本；b—y 方向的奇异样本；c—模型奇异样本；d—X 方向奇异样本[16]

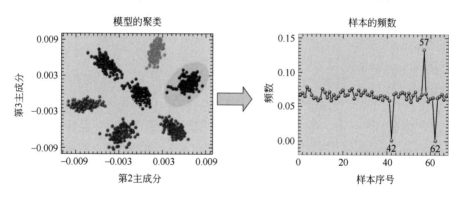

图 5-3　拉曼光谱数据采用蒙特卡罗交叉验证及聚类分析的奇异样本识别[17]示意图

第四节　光谱预处理方法

实验采集到的近红外光谱除包含与样本相关的有用信息外，往往也掺杂着干扰信息，包括随机噪声、背景干扰、杂散光及测样器件引起的光谱差异。这对定性或定量模型的质量和待测样本预测的准确度将产生严重的影响。因此，在用化学计量学方法建立模型之前，为了减小或消除光谱数据的噪声、散射的干扰和背景基线漂移等影响，有必要对光谱进行预处理。光谱预处理方法有很多，按照预处理效果，可以将预处理方法分为基线扣除、散射校正、平滑处理和尺度缩放四大类[18]。其中，每类预处理方法又包括多种具体算法。

一、背景扣除方法

光谱中除了组分的特征峰外，往往还存在连续、缓慢变化的背景，并且不同样本光谱的背景不同。背景的存在会使特征峰的峰位、峰宽以及峰的强度难以确定，并降低模型的解释性和稳健性。因此，扣除光谱中的背景很有必要。

1. 拟合或差值

对于给定的一些散点，拟合是用一个已知表达式而未知参数的连续函数来最大限度地逼近这些点；而插值是找到一个（或几个分片光滑的）连续函数来穿过这些点。拟合和差值都可以对某些点进行估计。但插值没有误差，一定会经过给定的点；而拟合有误差，不一定经过给定的点，更多的是在表现数据的趋势。进行拟合或插值的连续函数可以是线性函数、多项式函数或样条函数等。

用拟合或插值进行背景扣除分为手动形式和自动形式两种。手动形式就是从原始光谱中挑出一些认为是背景的点，然后再进行拟合或插值，得到背景曲线，从原始光谱中扣除背景即达到背景扣除的目的。手动形式的精确度依赖于工作者的经验，并且不具有可重复性，由此发展了自动拟合或插值的方法。去趋势（detrending）[19]就属于自动扣除背景的方法。该类方法在信噪比或者背景较小的情况下能取得较好的效果，但是对于高信噪比或背景复杂的光谱不能取得满意的效果。

2. 导数计算

光谱的一阶（1st derivative）和二阶导数（2nd derivative）是常用的背景扣除方法[20]。一阶导数可以简单用一阶差商代替，即相邻两点的差值除以相邻采样点的间隔。二阶导数可采用一阶导数继续求导获得。一阶导数主要解决基线的线性偏移，高阶导数则解决基线的非线性偏移。导数光谱在消除基线和其他背景干扰的同时也会带来噪声的增强，因此，可以在求导前先进行平滑处理。

常用的导数计算方法包括直接差分法、Savitzky-Golay（SG）求导和Norris-Williams（NW）求导。直接差分法就是用后一个光谱点与前一个光谱点依次作差，对于分辨率高的光谱，直接差分法得到的导数光谱与实际相差不大；但对于稀疏波长采样点的光谱，该方法所求的导数则存有较大误差，此时可以用SG求导。SG求导方法是将移动窗口多项式拟合进行求导，利用导数取代窗口的中心点，窗口每次只移动一个数据点，直到整个光谱的数据点都得到了求导的结果。与SG平滑一样，窗口宽度是SG求导中需要确定的一个重要参数。NW求导是由Norris于1983年提出的，该方法首先进行光谱的平滑，然后根据给定的窗口宽度和窗口间隔对平滑后的光谱进行一阶或二阶求导。窗口间隔是指两个窗口之间波长点的间隔。

3. 小波变换

小波分析是20世纪七八十年代基于Meyer、Daubeichies和Mallat等人奠基性工作而发展起来的一种数据分析方法，具有时频分析的特点，又被称为"数学显微镜"。小波分析的目标是用一组基函数及其变换，对原始信号给出丰富有效的描述。这些基函数就是由母小波通过尺度伸缩和位置平移扩展出来的一系列函数。在使用小波前首先要选定小波函数及小波参数等。小波变换（WT）就是将信号从原始空间通过基函数投影到小波空间，包括离散小波变换（discrete wavelet transform，DWT）和连续小波变换（continuous wavelet transform，CWT）。小波变换在分析化学的数据处理中得到了广泛应用[21]，包括平滑滤噪、数据压缩、背景扣除、基线校正、分辨率提高、峰的校对等方面。

DWT将原始信号逐层分解为低频和高频信号。高频信号不作处理，而对低频信号持续进行分解。一般认为，分解后的高频信号为噪声信息，低频信号为背景信息。因此，DWT可以用于噪声和背景的扣除。CWT通过基小波位置平移或尺度伸缩，把一维信号扩展成二维信号。由于小波基函数可以认为是某平滑函数的导数，因此CWT可以看作是近似求导的过程，从而能达到扣除背景的目的[22]。

4. 峰位寻找–峰宽确定–拟合或插值三步法

以上背景扣除和基线校正的方法各有优缺点，人工拟合或插值需要借助经验，并且比较费时；自动拟合或插值在信噪比低或背景强时效果会很差；导数计算的方法会使峰的形状改变，难以对预处理后的谱峰进行解释；DWT方法是假设背景、噪声与信号完全分离，去掉代表低频的背景，然而实际信号并非都可以完美分离。峰位确定、峰宽寻找、拟合或插值三步法可以结合以上方法的优点，为基线扣除提供了一种智能化的方法。Baek 等[23]将 SG平滑用于峰位的确定和峰宽的寻找，然后用插值确定背景。该方法应用于模拟光谱和真实样本的拉曼光谱。结果显示，该方法可以有效地去除模拟信号中的直线和曲线背景以及拉曼光谱中的背景。但是复杂背景的存在往往会影响峰位的确定，Zhang 等[24]充分利用小波变换的优势，把光谱转换到小波空间，再在小波空间寻找峰位。首先以墨西哥帽小波为母小波对拉曼光谱进行连续小波变换。根据小波系数的局部极大值来确定峰的位置，然后通过哈尔（Haar）小波变换导数计算来确定峰的宽度；最后，将光谱信号分为峰部分和非峰部分，非峰部分使用惩罚最小二乘拟合，从原始光谱扣掉拟合后的背景得到校正背景后的光谱。该方法可以很好地校正拉曼光谱的背景而无需对光谱进行任何预处理。

5. 自适应迭代不对称惩罚最小二乘法

用于平滑的惩罚最小二乘和不对称最小二乘虽然也可以用于背景扣除，但是用于复杂信号时容易产生负峰。Zhang 等[25]提出了自适应迭代加权惩罚最小二乘（airPLS）的背景扣除方法。此方法的实质是通过迭代过程优化一个包含两项的目标函数。第一项为扣除背景后的光谱的不对称最小二乘，用于计算拟合误差；第二项为拟合背景的一阶导数，用来限制背景的平滑程度。结果表明，该方法能有效地扣除模拟光谱、高效液相色谱和拉曼光谱信号中的背景，且计算速度很快。

二、散射校正方法

即使是相同的样本，但由于样本粒度大小的不均匀分布，多次测量的样本也会出现差异，此时需要散射校正的方法对其进行校正。散射校正包括标准正态变量（standard normal variate，SNV）、多元散射校正（multiplicative scatter correction，MSC）和辐射转移公式（radiative transfer equation，RTE）。

1. 标准正态变量

标准正态变量（SNV）[19]用来校正样本中因颗粒散射、光程变化而引起的光谱误差。SNV 认为每条光谱中各波长点的吸收度值应满足一定的分布（如正态分布），利用这一假设对每条光谱进行校正，即从原始光谱中减去该光谱的平均值后，再除以该光谱的平均偏差。经过 SNV 处理后的光谱矩阵每行元素均值为 0，方差和标准偏差都为 1。显然，SNV 使信号的强度和尺度得到调整，从而达到散射校正的目的。SNV 与标准化算法的计算公式相同，不同之处在于前者对光谱阵的行进行处理，不需要对性质数据同时处理；后者基于光谱阵的列，光谱与性质数据需同时处理。

2. 多元散射校正

多元散射校正（MSC）由 Geladi 等[26]在 1983 年提出，用于消除由于样本颗粒分布不均匀及颗粒大小不同产生的散射对其光谱的影响。MSC 假定所有样本在各波长点具有相同的散射系数，并且每条光谱都应该与"理想"光谱呈线性关系。显然能代表所有样本的理想光谱并不存在，一般用校正集的平均光谱来代替。因此，MSC 算法中首先计算所有光谱的平均光谱，然后用最小二乘回归算法构建线性回归方程，拟合每条光谱与平均光谱的关系，最后从每条光谱中扣除其截距并除以其斜率，得到校正后的光谱。对于校正集外的光谱进行 MSC 处理时，则需用校正集样本的平均光谱先求取该光谱的截距和斜率，再进行 MSC 变换。MSC 与 SNV 具有一定的相似性。由 MSC 的算法可知，它主要用于消除理想中的线性散射影响。

3. 辐射转移公式

体系的散射与粒子粒径大小有很大关系。对于均匀体系，比如溶液等，光透过时，不存在散射问题，如图 5-4（a）所示。对于非均相体系，若粒子的浓度很低，主要存在粒子本身的散射，不存在不同粒子之间对光的折射，如图 5-4（b）所示。若粒子的浓度较高，粒子之间对光的传播也会产生影响，如图 5-4（c）所示。SNV 和 MSC 在散射较大且目标分析物的浓度较小时不能取得很好的效果。为解决低浓度粒子引起的散射问题，Thennadil 等[27]在 2009 年提出了基于辐射转移理论（RTE）的散射校正方法，并用于两组分及多组分体系。

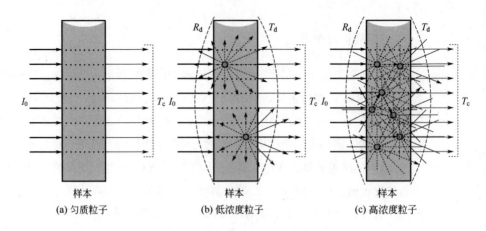

图 5-4　不同体系的溶液中散射情况示意图

T_d—总漫透射率；R_d—总漫反射率；T_c—准直透射率；I_0—入射强度

三、噪声去除方法

由于受温度、机械以及电磁等影响，光谱仪器产生的信号往往包含噪声。噪声的存在会降低信号分辨率，掩盖有效信号，降低建模的准确性。因此在进行光谱信号分析之前通常需要去噪。目前常用的去噪方法可以分为两大类：基于平滑和分解的去噪方法。前者包含移动窗口平滑去噪、Savitzky-Golay 平滑。后者包含傅里叶变换（FT）、小波变换（WT）、经验模态分解（EMD）去噪。

1. MW 平滑

移动窗口（MW）平滑是一种最简单的数据平滑方法。具体为将数据分割为具有一定宽度的窗口，将窗口内所有数据的平均值代替原始数据中窗口中心位置的数据的方法。采用 MW 平滑方法无法对数据两端半个窗口宽度范围的数据进行处理，可能导致该位置的光谱断裂。针对该情况可以采用将光谱数据向两端延拓的策略改善。

该平滑过程可表示为原始数据与长度为 n 的向量$[1/n, \ 1/n, \ \cdots 1/n]^T$进行卷积操作。可以看出该向量为一个典型的低通滤波器，能够抑制频率较高的噪声成分。

2. SG 平滑去噪

Savitzky-Golay（SG）平滑是一种改进的移动窗口数据平滑方式，其特点是窗口中心的数据具有更大权重，边缘位置的数据权重较小。SG 系数是通过多项式拟合的方式推导出来的，具体为：将窗口内的数据表示为特定阶数的多项式，通过最小二乘的原理可以求解多项式系数，基于拟合的函数可以求得原始信号的平滑结果及其高阶导数。

3. 小波变换分解去噪

小波变换包含离散小波变换（DWT）和连续小波变换（CWT），不仅具有背景扣除功能，也具有去噪功能。DWT 通过对原始信号的不断分解，得到一个近似（approximation）与多个细节（details）信号。近似信号即低频信息；细节信号即高频信息。将高频信息的噪声去掉，剩余的近似和细节信号重构为去噪后的信号。连续小波变换是原始信号与小波信号的卷积，同时具有平滑和求导的作用。

4. 经验模态分解去噪

经验模态分解（EMD）[28]是一种适用于非线性、非平稳信号的自适应分解方法。与小波变换相比，该方法不需要选择小波函数以及分解尺度。具体分解过程如图 5-5 所示，通过寻找原始信号极大值、极小值，上下包络线，计算平均包络线，作差值等步骤进行自适应分解。得到一定数目的按照频率从高到低的本征模态函数（intrinsic mode functions，IMFs）和残差。所有 IMFs 和残差的加和等于原始信号。因此，将代表噪声的频率 IMFs 去掉，剩余 IMFs 和残差加和就得到去噪后的光谱信号。

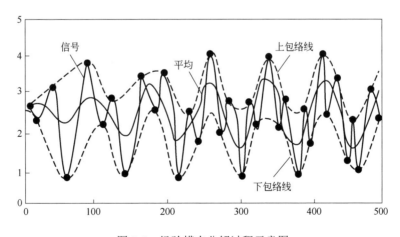

图 5-5　经验模态分解过程示意图

四、尺度缩放方法

1. 数据中心化

数据中心化（centralization）是从每个光谱数据中减去所有样本光谱的平均值，使得数据的变化以平均值为原点，从而充分反映光谱的变化信息，可以简化并稳定下一步的回归模型的计算。

2. 数据归一化

数据归一化（normalization）是把量纲不同、范围各异的数据变为 0～1 之间无量纲的数据。数据归一化包括最大归一化、最小归一化、最大最小归一化和平均值归一化等。其中，最大最小归一化是常用的一种归一化形式，该方法将原始光谱矩阵的各个数据减去该数据所在列的最小值再除以该列数据的极差（最大值和最小值之差）。

3. 数据标准化

数据标准化（standardization）又称均值方差化或方差归一化，用每列数减去该列数的平均值再除以该列的方差。经过标准化处理后的光谱矩阵每列元素均值为 0，方差和标准偏差都为 1。如果不同光谱同一吸光度下的波长变量之间数据差异较大，则需进行标准化处理。该方法既可以消除由于样本颗粒不均匀所带来的影响，也可以消除单位不同带来的影响。

第五节　波长选择方法

由于近红外光谱数据含有上千个波长点，并不是所有波长变量都与目标组分相关。因此需要从采集的波长变量中选择代表样本信息的重要波长，删除冗余波长。合适的波长选择可以增强模型的解释性，简化模型并提高模型的预测精度。目前，波长选择方法主要分为三大类：波长点选择方法、波段选择方法和变量加权方法。波长点选择方法包括基于智能优化算法的方法、基于统计学的方法和相关系数等其他方法。波段选择方法主要有间隔偏最小二乘法、移动窗口偏最小二乘法及其衍生化方法。变量加权方法是波长选择方法的发展与扩充，它虽然使用全部波长点，但给每个波长变量赋予不同的权重，有变量加权的 PLS 和变量加权的支持向量回归（SVR）等方法。

一、波长点的选择方法

1. 基于智能优化算法的方法

（1）模拟退火　模拟退火算法（SA）是由 Metropolis 在 1953 年模拟固体退火过程而提出的一种智能优化算法。SA 包括加温过程、等温过程和冷却退火过程。等温下的热平衡过程采用 Metropolis 准则，即重要性采样法；并用一组称为冷却进度表的参数控制算法进程，使算法能够节约时间。SA 在波长选择中的应用由 Kalivas 等[29]在 1989 年开始，其基本过程如下：

① 首先给定一较高的模拟退火起始温度 T_0。

② 随机选定一初始变量子集 S_i 作为初始解，用多元校正方法计算其预测误差 E_i。

③ 对初始变量子集给一随机微扰，得到一个新的变量子集 S_j，计算其预测误差 E_j；如果 $E_j < E_i$，则接受为新解，否则以概率 $p = \exp[-(E_j - E_i)/T]$ 接受为新解，其中 T 为模拟退火温度。

④ 回到步骤②，直到达到此温度下的平衡。

⑤ 回到步骤①，并降低模拟退火温度 T，直到 T 达到指定的最低模拟退火温度。理论上讲，初始温度足够高，温度下降越慢，每个温度下的抽样时间越长，得到全局最优解的可能性越大，但因此花费时间也越长；反之，可以节约时间，但结果可能受到影响。因此，参数选择的效果往往与运行效率密切相关。

（2）遗传算法　遗传算法（GA）是由美国密歇根大学的 Holand 教授于 1975 年提出的一种具有高度的并行、随机和自适应性的概率搜索方法。它根据达尔文进化论"生存竞争"和"优胜劣汰"的原则，从任一初始解群体出发，借助复制、交叉、变异等操作，使优胜者繁殖，劣败者消失，一代一代地重复，最终使所要解决的问题从初始解一步步地逼近全局最优解，以解决复杂的优化问题。GA 用于波长点选择时，常采用 0/1 编码，1 代表波长点被选中，0 代表波长点未被选中，适应性的评价函数一般通过对预测均方根误差进行一定的变换得到[30]。GA 是在波长选择中应用最广泛的一种智能搜索算法，但是该方法也存在以下缺点：

收敛速度慢、容易陷入局部最优；GA 算法具有一定的随机性，多次运行可能结果不统一；容易陷入得到退化解或者收敛于局部极小值。因此，不断有对 GA 的改进方法出现。

（3）蚁群算法　蚁群算法（ACO）是受蚁群在觅食过程中总能找到一条从巢穴到食物的最短路径这一现象的启发，由意大利学者 Dorigo 于 1991 年首次提出的一种新型的智能优化算法。仿生学家发现蚂蚁在它经过的路径上留下一种挥发性的分泌物"信息素"进行间接通信，其他蚂蚁在觅食过程中能够感知这种物质的存在及浓度，选择信息素浓度高的路径，它们又在该路径上留下信息素，继而吸引更多的蚂蚁，形成一种正反馈。通过这种正反馈，蚂蚁最终可以发现从蚁巢到食物的最短路径。基于蚁群觅食的 ACO 主要包括路径构建和信息素更新两个基本步骤。ACO 具有好的稳健性、通用性、正反馈、并行性、参数少、易与其他算法结合等优点，已经在波长选择中显示出了良好的能力[31]。然而该算法也具有容易陷入局部最优、搜索时间较长、对连续问题优化能力较弱等缺点，因此又发展了一系列对 ACO 本身的改进或者与其他搜索算法结合的算法。

（4）粒子群算法　粒子群算法（PSO）是受鸟群觅食过程启发，由美国 Eberhart 和 Kennedy 博士在 1995 年提出来的一种基于群体智能的搜索算法[32]。鸟类通过搜寻目前离食物最近的鸟的周围区域而觅到食物。PSO 就是模拟和提炼了鸟群中每个个体根据自身的位置和同伴的位置来确定自己的新位置最终找到食物的过程。在 PSO 中，每个优化问题的潜在解都是搜索空间中的一只鸟，称之为"粒子"。每个粒子都有一个由被优化的函数决定的适应值（fitness value）和一个决定其飞翔方向和距离的速度。然后粒子们就追随当前的最优粒子在解空间中搜索。PSO 初始化一群随机粒子，然后通过迭代找到最优解。粒子在每次迭代中通过跟踪两个"极值"进行更新。一个是粒子本身所找到的最优解，称为个体极值 pBest，一个是整个粒子群目前找到的最优解，称为全局极值 gBest。PSO 用于波长选择并与 PLS、SVR 等方法结合，用于芳香化合物毒性的定量构效关系分析、紫外可见光谱、近红外光谱建模等领域表现出了较好的性能。

（5）萤火虫算法　萤火虫算法（FA）是受自然界中萤火虫种群行为的启发，由 Yang 在 2008 年提出[33]的一种群智能优化算法。当亮度较高的萤火虫飞过亮度较低的萤火虫时，那些本身暗淡的萤火虫会跟随明亮的萤火虫一起飞行。这一行为便是 FA 的生物学原理。FA 假定所求的问题是一个萤火虫种群，问题包含的种种因素看作一个个萤火虫个体，萤火虫受绝对亮度比它大的萤火虫所吸引，并根据位置更新公式进行移动，最后便可以得到最亮的萤火虫，即一个问题的最优解，其基本流程如图 5-6 所示。FA 已经用于近红外波长选择并表现出了良好的性能[34]。

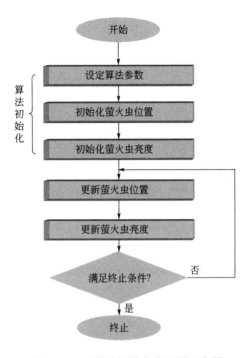

图 5-6　FA 算法的基本流程图示意图

（6）灰狼算法　灰狼优化算法（GWO）是受灰狼群体捕食过程的启发，由澳大利亚学者 Mirjalili 等[35]在 2014 年提出来的一种群体智能优化算法。灰狼群居，在捕猎过程中它们分工明确、共同合作进行捕猎。领导能力最强的灰狼被记为 α，主要负责捕猎过程中的决策部分及管理狼群。剩下的灰狼个体按社会等级被依次记为 β、δ 和 ω。其中 β 狼和 δ 狼是等级依次排在后面的两个个体，捕猎中它们会协助 α 狼对灰狼群进行管理和辅助参与捕猎过程中的决策问题。剩余的狼群被定义为 ω，其主要职责是平衡灰狼种群的内部关系及协助 α，β，δ 对猎物进行攻击。在整个捕猎过程中，首先由 α 狼带领狼群搜寻、追踪猎物，当距离猎物足够近时，α 指挥 β、δ 狼对猎物进行围攻，并召唤周围的 ω 狼对猎物进行攻击，当猎物移动时，狼群包围圈也随之移动，直到捕获猎物。GWO 算法的原理图如图 5-7 所示。图中 D_α，D_β，D_δ 表示狼到 α，β，δ 狼的距离，C_1，C_2，C_3 表示狼的位置对猎物影响的随机权重，a_1，a_2，a_3 表示收敛因子。算法通过包围、追捕、攻击三个阶段进行捕猎，最终捕获猎物即获得全局最优解。卞等[36]

将该方法用于玉米样本的近红外光谱波长选择，结果表明，该方法优化速度快、选择波长数少，还可以显著提高 PLS 模型的预测精度。

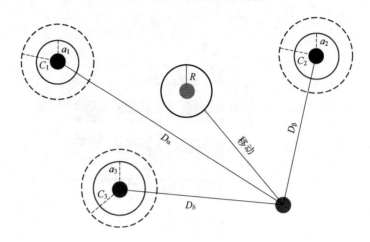

图 5-7　灰狼算法原理示意图

2. 基于统计学的方法

（1）无信息变量消除方法　无信息变量消除方法（UVE）是由 Massart 等[37]基于 PLS 回归系数提出的一种波长点选择方法，该方法已经广泛地应用于光谱的有用波长选择中。无信息变量消除法就是把相同于校正集光谱矩阵的变量数目的随机矩阵（等同于噪声）加入光谱中，然后通过留一交叉验证（Leave-one-out cross validation，LOOCV）建立 PLS 模型，得到回归系数矩阵 B，用回归系数的平均值除以回归系数的标准偏差作为衡量某个变量稳定性的参数。将所有变量稳定性值进行降序排序，将噪声的稳定性最大值作为阈值，删除小于该阈值的变量。该方法不仅适用回归系数的绝对值，还将回归系数的方差考虑进来，并且集噪声、光谱和浓度信息于一体，直观实用。

（2）蒙特卡罗-无信息变量消除方法　蒙特卡罗-无信息变量消除方法（Monte Carlo-uninformative variable elimination，MC-UVE）[38]是对 UVE 技术的一种发展。该方法不需要添加大量额外的随机噪声变量，采用 MC 技术代替 UVE 方法中的 LOOCV 来计算变量的稳定性值，能更有效地从数据的不同方面抽取并表达样本光谱和待测组分性质之间的复杂关系，可靠地估计每个变量的稳定性，有望解决过拟合问题。随着数据集样本的增大，MC-UVE 算法计算速度会明显优于 UVE 算法。

（3）随机检验-偏最小二乘法　随机检验（randomization test，RT）是利用样本整体的分布规律对某种假设进行检验的一种统计学方法。RT-PLS方法[39]是将RT的思想引入到多元校正中波长点的选择过程。该方法保持校正集中光谱数据不变，而将其对应的浓度值随机打乱，利用随机化后的浓度值与原始光谱矩阵建立足够数目（比如1000个）的PLS模型，并将这些模型的回归系数作为"噪声"值。然后对每一个波长，考察其对应的大量"噪声"值与其真实PLS模型回归系数的显著性差异，计算出相应的P值，再根据P值来判断其对模型的重要性。通过考察保留波长数与模型的关系，保留适当的有信息波长，从而建立最优模型。由于这种变量选择的方法结合了统计检验思想，使波长选择的结果更加可靠。

（4）子窗口扰乱分析方法　子窗口扰乱分析（subwindow permutation analysis，SPA）是一种基于模型集成分析的波长选择方法[40]。该方法首先在样本方向和变量方向同时使用蒙特卡罗随机采样的技术进行子集的选取。如果某个变量是信息变量，那么含有这个变量的子模型的预测误差要比该变量被扰乱时的模型预测误差小，反之，前者预测误差要比后者大。因此，分别计算两者所有子模型预测误差的平均值，如果前者大于后者，表明该变量为无信息变量，直接将该变量去掉；否则，通过P检验保留那些平均误差分布具有显著性差异的变量。

（5）蒙特卡罗树　分类与回归树（classification and regression trees，CART）是由四位美国统计学家于1970年提出的一种非常有效的非参数分类和回归的统计学方法。它通过构建二叉树达到预测目的，包括分类树和回归树。CART能同时进行样本的分类或回归与变量的选择。然而，CART算法具有不稳定性，即自变量X较小的变化可引起树结构很大的变化。蒙特卡罗采样后多次结果的统计值恰好具有提高结果稳定性这一优势。将蒙特卡罗与CART的分类树结合，就是蒙特卡罗树（Monte Carlo classification tree algorithm，MCTree）的方法[41]，该方法可以同时用于样本分类与特征变量的选择。首先用蒙特卡罗随机分组技术将校正集产生很多校正子集和验证集，其中校正子集用来构建分类树，验证集使用模糊修剪策略对树进行修剪。每次的校正子集会产生一个分类树，从分类树可以得到样本的分类情况及跟分类相关的特征变量。将这多棵树的结果进行统计，每个变量重要性的平均值即为最终输出的变量重要性指标。

（6）C值　C值（C Value）是Zhang等[42]提出的一种变量重要性参数。由于在多元建模中，所有参与建模的变量在系数的加权下共同作用于研究目标，此时变量之间的协同效应也不容忽视，即：在某些变量同时存在时，模型效果显著提高或者降低。为了研究这种协同效应，需要将所有的变量组合进行建模。然而

当有 N 个变量时，其组合数多达 2^N 个，这对于动辄几百上千的近红外光谱而言，几乎是不可能实现的。因此通过蒙特卡罗随机抽样的方法在有限次变量的随机抽样组合后，构造变量的抽样矩阵和预测误差向量，将两者进行线性回归后用回归系数代表变量在排列组合时的平均重要性，称为 C 值。将基于 C 值的波长选择和收缩策略进行结合得到了基于 C 值的多步变量选择方法（Multi-step variable selection based on C Value，MSVC），该方法在近红外光谱建模中表现出良好的效果。

3. 其他方法

（1）相关系数法和方差分析法　相关系数法（correlation coefficients）[43]是将校正集光谱阵中的每个波长对应的吸光度向量与浓度阵中待测组分的浓度向量进行相关性计算，得到每个波长变量下的相关系数。相关系数数值越大表示该波长对待测组分定量分析的贡献越大。因此将相关系数排序，选择合适的阈值，将相关系数大于该阈值的波长保留，来建立多元校正模型。该方法考察的是单个波长变量和浓度的相关性，如果变量之间有协同效应，即每个变量与浓度单独的相关性很差，但是它们在一起时与浓度的相关性变好。对于这种情况，相关系数法会失效。类似地，方差分析法（deviation analysis）计算校正集各波长变量处的方差，按方差进行变量从大到小排序，保留大于合适阈值的变量。该方法只考虑了光谱的影响，浓度的影响未包含进来。

（2）互信息　互信息（MI）又称为互熵，来源于信息论，为两个变量统计相关性的一种测度。MI 是一个变量包含另一个变量的信息量的度量，也可以理解为由于另一个信息变量获得后，原变量不确定度的缩减值[44]。MI 对变量的分布类型没有特殊要求，变量间线性与非线性相关关系都能描述。将光谱矩阵的波长变量与浓度变量视为两个离散变量，则一个波长变量与浓度变量间的互信息量就表示：该波长变量中包含浓度变量信息的多少。互信息值越大，则该变量被选择的机会就越高。该方法的波长选择是通过前向和后向过程逐步实现的。结果表明，该方法不仅能提高预测精度，也可以对光谱波长选择结果进行解释。

（3）变量投影重要性　变量投影重要性（VIP）是指自变量（波长变量）在解释因变量（浓度变量）时作用的重要性。VIP 指标综合考虑了光谱对构造 PLS 成分的贡献和 PLS 成分对浓度变量的解释能力。某个波长变量对浓度变量的解释能力是通过得分来传递的，如果得分对浓度变量的解释能力很强，且该变量在构造这个得分时又起到了相当重要的作用，那么最终 VIP_j 指标也很大，表示该波长变量对浓度变量有很强的解释能力。

（4）连续投影算法　连续投影算法（SPA）是 Bregman 在 1965 年提出的一种解决凸可行问题的方法。SPA 用于波长选择时选择那些具有最小冗余信息的波长点，采取逐步加入的方式，首先，从一个变量开始，然后每次迭代增加与前一个变量正交性最大的变量，直到到达固定数目的变量。Araujo 等[45]将 SPA 用于钴、铜、锰、镍、锌五种金属络合物紫外可见光谱的波长选择。结果表明，SPA 波长选择能简化模型，提高预测能力。

（5）竞争性自适应权重取样方法　竞争性自适应加权采样（CARS）是 Liang 等[46]基于回归系数及达尔文进化论提出的一种波长点的选择方法。该方法模仿达尔文进化论中的"适者生存"原则，将每个变量看成一个个体，对变量实施逐步淘汰。利用回归系数绝对值的大小作为衡量变量重要性的指标，同时，引入了指数衰减函数来控制变量的保留率。每次通过自适应重加权采样（ARS）技术筛选出偏最小二乘（PLS）模型中回归系数绝对值大的波长点，去掉权重小的波长点，利用交互检验（CV）选出模型交互验证均方根误差（RMSECV）最低的子集，可有效选择与所测性质相关的最优波长组合。

（6）自组织映射　自组织映射（SOM）是芬兰学者 Kohonen 在 1981 年提出的一种机器学习算法。SOM 以其特征保持、数据降维以及可视化等特点，已在校正集和预测集的划分、代表性样本的选择、非线性模型的建立、聚类分析、波长选择等方面得到了应用。SOM 包含输入层和竞争层，它的输入层是单层单维神经元，对应样本向量或者波长向量；而输出层是二维的神经元，经过 SOM 训练，相似的样本或波长变量就会聚集到同一神经元或邻近的神经元里。SOM 用于波长选择的原理是在同一神经元里的波长点性质相似，只要从每个神经元里选择一个代表性的波长点，那么用这些代表性的波长点就可以代替所有波长点，可以在不损失信息的情况下，减少变量的个数来简化模型[47]。

（7）Tikhonov 正则化方法　正则化方法（TR）是线性代数中为解决不适定问题而提出的方法：用一族与原不适定问题相"邻近"的适定问题的解去逼近原问题的解。Kalivas 等[48]将基于变分原理的 Tikhonov 正则化（Tikhonov regularization，TR）方法用到化学计量学中，取得了很好的效果。TR 方法的一般形式是

$$(\boldsymbol{X}^T\boldsymbol{X}+\lambda\boldsymbol{L}^T\boldsymbol{L})b = \boldsymbol{X}^T\boldsymbol{y} \tag{5-2}$$

基于最小二乘思路：

$$\min(\|\boldsymbol{X}\,b-\boldsymbol{y}\|_a^a+\lambda\|\boldsymbol{L}\boldsymbol{b}\|_b^b) \tag{5-3}$$

其中 $\boldsymbol{L}$ 代表正则化算子，λ 是控制第一项和第二项比例的惩罚参数。左边的一项是代表模型偏差（准确度）；右边一项是模型的尺寸，相应地代表模型的方差（精确度）。如果 $a=2$，$b=1$，即采用一范数对模型进行约束，这时，TR 就可以用于波长选择。

二、波长区间的选择方法

1. 间隔偏最小二乘回归方法

间隔偏最小二乘法（iPLS）是 Norgaard 等[49]在 2000 年提出的一种波段选择方法。该方法将全波谱段分割成等长度的多个区间，然后利用这些波长区间分别建模，以交叉验证均方根误差（RMSECV）作为评价标准，得到最优的区间或者区间组合，从而选择出有用的波段区间。然而，波长区间的组合是一个排列组合问题，任意随机组合是一个非常耗时的问题。

2. 移动窗口偏最小二乘回归方法

移动窗口偏最小二乘法（MWPLS）是利用一个窗口在全谱区域移动，对应每个变量的位置可以建立一个 PLS 模型，根据这一系列 PLS 模型的预测误差来选择有用的波段区间[50]。

3. 启发式最优波段组合

启发式最优波段组合是 Zhang 等[51]提出的基于排列组合的波段选择方法。由于变量之间的协同效应，排列组合的方法表现出明显的优势。此外，该方法还拥有波段组合的优势，在组合数上显著地小于变量的排列组合。在近红外光谱建模应用中发现，该方法能够有效地降低模型复杂度，提高模型预测效果。

三、变量加权的方法

波长点或者波段选择方法能够提高校正集的预测精度，但是，从全部波长变量中选择一部分可能会导致有用信息的丢失。并且光谱中含有噪声水平较高的波长或者波段也可能含有某些与预测物结构相关的信息，单纯删掉这些波长，可能在某种程度上破坏模型多通道的特点。因此，变量加权的方法是从另一个角度重新审视波长选择方法。按变量的重要性给变量赋予非负连续变化的权重，就是变量加权的方法。从加权的角度来说，波长点或波段选择方法可以看作被选择的波长权重为 1，而被删除的波长权重为 0。因此，波长选择只是变量加权的一种特殊情况，或者说变量加权是对波长选择方法的一种扩展。变量加权的策略可以与各种多元校正方法相结合，如偏最小二乘回归或者 SVR 等，也就发展了下面具体的算法。

1. 变量加权-偏最小二乘回归

变量加权-偏最小二乘法（VW-PLS）[52]就是将原光谱中的每个变量都乘以一个权重，加权后的光谱与浓度之间建立偏最小二乘模型。其中变量权重的选取是 VW-PLS 方法的关键。它使用粒子群全局优化算法来计算每个变量的权重。PSO 的优化目标函数是校正集的预测残差平方和与预测集的预测残差平方和的均方根。一个含有和变量个数相等的元素都为 1 的向量以及 99 个随机产生的非负向量在一起作为最初的解。经过不断迭代，得到每个变量的权重。该方法用于肉类及药片的近红外光谱数据，结果表明，该方法能得到比 PLS 更好的预测效果。

2. 变量加权最小二乘-支持向量机法

与 VW-PLS 方法类似，变量加权最小二乘-支持向量机法（VWLS-SVM）[53]给每个变量赋予一个权重，变量权重和 LS-SVM 的超参数也通过粒子群优化算法来实现。该方法用每个波长变量乘以权重后的光谱数据与浓度之间建立 LS-SVM 模型，然后对预测集进行预测。该方法用于肉类及柴油的近红外光谱数据，并与 PLS、UVE-PLS 和 LS-SVM 的进行比较，结果表明，该方法能提高模型的预测能力。该方法对光谱中含有严重噪声、非线性响应和有参考值分布范围窄的数据尤其适应。

3. 迭代预测变量权重-偏最小二乘回归法

迭代预测变量权重-PLS 法（IPW-PLS）[54]的核心是在 PLS 过程中将变量的光谱乘上它们的重要性（0～1 之间），随着多次迭代计算，重要性数值较小的波长点对应权重逐步趋向零，最后从模型中删除，只保留有意义的重要变量。但是，由于 IPW-PLS 算法在每次迭代过程中都是基于全部波长点计算，如果波长点数目过多，会比较耗时。

第六节　化学模式识别方法

化学模式识别（CPR）是利用统计学、信号处理、数学等工具从化学量测数据中找出样本的特征，进而对样本进行识别和归类的一门技术。

化学模式识别按照样品集有没有"教师信号"可以划分为无监督的模式识别和有监督的模式识别。（前者只有样本的光谱数据但样本的类别（属性、特征）未知，通过样本本身的光谱信息实现分类，包括主成分分析（PCA）、系统聚类分析（HCA）等。后者是用一组已知类别的样本作为训练集建立分类模型，或称类模型，然后再利用模型对待测样本的类别进行预测，包括偏最小二乘-判别分析（PLS-DA）、支持向量机（SVM）、人工神经网络（ANN）等。

一、主成分分析

主成分分析（PCA）[1]是一种多元统计分析方法，它是使用最广泛的数据降维以及无监督的聚类方法。PCA 的主要原理是将 n 维特征映射到 k 维上，这 k 维是全新的正交特征也被称为主成分，是在原有 n 维特征的基础上重新构造出来的 k 维特征。PCA 就是从原始的空间中顺序地找一组相互正交的坐标轴，其中，第一个新坐标轴选取是原始数据中方差最大的方向，第二个新坐标轴选取是与第一个坐标轴正交的平面中使得方差最大的，第三个轴是与第 1，2 个轴正交的平面中方差最大的。依次类推，可以得到 n 个这样的坐标轴。通过这种方式获得的新的坐标轴，大部分方差都包含在前面 k 个坐标轴中，后面的坐标轴所含的方差几乎为 0。于是，只保留前面 k 个含有绝大部分方差的坐标轴，而忽略余下的坐标轴，就可以实现对数据特征的降维处理。在降维后的二维或者三维主成分图中，可以将样本的分类进行可视化，如图 5-8 所示。

二、系统聚类分析

作为一种无监督模式识别方法，系统聚类分析（hierarchical cluster analysis，HCA）[55]是聚类分析中应用最为广泛的方法。该方法的基本思想是首先将参加

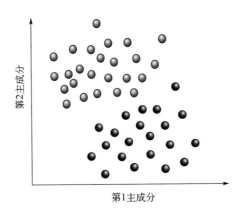

图 5-8　样本在二维主成分空间的聚类结果示意图

聚类的样本各自看成一类，然后定义样本之间以及类与类之间的相似度（距离），最后在自成类的样本中选择距离最近的样本合并为一个新类，重新计算新类和其他类之间的距离，并按最小距离并类，如此重复，每次减少一类，直至所有的样本并为一类为止。最终输出一个具有层次结构的聚类结果，如图 5-9 所示。在HCA 中，类内距离和类间距离都有多种方法可供选择。常见的类间距离有马氏距离（Mahalanobis）、欧氏距离（Euclidean）、标准化欧氏距离（seuclidean）、城市街区距离（cityblock）、明氏距离（Minkowski）、切比雪夫距离（Chebychev）和夹角余弦相似系数（cosine）等多种形式。类内距离有最长距离法（complete）、最短距离法（single）、类平均法（average）、重心法（centroid）、加权平均距离法（weighted）、中间距离法（median）和 Ward 离差平方和等多种形式。

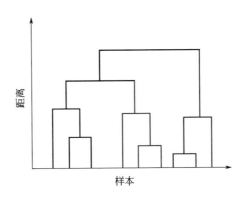

图 5-9　样本的系统聚类示意图

三、独立簇类软模式

独立簇类软模式（SIMCA）是瑞典统计学家 Wold 在 1976 年提出的化学计量学算法[56]。SIMCA 方法是一种以 PCA 为基础改进而来的自带监督模式的聚类分析方法。PCA 在对样本建模时无法体现出样本的分类信息，因而无法将 PCA 建模直接应用于模式识别的问题。SIMCA 方法克服了 PCA 的缺陷，它首先对训练集中的不同类别的样本分别建立一个 PCA 模型以对其进行降维描述，再将预测集中的待测样本依次向各分类的 PCA 模型拟合，从而预测该待测样本的分类。

四、偏最小二乘–判别分析

偏最小二乘-判别分析（PLS-DA）[57]是将偏最小二乘（PLS）与线性判别分析（LDA）结合的有监督的模式识别方法。PLS 的计算过程包括：对自变量和因变量同时进行因子分解，在因子分解过程中使方差最大化，且因子间相关性最大化的分解模式，建立自变量和因变量之间的线性模型几个步骤。在 PLS 阶段，以光谱为自变量，数值化的类别信息为因变量，将光谱分解为变量更少的得分。在 LAD 阶段则以同类之间的方差最小、类间方差最大化的原则对得分进行再次分解，从而求得最优的超平面能够尽可能将所有数据进行准确地分类。与 PCA 结合 LDA 进行判别分析的不同之处在于：降维阶段 PLS 考虑了研究目标的类别信息，能够用较少的因子解释尽可能多的和研究目标相关的方差，有利于后续建立更准确的判别模型。

五、人工神经网络

人工神经网络（ANN）[58]是一种由大量神经单元互联组成的非线性、自适应的信息处理系统。ANN 通常由通过权重链接的一个输入层、一个输出层和多个隐含层（hidden layers）组成，中间每层由数量不等的神经元组成，每个神经元通过一个线性模型和激活函数与上一层相连。相较于传统的线性模型，ANN 能够拟合更复杂的函数关系，可能带来更好的预测效果。然而，由此带来的计算成本和样本需求也迅速增加。比如：连接第 i 层（M 个神经元）第 $i+1$ 层（N 个神经元）的就多达（$N+1$）$\times M$ 个。

随着计算机性能的不断提升和数学理论的发展，深度学习[59]在此基础上逐渐出现，并引起广泛关注。除了传统的神经网络的连接结构，人们还提出了具有特定功能的层，例如：卷积层（convolution layer）、池化层（pooling layer）、激活层（activation layer）、展平层（flattening layer）、全连接层（fully connected layer）、丢弃层（dropoutlayer）等。基于这些功能各异的层结构能够组合出不同的神经网络模型，这些模型在特征提取、预测效果提升、防止过拟合等方面都有一定的优势。

六、支持向量机

支持向量机（support vector machine，SVM）是 Vapnik 等[60]基于统计学习理论提出的一种模式识别方法。它具有泛化能力强、预测准确度高等优点，在解决小样本、非线性及高维模式识别问题中具有显著优势。该算法主要思想是基于统计学习理论中结果风险最小化的原则，通过核函数变换，将线性不可分的样本投影到非线性的高维空间，并在高维空间中构造最优分类超平面，实现样本的分类。所谓的最优超平面，不仅要将两类完全分开，而且还要使两类之间的距离最大，如图 5-10 所示。由于 SVM 具有向非线性高维空间投影的特性，使得该技术不仅可以用来解决线性可分问题，同时还可以有效地处理非线性模式识别问题。

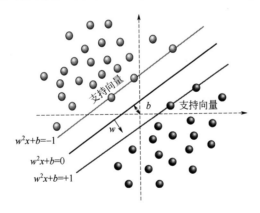

图 5-10 支持向量机算法原理示意图

七、极限学习机

极限学习机（ELM）是南洋理工大学黄广斌教授于 2004 年提出的一种单隐

层前馈神经网络（SLFNs）学习算法[61]，以"极限的学习速度"而得名，如图 5-11 所示。ELM 随机设置输入权重和隐含层偏置，然后通过广义逆计算模型的最佳输出。该方法具有线性建模方法参数少和非线性建模方法可以解决非线性问题的优势，输入权重和隐含层偏置不再需要重复迭代地进行一次次调整，在大幅度减小计算量、减短运行时间的同时也保证了学习精度。

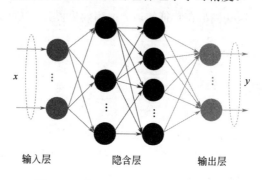

图 5-11　极限学习机算法原理示意图

八、集成化学模式识别

当样本数较少或体系过于复杂时，单一的化学模式识别的预测正确率往往较差。集成策略的引入，可以提高单一化学模式识别方法的正确率。集成建模就是从同一训练集中产生多个子集，然后利用这些校正子集建立多个子模型分别进行预测，并将多个预测结果通过一定的集成方法，形成一个最终结果。Bagging，boosting、经验模态分解等集成策略与化学模式识别方法，如 PLS-DA、SVM 等结合，发展了集成化学模式识别方法[62-64]，如 Bagging PLS-DA、boosting PLS-DA、EMD-PLS-DA、boosting SVM 等，用于茶叶分类、牛奶品牌鉴别等。

第七节　多元校正方法

多元校正是化学计量学算法中的重要组成部分。传统多元校正通过在近红外光谱的多个（或全部）波长变量与目标组分之间建立一个模型来预测目标组分的含量，主要包含线性和非线性多元校正方法两大类。前者有多元线性回归

（multivariate linear regression，MLR）、主成分回归（principal component regression，PCR）、偏最小二乘回归（partial least squares regression，PLSR）。后者有支持向量回归（support vector regression，SVR）和人工神经网络（ANN）、极限学习机（ELM）、深度学习（deep learning，DP）等。然而这些单一的建模方法在样品量少或者奇异样本存在时有准确性、稳健性以及稳定性差的问题。为解决上述问题，又发展了集成多元校正方法。

一、多元线性回归

MLR 是研究因变量与多个自变量之间的线性回归问题，其基本原理和计算过程与一元线性回归基本相同。当存在回归系数 $\boldsymbol{\beta}$ 使得光谱 $\boldsymbol{X}$ 和参考值 y 符合 $\boldsymbol{X}\boldsymbol{\beta}=y+\boldsymbol{e}$，MLR 的系数可以通过如下公式求得：

$$\boldsymbol{\beta} =(\boldsymbol{X}^T\boldsymbol{X})^{-1}\boldsymbol{X}^T\boldsymbol{y} \tag{5-4}$$

其中 $\boldsymbol{e}$ 为残差向量。对于待测样本的光谱 $\boldsymbol{X}_{\text{new}}$，其预测值为：

$$\hat{\boldsymbol{y}} = \boldsymbol{X}_{\text{new}}\boldsymbol{\beta} \tag{5-5}$$

MLR 法计算简单，但要求因变量的个数必须小于建模的样本数。当因变量之间线性独立，并且噪声等干扰较小时，MLR 是一种很好的回归方法。但是光谱数据通常样本数少于变量数，并且存在噪声等干扰。增加样本量会增加实验时间及成本，这限制了 MLR 的使用。

二、主成分回归

PCR 是在主成分分析（PCA）的基础上进行的多元线性回归（MLR）分析。它首先通过 PCA 将化学测量矩阵 $\boldsymbol{X}$ 分解为一系列的主成分，然后选择重要的主成分进行多元线性回归。由于 PCR 只选取重要的主成分进行回归，而去掉的主成分主要包含噪声信息，不仅起到降维的作用，还可以提高预测准确度。因此，PCR 可以对变量数大于样本数的光谱数据进行建模。然而，由于 PCR 只对光谱矩阵进行主成分分析，不能保证参与回归的主成分一定和待测组分的参考值密切相关，可能导致对组分含量的预测准确度降低。

三、偏最小二乘回归

在 PCR 中，只对化学测量矩阵 X 进行主成分分析以便提取重要的主成分用于回归，而忽略了对待测物浓度矩阵 Y 中信息的考虑。基于同时考虑两个矩阵中信息的思想，Wold 进一步发展 PCR，提出了偏最小二乘回归（PLSR）算法[1]，通常简称 PLS。与 PCR 不同，PLS 在对 X 矩阵进行主成分分析的同时，也对 Y 矩阵进行了相应的处理。这样，用主成分进行回归时，就同时去除了两个矩阵中的无用信息，进一步提高了方法的可靠性。由于 PLS 只有主成分数一个参数，而且计算速度快，性能好，因此，PLS 成为化学计量学中使用最广泛的多元校正方法。

根据预测值的维数，PLS 可以分为 PLS1 和 PLS2，两者的算法存在一定的差异，当预测值为 1 个指标时（因变量为向量），所用的方法为 PLS1；当预测值有多个指标时（因变量为矩阵），可以用 PLS1 对每个指标进行分别预测，也可以用 PLS2 进行同时预测。用 PLS2 对多指标进行同时预测时，因变量的数据结构对预测结果影响较大。当预测指标之间相似度高、共线性强时能够用简单的模型对所有指标进行预测；当预测指标之间关联性差时，很难用简单模型对所有指标都进行高质量的预测。因此用 PLS 对指标建模时，通常采用 PLS1 对所有指标分开建模，以获得更好的建模效果。

四、支持向量回归

SVR 支持向量机在定量分析中的应用。其基本思想是利用适当的核函数，将原始数据非线性映射到高维特征空间中，并在该空间建立回归模型。SVR 利用核函数很好地解决了非线性回归问题，并启发了利用核函数改进 PCR、PLS 等方法的研究思路，使得这些算法更适用于非线性数据的计算。在近红外光谱定量分析中，SVR 算法已取得了很好的效果。

五、人工神经网络

人工神经网络（ANN）通过模拟人脑或生物体神经系统的行为特性，利用大量处理单元互联组成非线性、自适应的信息处理系统。它不仅可以用于化学模式识别，在非线性数据的回归建模中也表现出了一定的优势。但 ANN 参数多，在训练中容易产生过拟合现象，导致模型失真，预测能力降低。

六、极限学习机

与人工神经网络类似，极限学习机（ELM）不仅可以用于化学模式识别，也可以用于多元校正[65]，二者的区别在于目标函数是类别信息还是物质的含量信息。采用足够大的节点数，ELM 可以对校正集进行很好拟合。但有时存在过拟合问题，即校正集预测效果很好，但对预测集的预测效果却较差。因此，模型是否可用，需要进行外部验证。

七、深度学习算法

深度学习（deep learning，DP）是在 ANN 的基础上发展起来的，是近年来一个热门研究方向。传统 ANN 中各神经元通过权重结合激活函数进行全连接，而近年来引入的卷积、池化、normalization、dropout 和 attention 等机制使神经网络的模型更加高效和精简，其预测效果和泛化能力也迅速增强。此外，深度学习的训练效率问题也随着图形处理器（graphics processing unit，GPU）的并行加速功能得到了提高，使得训练更深的 ANN 模型成为可能。目前的深度学习框架大都是由不同功能的层（layer）组成，其中，卷积神经网络（convolution neural network，CNN）是深度学习中最具有代表性的一类模型。Zhang 等[66]提出的针对近红外光谱分析的 CNN 模型，由一个输入层、三个卷积层、一个压平层、一个全连接层和一个输出层构成。对四组近红外光谱数据的验证结果表明，该模型的预测效果相比传统多元校正模型有所提高。此外，深度学习的"黑匣子"特性导致了其模型解释性较差，而且，深度学习的模型也往往比较复杂，易陷入局部最优，需要大量样本才能训练出相对较好的模型。

八、集成多元校正方法

传统的多元校正技术，一般采用单一模型，即首先采用一定的校正集建立一个最优模型然后用于预测。然而，当校正集样本数目有限或存在较大误差时，单模型方法的预测精度与稳定性往往不能令人满意。因此,针对单模型方法的不足,提出了"集成（Ensemble）"的策略，也被称为多模型（Multi-model）、共识（Consensus）、组合（Combination）、融合（Fusion）等。集成多元校正就是从同一校正集中产生多个校正子集，然后利用这些校正子集建立多个多元校正子模型分别进行预测，并将多个预测结果通过一定的融合方法，形成一个最终结果[67]。

从集成多元校正的过程可以看出，集成多元校正涉及三个基本问题。

（1）子模型的建模方法　所有的单一多元校正模型都可以用作集成多元校正的基础模型，如线性多元校正方法（MLR、PCR、PLSR）、非线性多元校正方法（SVR、ANN、ELM、CNN）、基于核的多元校正方法（KPCR、KPLSR）和稳健多元校正方法（RPCR、RPLSR）等。

（2）子模型的产生方法　子模型可以从样本方向、变量方向和数学变换后的频率方向产生。样本方向的子模型产生方法包括 Bagging、subbagging、boosting、随机森林（random forest）和一些聚类方法如 SOM 等。变量方向的产生方式有随机子空间（random subspace，RS）、变量聚类（variable clustering，VC）、叠加技术（stacked）和多模块（multi-block，MB）等方法。此外利用小波变换、经验模态分解后的频率信息形成子模型的研究也取得了较好的进展。

（3）子模型的融合方法　常见的融合方法包括简单平均法、加权平均法和权重中位值等。其中，加权方法的权重可以通过预测误差、预测残差平方和、帽子矩阵和非负最小二乘等得到。

第八节　定量分析建模的主要步骤

近红外光谱的定量建模目标是连续变量，例如，某化学组分的浓度或可连续取值的理化性质。根据《分子光谱多元校正定量分析通则》GB/T 29858—2013，定量分析建模过程主要包括：样本选择、可行性模型的建立、奇异样本剔除、光谱预处理、波长选择和多元校正建模等，如图 5-12 所示。

一、样本的选择

样本的选择应遵循代表性和均匀覆盖的原则。校正集中的样本应包含使用该模型预测的待测样本中可能存在的所有化学成分，且校正集的化学成分浓度范围应涵盖使用该模型预测的待测样本中可能遇到的浓度范围，以保证待测样本的预测是通过模型内插进行分析的；校正集浓度或性质范围最好还应大于或等于参考方法的再现性标准偏差，即再现性除以 2.77 大小的 5 倍，至少不低于 3 倍。在整个变化范围内，校正集中样本的化学成分浓度是均匀分布的；校正集中的样本数量应足够多，以能统计确定光谱变量与校正成分浓度或性质之间的关系。

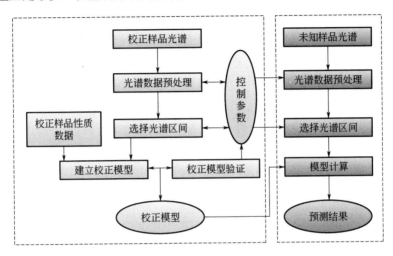

图 5-12　建立定量校正模型与预测分析的流程示意图

根据待测样本的复杂性，确定建立校正模型所需样本数量。如待测样本含有较少的浓度变化成分，则存在的光谱变量数较少，使用相对数量较少的校正样本便可确定光谱与样本成分浓度或性质之间的关系。如待测样本含有较多的浓度变化成分，则需较多的校正样本建立校正模型。对复杂的混合物，获得理想的校正集非常困难。只有通过建立模型初步确定模型所需光谱变量，才能确定校正样本数量是否足够。对于应用多元校正方法建模，如果使用 3 个或更少的因子数 k（又名隐变量数、或潜变量数）建立校正模型，剔除奇异样本后校正集应至少含有 24 个样本；如果使用大于 3 的变量数 k 建立校正模型，剔除异常样本后校正集应至少含有 $6k$ 个样本，如果建模数据进行了均值中心化预处理，剔除异常样本后校正集应至少含有 $6(k+1)$ 个样本，这样，才能够保证模型中含有至少 20 个自由度以进行统计检验，同时保证有足够的样本数量确定光谱变量与校正成分浓度或性质之间的关系。上述样本数量要求仅为满足统计学的最低要求，实际中应根据影响建模影响因素（如环境温湿变化等）和可行性分析，探索确定合适的样本数量。

验证集中的样本应包含使用模型分析的待测样本中可能存在的所有化学组

成和浓度范围。在整个变化范围内，验证集中样本的化学成分浓度是均匀分布的。验证集中的样本数量应足够多，以便能统计确定光谱变量与待校正的成分浓度或性质之间的关系。对复杂的混合物，获得一个理想的验证集非常困难。验证集中的样本数量取决于模型的复杂性。如待测样本含有较少浓度变化的成分，则光谱变量较少，使用数量较少的验证样本便可确定光谱与浓度或性质之间的关系。如待测样本含有较多浓度变化的成分，验证模型时需较多数量的验证样本。在验证过程中最好使用能通过模型内插进行分析的样本。如果模型使用了 5 个或更少的潜变量（k），内插样本数不能少于 20；如果模型使用了大于 5 的潜变量，则验证集中的内插样本数应不少于 $4k$，请读者参阅 GB/T 29858—2013。

此外，根据参考值范围内样本分布的概率密度对样本加权也是一种有效的方法，以保证建立一个在整个参考值范围内都有效的模型。

二、可行性模型的建立

对于一个新的应用领域，当不能确定能否利用近红外光谱建立多元校正模型时，应进行可行性研究，以确定样本近红外光谱与其成分浓度或性质间是否存在相关关系，是否能够建立满足实际需求的模型。若可行，则扩充完善模型并验证模型。读者可参阅 GB/T 29858—2013。

三、光谱预处理

为消除光谱测量过程中引入的噪声等无关信号对模型的不利影响，宜在模型建立前采用光谱预处理方法对光谱数据进行预处理。常用光谱预处理方法包括背景扣除、散射校正、噪声去除和尺度缩放四大类。每类预处理也包含多种算法，具体内容在本章第四节有详细介绍。

如何从众多的光谱预处理方法中选择合适的预处理方法是个难点。预处理方法的选择一般通过两种途径：一种是观察法（visual inspection），即观察光谱信号特点选择相应的预处理方法；另一种途径是根据建模性能的优劣反过来选择预处理方法（trial-and-error strategy）。不仅单一的预处理方法可以使用，组合预处理以及集成预处理方法都可以使用。

如果利用预处理后的光谱数据建立的模型在校正、交互验证和外部验证时效果接近，且接近参考方法的准确率，则预处理方法可行，否则，可尝试其他预处理方法或者方法组合。

四、波长选择

对校正集原始光谱数据或预处理后光谱数据进行统计分析,选择随成分含量变化而变化明显的波长或频率来建立模型要比采用全波长范围建立的模型效果更好。在建立校正模型之前,宜采用波长选择方法选择校正所需的波长。波长选择方法众多,具体算法在本章第五节有详细介绍。根据保留波长数、变量分布以及性能提高程度来选择合适研究体系的波长选择方法。

五、校正模型的建立

对于确定能利用近红外光谱多元校正方法的应用领域,可直接建立能符合实际需求的校正模型。收集足够数量的样本,采集样本光谱,测定样本成分浓度或性质参考值。测定参考值前,需要采用奇异样本识别方法剔除奇异样本或极为相近的样本,以避免不必要的参考值测定,降低参考值测定成本。

选择合适的校正样本和验证样本分别组成校正集和验证集。根据待分析体系的复杂程度和化学计量学可提供的多元校正算法,选择合适的算法。多元校正算法包括第七节部分讲到的多元线性回归(MLR)、主成分回归(PCR)、偏最小二乘回归(PLS)、人工神经网络(ANN)、支持向量回归(SVR)、极限学习机(ELM)和深度学习算法(DL)。

选择合适的数据预处理方法对数据进行预处理,选择合适的建模波长或波段建立校正模型。处理校正集光谱、验证集光谱及待测样本光谱时应采用相同的光谱预处理方法和波长选择方法。利用验证集对校正模型进行验证,如果校正模型有效且模型的预测能力满足实际需求,则模型建立完毕;如果模型预测能力不能满足实际需求或模型有效性可疑,则检查模型建立中的每个步骤,选择其他算法或建模条件,重新建立模型,直至模型符合要求。

六、定量模型性能的评价

多元校正模型的预测效果需要经过对样本进行预测来评价。对校正集中的样本进行预测,评价模型的自测能力。对验证集的样本进行预测,评价模型的外部预测能力。

　　评价多元校正模型预测准确度的指标包括：交叉验证均方根误差（root mean square error of cross validation，RMSECV）、预测均方根误差（root mean square error of prediction，RMSEP）、校正集相关系数（correlation coefficient of calibration，R_c）、预测集相关系数（correlation coefficient of prediction，R_p）、剩余预测偏差（the ratio of the standard error of prediction to the standard deviation of thereference values，RPD）。其中，均方根误差越小（RMSECV/RMSEP）、相关系数（R_c/R_p）和 RPD 越高，表明模型预测能力越好。

　　多元校正模型还容易存在过拟合和欠拟合的问题。过拟合是对校正集自身的样本预测效果很好，但是对外部样本预测效果很差。欠拟合则反之。通过对比校正集的 RMSECV、R_c 与预测集的 RMSEP、R_p 的差异程度，可以判断模型是否过拟合。

　　多元校正模型还存在稳定性的问题。模型稳定性通常将模型运行多次，计算多次建模得到的均方根误差、相关系数、RPD 等指标的均值以及方差。这些参数的方差越大，说明多元校正模型的稳定性越差。

　　直接作图显示模型的预测能力也是常用的模型评价方法。以目标分析物的实际测量值为横坐标，以模型的预测值为纵坐标，画散点，然后再进行线性集合。如果模型能够 100%地准确预测待测样本，拟合结果应该是 $y=x$ 的对角线，相关系数为 1。因此，根据散点分布情况以及拟合线的斜率、截距、相关系数等来评价模型的预测能力。

七、问题与解答

⊙ 建模的样本越多越好吗？

　　解　答　随着样本数量的增多，单个样本增加引起的模型提升效果越来越小。当样本数量超过一定的限度后，建模算法可能成为限制模型进一步优化的瓶颈，此时选择更加复杂的算法可能获得进一步的模型提升。但是样本量增加，可能增加实验成本和计算成本，需要综合考虑成本和收益，以确定合适的建模样本。

⊙ 何为有代表性的样本？如何选取？

　　解　答　代表性样本是指能够覆盖待测样本中关键特征的样本,通常是拓展模型预测范围、覆盖检测体系中各种变动因素的样本。可以采用 KS、SPXY 等方法选择，每种方法的原理具体参考本章第二节。代表性样本选择方法主要通过方法的原理、观察法和建模效果来选择。观察法是对分组后的校正集和预测集样本进行主成分分析（PCA），观察主成分空间中校正集和预测集样本的分布情况来选择更合理的样本选取方法。根据建模效果先采用数据分组方法将总体数据进行分组，然后采用一种合适的建模方法建立模型，根据模型预测的误差来选择合适的代表性样本选择方法。

⊙ 什么是奇异样本？

解　答　奇异样本（outlier）有时也称为异常值、不规则点、离群点或界外点，至今没有严格的定义，一般是指那些落在总体之外的样本。

⊙ 如何识别建模过程中的奇异样本？

解　答　奇异样本的识别方法大致可以分三类：经典识别方法、稳健识别方法和基于统计学的识别方法（如蒙特卡罗交叉验证）等。经典识别方法包括残差法（普通残差、标准化残差、学生化残差）、马氏距离、杠杆值和主成分得分图。稳健识别方法包括基于稳健距离估计的识别方法和基于稳健回归估计的识别方法。基于稳健距离估计的识别方法包括椭球多变量修剪法、最小体积椭球估计、最小协方差行列式法、最小半球体积法和半数重采样法等。基于稳健回归估计的方法包括最小一乘估计、M 估计、S 估计、MM 估计、最小中位方差估计和最小方差修剪估计等。基于统计学的识别方法通过蒙特卡罗交叉验证建立大量的模型，然后，通过统计参数把奇异样本识别出来，使奇异样本识别结果更加可信。具体方法参考本章第三节。

⊙ 建模过程中光谱预处理方法如何选择？

解　答　根据预处理的目的，光谱预处理方法分为基线扣除、散射校正、平滑处理和尺度缩放四大类。每类方法又包含很多具体算法。总体来说，光谱预处理方法选择包含两种途径。一种是观察法（visual inspection），即观察光谱信号特点选择相应的预处理方法。比如如果发现光谱信号存在噪声，可以选择噪声去除的方法如 SG 平滑、小波变换等进行去噪；如果发现光谱存在背景，可以采用导数、小波变换等扣除背景。另一种途径是根据建模性能的优劣反过来选择预处理方法（trial-and-error strategy）。通过使用不同预处理方法后，再建立模型，根据模型预测的均方根误差（RMSECV）来确定最佳的预处理方法。

⊙ 建模时先进行光谱预处理还是先选择波长（波段）？

　　解　答　建模时通常先进行光谱预处理，之后再进行波长选择。原因主要是：
　　（1）部分光谱预处理算法要求连续光谱，而波长选择可能打破这种连续性。
　　（2）光谱预处理能够扣除部分无关信号，有利于后续波长选择选出更优的变量。

⊙ 建模过程中光谱波长（波段）变量如何选择？

　　解　答　可以采用波长选择方法选择光谱中与目标组分相关的变量。目前，发展了很多波长选择方法，概括起来它们可以分为三大类：波长点选择、波段选择和变量加权的方法。波长点选择方法包括基于单一指标的方法、基于统计学的方法和基于智能优化算法的方法等；波段选择方法主要包括间隔偏最小二乘法、移动窗口偏最小二乘法及它们的衍生化方法；变量加权的方法是波长选择方法的发展与扩充，它使用全部的波长点，但是给每个变量赋予不同的权重，有变量加权的 PLS 和变量加权的 SVR 等方法。具体方法参考本章第五节。

⊙ 同一方法进行（波段）波长选择，每次（波段）波长选择结果不一致，如何处理？

　　解　答　对于波长选择结果无法重复的问题往往是由于算法中的随机因素引起的。目前所用的随机数往往是采用伪随机数，可以通过初始化随机数种子确保计算结果的重复性，在 Matlab 平台可以通过执行 rng（default），Python 中利用 Numpy 计算时采用 Numpy.random.seed（1），利用 Scikit-learn 建模时设置 random_state=1，R 中 set.seed（1）等方式实现。

⊙ 采用小波分析处理近红外光谱，常用的小波基函数是哪些？

　　解　答　小波变换可以用来进行光谱滤噪、数据压缩、背景扣除和基线校正。因此，小波变换带有通滤波器的特性，与所选小波基频率和形状差异巨大的信号成分会被过滤。因此，当选择合适的尺度（决定了小波基的频率范围）和小波基函数（决定了小波的形状）后，就可以对高频的噪声和低频的背景、基线等信号成分进行消除。此外，离散小波变换（DWT）在逐级提取信号时，对低频部分（approximation coefficients）进行下采样操作，这会在保证数据质量的同时降低数据的维度，达到数据压缩的目的。对不同分辨率和数据质量需要采用不同的尺度和函数。对高质量等间距采样点 NIR 光谱，通常可以采用 1～40 的尺度，常用的小波基函数包括 Haar 小波、Daubechies 小波（db2、db3、db4、db5、db6、db7、db8、db9、db10、db11、db12、db13、db14、db15、db16、db17、db18、db19、db20）、Coiflets 小波（coif1、coif2、coif3、coif4、coif5）、Symlets 小波（sym2、sym3、sym4、sym5、sym6、sym7、sym8）和 Biorthogonal（biorNr.Nd）双正交小波等，每种类型的小波基函数各具特色，针对性应用才能获得理想的效果。

⊙ 一般情况下，建模所用的波长变量数与样本数之间需要满足什么条件？

解 答 一般建模所用的波长数受光谱分辨率、光谱质量、体系复杂程度、目标物的性质等多因素影响，和样本数没有直接的关系，当然必须满足建模方法所要求的最低样本统计数量。但是，选择波长数太少可能导致丢失信息，模型的泛化能力降低，选择数十至数百个波长都是可接受的。

⊙ 影响近红外光谱分析模型的主要因素有哪些？

解 答 影响近红外光谱模型效果的首要原因是光谱与研究目标的关联程度，相关性越强，越容易建立模型；其次，采集的光谱质量、参考值的准确性也会显著影响模型的预测效果；此外，建模算法的选择、模型参数的优化、样本数量、样本分布情况等也是影响建模效果的重要因素。读者可具体参考GB/T 29858—2013。

⊙ 近红外光谱预测结果的准确性能够超过参考方法吗？

解 答 近红外光谱分析是建立在参考方法基础上的二次分析方法，因此，以参考方法为基准，从逻辑上近红外光谱方法无法超越参考方法。但模型的预测准确性可以通过增加代表性校正样本数量，采用更合理的计算方法提高。

⊙ 建模时，何时选用非线性校正方法？如何选取非线性校正方法？

解　答　建模时通常首先尝试线性模型，在线性模型的预测残差较大或有明显分布特征时考虑使用非线性算法。常用的非线性校正方法有人工神经网络（ANN）、支持向量回归（SVR）、极限学习机（ELM）、深度学习等。ANN 参数多，训练速度慢，容易导致过拟合；SVR 对小样本数据建模特别有效；ELM 具有参数少且优化速度快的优势，但也容易过拟合；深度学习需要大量的训练集样本数。可以根据数据本身的特点以及不同非线性校正方法的优缺点来选择合适的方法，也可以根据不同建模方法的建模效果，如交叉验证均方根误差（RMSECV）、相关系数（R）等选择非线性校正方法。

⊙ 选择 PLS 校正的最佳（适宜）因子数的方法有哪些？

解　答　作为一种最常用的多元校正方法，PLS 建模过程中关键的一步在于因子数（潜变量数、隐变量数或者主成分数）的确定。因子数是原始光谱数据转换到 PLS 空间后应保留的最优模型维数。保留的因子数太少，未将与待测组分相关的有用信息拟合到模型中来，模型预测能力就会降低，即欠拟合（under fit）。反之，如果因子数过大，会将一些无关噪声引入到模型中，也导致模型预测能力降低，即过拟合（over fit）。因此，确定合理的建模因子数，对于模型预测能力的提高有很大影响。

因子数确定最主要的方法是交叉验证法，包括留一交叉验证、k-折交叉验证、留多交叉验证和蒙特卡罗交叉验证等。

（1）留一交叉验证（LOOCV），只拿出校正集中的一个样本当作验证集，用剩余的校正集样本进行建模。这个步骤一直持续到每个样本都被预测一次且仅被预测一次。

（2）k-折交叉验证（k-fold cross validation，k-folds CV），将校正集的样本分割成 k 个子样本集，一个单独的子样本集被保留作为验证集，其他 $k-1$ 个子样本集合起来并用来建模。交叉验证重复 k 次，每个子样本集验证一次。该方法可缓解 LOOCV 的耗时问题。

（3）留多交叉验证（leave multiple cross validation，LMOCV），该方法和上述两种方法比较类似。

（4）蒙特卡罗交叉验证（monte Carlo cross validation，MCCV），把原始校正

集随机分成建模集和验证集两部分，进行交叉验证。重复进行若干次，计算预测残差平方和（PRESS）或交叉验证均方根误差（RMSECV）的平均值，进而根据 PRESS 或 RMSECV 值选择最佳因子数。

利用交叉验证得到的每个因子数下的 PRESS 或者 RMSECV 与因子数作图，曲线最低值对应的因子数即为模型的最佳因子数。然而，曲线的最低点有时难以确定，就需要结合一些"软规则"，包括贝叶斯信息标准（BIC）、F 检验以及 Adjusted Wold's R 规则等进行因子数的选择。除了交叉验证，确定因子数的方法还有杠杆率校正法、PoLiSh-PLS 方法、RT 法、偏差方差平衡法和独立因子诊断等，使用时可以根据需要选择不同的方法。

⊙ 提高模型预测准确性的方法有哪些？

解　答　（1）增加代表性校正样本的数量；（2）提高参考数据的准确性；（3）提高光谱检测的质量；（4）选择和研究目标更相关的波段；（5）采用光谱预处理算法消除无关信号对模型的干扰；（6）采用合适的多元校正方法或集成技术。

⊙ 提高模型预测稳健性的方法有哪些？

解　答　（1）有充足的代表性校正样品；（2）建模方法采用合适的参数；（3）选择和研究目标更相关的波段；（4）采用光谱预处理算法消除无关信号变动对模型的干扰；（5）将多种因素都考虑进模型，建立稳健的全局模型。

第九节　定性分析建模的主要步骤与性能评价

一、定性分析建模的主要步骤

近红外光谱与物质组成及含量相关，不同属性、特征的样品具有相应的特征近红外光谱，通过采用适宜的模式识别方法来提取样品近红外光谱特征信息，建立类模型，然后，应用验证通过的类模型和待测样品近红外光谱计算样品的归属类别或特征。与近红外光谱定量建模类似，定性建模也包括：数据采集、奇异样本识别、数据分组、光谱预处理、波长选择和化学模式识别建模等步骤：

1. 数据采集

收集适量具有代表性的类别或特征已知的样本；采用近红外光谱仪测量样本的光谱数据。

2. 数据分组

采用本章第二节的数据分组方法，将数据集划分为训练集和验证集。训练集用来建立类模型，验证集用来评价类模型的性能。

3. 奇异样本识别

采用本章第三节的奇异样本识别方法，识别数据集中的奇异样本，并分析处理。

4. 光谱预处理

采用本章第四节的预处理方法，先考察单一的预处理方法的预处理效果。如果单一预处理效果不好，再考察组合预处理和集成预处理方法的效果。选择适合于分析数据的预处理方法。

5. 波长选择

采用本章第五节的波长选择方法，考察波长点筛选（UVE、MC-UVE、RT、CARS 等）或波段筛选（iPLS、MWPLS 等）等波长选择方法，对近红外光谱进行特征提取。

6. 化学模式识别

应用本章第六节的无监督的主成分分析（PCA）、系统聚类分析（HCA）、独立簇类软模式（SIMCA），有监督的偏最小二乘-判别分析（PLS-DA）、支持向量机（SVM）、人工神经网络（ANN）等化学模式识别方法建立定性类模型。建议读者先参考 GB/T 37969—2019 推荐的 SIMCA、PLS-DA 方法进行实践。

二、定性模型性能的评价

定性模型的验证与评估，建议读者参考 GB/T 37969—2019 相关内容，也可采用混淆矩阵进一步分析分类模型的判别类别与实际类别的对应关系,预测二元分类模型预测结果(图 5-13),常见的评价指标包括:准确性(accuracy)、敏感度(sensitivity)/真阳率(true positive rate,TPR)、特异性(specificity)/真阴率(true negative rate,TNR)、阳性预测值(nositive predictive value,PPV)、阴性预测值(negative predictor value,NPV),F1 得分(F1 score)等,定义如下:

$$准确性 = \frac{TP+TN}{TP+TN+FP+FN}$$

$$敏感度 = \frac{TP}{TP+FN}$$

$$特异性 = \frac{TN}{FP+TN}$$

$$阳性预测值 = \frac{TP}{TP+FP}$$

$$阴性预测值 = \frac{TN}{TN+FN}$$

$$F1得分 = 2 \times \frac{PPV \times TPR}{PPV+TPR} = \frac{2TP}{2TP+FP+FN}$$

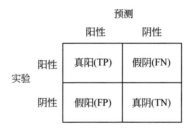

图 5-13　二元判别预测结果示意图

多分类判别模型可以拆分成多个二元判别模型的组合,用类似的指标进行评价。

三、问题与回答

◉ 近红外光谱定量和定性分析可以不建模型吗?

解　答　近红外光谱是 C—H、O—H 和 N—H 的倍频和合频吸收峰,吸收峰宽且重叠严重,定量、定性分析很难不经过建模直接分析。但定性分析也有通过近红外光谱不经建模直接进行分析的实例，例如药品粉末混合均匀度的判断。近些年也有通过光谱的拟合或虚拟光谱的生成直接定量分析的方法。

⊙ 常见的近红外光谱定性判别分析方法有哪几类？

解　答　（1）有监督的方法（或称有教师信号的方法）。就是在建立类模型之前，已知训练样本的属性、特征，训练样本带有类别标签。SIMCA、PLS-DA、SVM、ANN 和 CNN 等均属于有监督的方法。（2）无监督的方法。HCA、PCA、k 均值聚类和 Kohonen 网络等是比较常见的无监督的方法。

第十节　模型传递、更新与维护

一、模型传递

近红外光谱容易受外界因素干扰而发生扰动或者变化，例如温度、湿度、样本形态、仪器漂移或仪器更换等，导致建立的模型难以适应新的应用场景。通过建立不同条件下光谱、模型系数或预测结果的关系，从而消除预测偏差的方法称为模型转移[68]，常见的方法包括斜率截距法（slope/bias，S/B）、专利算法（shenks algorithm）、直接标准化（direct standardization，DS）、分段直接标准化（piecewise direct standardization，PDS）、光谱空间转换（spectral space transformation，SST）、典型相关性分析（canonical correlation analysis，CCA），交替三线性分解（alternating tri-linear decomposition，ATLD）光谱标准化和多级同时成分分析（multi-level simultaneous component analysis，MSCA）[69]。

因子分析是将数据在低维空间中表示的一类方法，利用因子分析将高维空间中的光谱转移转化为低维空间中的抽象因子，能够有效降低模型转移的复杂程度。例如，联合独立分块分析（joint and unique multiblock analysis）[70]、域不变偏最小二乘（domain-invariant partialleastsquares）[71]、等仿射不变式（affine invariance）[72]等。Zhang 等[73]在此基础上提出了一种基于权重系数的模型转移方法（calibration transfer based on the weight matrix），该方法在偏最小二乘权重系数的基础上构造模型转移函数，转化偏最小二乘权重为得分，将光谱间的转化关系变换为光谱与得分矩阵间的转化，简化了模型转移的复杂程度，提高了模型转移的可靠性。

基于拉格朗日乘子法的正则化方法不但能够实现模型的平滑、稀疏等特性，还能够自由结合多种约束实现模型转移和模型更新。此类方法通过超参（hyper-parameter）来平衡效率（目标函数）和模型复杂程度（约束条件）的关系，但需要通过交互验证或者外部验证决定合适的参数。张等[74]在此基础上提出了一种基于岭回归的模型更新方法，将预测优化目标和模型系数的2范数约束结合起来，实现了模型系数的更新，解决了由于仪器漂移或样本变化引起的模型预测能力和可靠性变差的问题。

通常，使用标准样本的模型转移方法的结果相对更加准确，然而，其应用性受到限制。邵学广课题组提出了一系列无需标准样本的模型转移方法，例如，双模型策略（dualmodelstrategy）[75]、偏最小二乘校正（PLS-corrected）[76]和线性模型校正（linear model correction，LMC）[77]方法。这些算法不需要使用在不同仪器或者不同条件下采集的标准样本的近红外光谱，因此，可以用于无标准光谱的模型维护和增强。Zhang 等[78]在 LMC 基础上提出的修正线性模型校正（modified linear model correction，mLMC）方法利用拉格朗日乘子法，将预测优化目标函数与不同条件下模型系数相关性约束相结合，实现了对不同仪器设备基础上建立的分析模型高效、快速的无标准样本转移。此外，Zhang 等[79]提出了利用相关系数约束结合全局优化算法实现了无参数的模型增强（parameter-free calibration enhancement）框架，包括无监督、半监督和全监督的模型转移、维护和增强等多种应用情况。

以上所介绍的这些方法，又称为"软拷贝"转移模型，值得近红外用户关注的是，随着仪器制造技术的不断提高，近红外光谱仪器之间的光学性能差异越来越小，仪器之间的光谱测量结果具有很好的重现性，将原机模型或光谱"硬拷贝"到新光谱仪上就能正常使用，省去了复杂的"软拷贝"计算工作。

二、模型更新与维护

在模型的应用过程中，原料种植环境和工艺条件等的改变或调整都会导致模型不再适用，这时就需要进行模型的更新和维护。模型的更新过程需要收集多个有代表性的新样本，然后，按照常规建模流程添加到原模型校正集中，重新建立模型。如果进行了模型更新则需要重新进行验证过程。对模型更新验证集的要求与新建模型时相同，原有的验证集样本可以用于新模型的验证，但是，必须补充代表新范围或新类型的样本。读者可参考 GB/T 29858—2013。

三、问题与回答

⊙ 从 PLS 校正过程，如何解释校正模型的适应性？

解 答　PLS 的校正过程可以被理解为逐步地从自变量中分解出与因变量最相关的潜变量，并基于最小二乘原理建立潜变量与预测目标之间的线性关系。可以使用 PLS 潜变量的马氏距离（MD）来解释和评估校正模型的适应性。MD 表示经过 PLS 分解后每个样本与校正集样本中心点之间的距离。如果一个样本的 MD 较小，则表示该样本在组分空间中与其他校正集样本更接近，因此其预测结果更可靠；反之，则可能是该样本的组分含量超出了模型的预测范围。此外，光谱的拟合残差也能够在一定程度上反映模型的适应性。当一个样本的残差较大时，可能表示该样本中含有校正集样本中不存在的组分，直接使用该模型来进行预测可能会导致较大的预测偏差。

⊙ 为什么要进行模型传递？

解 答　在一台仪器上建立的模型可能随着预测样本的检测条件、外部检测环境等因素的变化而退化。或者将一台仪器上的模型用于其他仪器上时，可能会存在预测结果不准确的问题。

⊙ 进行模型传递需要哪些条件？在不同分光原理的近红外光谱仪器上建立的模型可以相互传递吗？

解 答　根据模型转移（传递）算法的不同，需要不同的条件，包括：
（1）针对标准样本检测的一一对应的标准光谱。
（2）针对部分样本在各种条件下检测的非一一对应的光谱。
（3）针对部分样本在待转移的条件下检测到的光谱和目标值。
（4）这些条件的组合。

不同原理的仪器检测的光谱质量不同，但是都反映含氢基团的倍频和组合频，因此，理论上都可以互相转移。但是实际转移效果取决于光谱、目标值、研究体系的复杂度、算法和参数优化等多种因素。一般来说，在同类型分光原理的近红外光谱仪器之间转移模型相对简单和容易实现。

◉ 模型传递后还需要做哪些工作?

解　答　模型传递后需要验证其可靠性,参照多元校正建模的评价方法评价传递后的模型，详见 GB/T 29858—2013。

◉ 模型如何维护?

解　答　建立的模型可能随着待测样本自身以及检测条件、外部检测环境等因素的变化而退化。为了维护建立好的模型，提高模型的适用范围，可以通过在模型中加入变化后的样本光谱及其对应的参考值，建立适应范围更广的全局模型。也可利用模型转移算法建立适应新条件的模型。读者可参考本章第十节。

第十一节　化学计量学软件

一、化学计量学软件的主要功能与开发

1. 化学计量学软件的主要功能

应用于近红外光谱建模的化学计量学软件应具备最基本的数据处理方法及功能，包括:

（1）样本相关信息的录入、存取、数据格式的转换与编辑。

（2）数据中心化、标准化、多元散射校正（MSC）、标准正态变换（SNV）、微分与平滑等数据预处理方法。

（3）主成分分析（PCA）、偏最小二乘（PLS）、线性判别分析（LDA）、偏最小二乘法判别分析（PLS-DA）、SIMCA、支持向量机（SVM）等降维、回归和判别分类方法。

（4）奇异样本的统计识别和删除。

（5）模型的交互验证、评价和可视化。

（6）模型、预测结果、评价指标的浏览和导出。

2. 化学计量学软件的开发

开发化学计量学软件最常用的是 Matlab、Python 和 R 语言，下面就基于上述三种语言开发的各种化学计量学软件包进行介绍。

（1）MVC1（multivariate calibration 1）[80]是一个基于 Matlab 开发的化学计量学工具箱。该软件具有易于管理的图形用户界面，能够接受不同的输入数据格式（可以是矩阵或矢量，也可以是已经存在 Matlab 变量空间中的数据），纳入了许多预处理算法，且实现了常见的 12 种多元校正方法。通过该软件，可以实现多元校正模型的开发、验证以及随后对待测样本的预测。该软件还能生成许多关于模型性能的不同图表，包括误差分布、异常值检测等。

（2）scikit-learn[81]是一款基于 Python 环境的化学计量学工具箱，囊括了多种判别、回归和聚类分析，还包括数据降维、模型优化和选择、数据预处理等多种功能，且有丰富的文章支持和扩展补丁，是目前 Python 环境中最成熟的机器学习工具箱之一。

（3）caret 是一个基于 R 的机器学习工具箱，包括了样本导入、数据预处理、因子分解、多元校正、参数优化和数据可视化。该工具还支持并行计算，能够充分调用计算机资源实现快速建模的目的。

二、商品化的化学计量学软件

商用的化学计量学软件主要为仪器供应商开发以匹配特定的仪器。这类软件包含常见的化学计量学建模功能，通常是编译并打包好的二进制程序，具有容易操作的用户界面、针对特定仪器的驱动和量测单元、针对特定光谱和模型稳健的读取、写入和转化等功能。

Thermo Fisher 开发的 ValPro™ System Qualification Software for NIR Analyzers 和 TQ Analyst™ Pro Edition Software 是针对其旗下仪器的化学计量学软件，包括光谱的测量，定量模型和定性模型的建立、评价和预测。这些软件有容易操作的用户界面，能够为具有不同建模经验水平的光谱从业人员提供服务，是一个全面的方法开发平台，具有开发强大方法的所有性能和灵活性。其他近红外光谱仪器公司也大都有自己的化学计量学软件，如 Bruker 公司、ABB 公司、PE 公司、FOSS 公司和万通公司等。国内一些仪器公司和科研院所也开发出了用于光谱分析的商用化学计量学软件。

PLS_Toolbox 是一款为数不多的由商业软件公司（Eigenvector Research，Inc.）开发的化学计量学软件。该软件是一款基于 Matlab 开发的化学计量学工具箱，囊括了目前众多高效的化学计量学算法，包括：主成分分析（PCA）、偏最小二乘回归（PLS）非线性回归和分类方法，局部加权回归、数据预处理、平行因子分析（PARAFAC）、N-way PLS 和 Tucker 模型、多变量曲线解析（MCR）、窗口因子分析和直接分段标准化（PDS）等。类似的，还有 Umetrics 公司的 SIMCA-P，Camo 公司的 Unscrambler 软件等。

参考文献

［1］褚小立. 现代光谱分析中的化学计量学方法［M］. 北京：化学工业出版社，2022.

［2］Kennard R W，Stone L A. Computer Aided Design of Experiments［J］. Technometrics，1969，11：137-148.

［3］Galvao R K，Araujo M C，Jose G E，et al. A Method for Calibration and Validation Subset Partitioning［J］. Talanta，2005，67（4）：736-740.

［4］Clark R D. Optisim：An Extended Dissimilarity Selection Method for Finding Diverse Representative Subsets［J］. Journal of Chemical Information and Computer Sciences，1997，37（6）：1181-1188.

［5］Hubert M，Rousseeuw P J，Vanden Branden K. ROBPCA：A New Approach to Robust Principal Component Analysis［J］. Technometrics，2005，47：64-79.

［6］Gnanadesikan R，Kettenring J R. Robust Estimates，Residuals，and Outlier Detection With Multiresponse Data，Biometrics，1972，28，81-124.

［7］Rousseeuw P J. Multivariate Estimation with High Breakdown Point［M］. In Mathematical Statistics and Applications（Vol. B，eds. W. Gross-mann，G. Pflug，I. Vincze，and W. Wertz，Dordrecht：Reidel Publishing），1985：283-297.

［8］Rousseeuw P J，Leroy A M. Robust Regression and Outlier Detection［M］. John Wiley & Sons Inc.，New York，1987：216-247

［9］Rousseeuw P J，Katrien V D. A Fast Algorithm for the Minimum Covariance Determinant Estimator［J］. Technometrics，1999，41：212-223.

［10］Egan W J，Morgan S L. Outlier Detection in Multivariate Analytical Chemical Data［J］. Analytical Chemistry，1998，70：2372-2379.

［11］Rousseeuw P J. Least Median of Squares Regression［J］. Journal of the American Statistical Association，1984，79：871-880.

［12］Massart D L，Kaufman L，Rousseeuw P J，et al. Least Median of Squares：A Robust Method for Outlier and Model Error in Regression and Calibration ［J］. Analytica Chimica Acta，1986，187：171-179.

［13］Rousseeuw P，Daniels B，Leroy A. Applying robust regression to insurance，Insurance：Mathematics and Economics，1984，3（1）：67-72.

［14］Kruger U，Zhou Y，Wang X，et al. Robust Partial Least Squares Regression：Part Ⅰ，Algorithmic Developments ［J］. Journal of Chemometrics，2008，22：1-13.

［15］Liu Z C，Cai W S，Shao X G. Outlier Detection in Near-Infrared Spectroscopic Analysis by Using Monte Carlo Cross-Validation ［J］. Science in China，Series B-Chemistry，2008，51：751-759.

［16］Cao D S，Liang Y Z，Xu Q S，et al. A New Strategy of Outlier Detection for QSAR/QSPR ［J］. Journal of Computational Chemistry，2010，31（3）：592-602.

［17］Bian X H，Cai W S，Shao X G，et al. Detecting Influential Observations by Cluster Analysis and Monte Carlo Cross Validation ［J］. Analyst，2010，135：2841-2847.

［18］Engel J，Gerretzen J，Szymanska E，et al. Breaking with Trends in Pre-Processing? ［J］. TrAC Trends in Analytical Chemistry，2013，50：96-106.

［19］Barnes R J，Dhanoa M S，Lister S J. Standard Normal Variate Transformation and De-Trending of Near-Infrared Diffuse Reflectance Spectra ［J］. Applied Spectroscopy，1989，43：772-777.

［20］第五鹏瑶，卞希慧，王姿方，等. 光谱预处理方法选择研究 ［J］. 光谱学与光谱分析，2019，39（9）：2800-2806.

［21］Shao X G，Leung A K M，Chau F T. Wavelet：A New Trend in Chemistry ［J］. Accounts of Chemical Research，2003，36：276-283.

［22］Chen D，Wang F，Shao X G，et al. Elimination of Interference Information by a New Hybrid Algorithm for Quantitative Calibration of Near Infrared Spectra ［J］. Analyst，2003，128（9）：1200-1203.

［23］Baek S J，Park A，Kim J，et al. A Simple Background Elimination Method for Raman Spectra ［J］. Chemometrics and Intelligent Laboratory Systems，2009，98：24-30.

［24］Zhang Z M，Chen S，Liang Y Z，et al. An Intelligent Background-Correction Algorithm for Highly Fluorescent Samples in Raman Spectroscopy ［J］. Journal of Raman Spectroscopy，2010，41：659-669.

［25］Zhang Z M，Chen S，Liang Y Z. Baseline Correction Using Adaptive Iteratively Reweighted Penalized Least Squares ［J］. Analyst，2010，135：1138-1146.

［26］Geladi P，MacDougall D，Martens H. Linearization and Scatter-Correction for Near-Infrared Reflectance Spectra of Meat ［J］. Applied Spectroscopy，1985，39：491-500.

［27］Steponavicius R，Thennadil S N. Extraction of Chemical Information of Suspensions Using Radiative Transfer Theory to Remove Multiple Scattering Effects：Application to a Model Two-Component System ［J］. Analytical Chemistry，2009，81：7713-7723.

［28］Huang N E，Shen Z，Long S R，et al. The Empirical Mode Decomposition and the Hilbert Spectrum for Nonlinear and Non-Stationary Time Series Analysis［J］. Proceedings of the Royal Society of London Series a-Mathematical Physical and Engineering Sciences，Series A，1998，454：903-995.

［29］Kalivas J H，Roberts N，Sutter J M. Global Optimization by Simulated Annealing with Wavelength

Selection for Ultraviolet-Visible Spectrophotometry [J]. Analytical Chemistry, 1989, 61: 2024-2030.

[30] Lucasius C B, Kateman G. Genetic Algorithms for Large-Scale Optimization Problems in Chemometrics-an Application [J]. Trac-Trends in Analytical Chemistry, 1991, 10: 254-261.

[31] Shamsipur M, Zare-Shahabadi V, Hemmateenejad B, et al. Ant Colony Optimisation: A Powerful Tool for Wavelength Selection [J]. Journal of Chemometrics, 2006, 20: 146-157.

[32] Kennedy J, Eberhart R. Particle Swarm Optimization [C]. Proceedings of the Fourth IEEE International Conference on Neural Networks, 1995, 5: 1942-1948.

[33] Yang X S. Firefly Algorithms for Multimodal Optimization [C] //International Symposium on stochastic Algorithms. Springer, Berlin, Heidelberg, 2009.

[34] Goodarzi M, dos Santos Coelho L. Firefly as a Novel Swarm Intelligence Variable Selection Method in Spectroscopy [J]. Analytica Chimica Acta, 2014, 852: 20-27.

[35] Mirjalili S, Mirjalili S M, Lewis A. Grey Wolf Optimizer [J]. Advances in Engineering Software, 2014, 69: 46-61.

[36] 武新燕, 卞希慧, 杨盛, 等. 基于灰狼算法的近红外光谱变量选择方法研究 [J]. 分析测试学报, 2020, 39 (10): 1288-1292.

[37] Centner V, Massart D L, de Noord O E, et al. Elimination of Uninformative Variables for Multivariate Calibration [J]. Analytical Chemistry, 1996, 68 (21): 3851-3858.

[38] Cai W S, Li Y K, Shao X G. A Variable Selection Method Based on Uninformative Variable Elimination for Multivariate Calibration of Near-Infrared Spectra [J]. Chemometrics and Intelligent Laboratory Systems, 2008, 90 (2): 188-194.

[39] Xu H, Liu Z C, Cai W S, et al. A Wavelength Selection Method Based on Randomization Test for Near-Infrared Spectral Analysis [J]. Chemometrics and Intelligent Laboratory Systems, 2009, 97 (2): 189-193.

[40] Li H D, Zeng M M, Tan B B, et al. Recipe for Revealing Informative Metabolites Based on Model Population Analysis [J]. Metabolomics, 2010, 6: 353-361.

[41] Cao D S, Wang B, Zeng M M, et al. A New Strategy of Exploring Metabolomics Data Using Monte Carlo Tree [J]. Analyst, 2011, 136: 947-954.

[42] Zhang J, Cui X Y, Cai W S, et al. A Variable Importance Criterion for Variable Selection in Near-Infrared Spectral Analysis [J]. Science China-Chemistry, 2019, 62 (2): 271-279.

[43] Zou X B, Zhao J W, Povey M J W, et al. Variables Selection Methods in Near-Infrared Spectroscopy [J]. Analytica Chimica Acta, 2010, 667: 14-32.

[44] Tan C, Li M L. Mutual Information-Induced Interval Selection Combined With Kernel Partial Least Squares for Near-Infrared Spectral Calibration [J]. Spectrochimica Acta Part A-Molecular and Biomolecular Spectroscopy, 2008, 71: 1266-1273.

[45] Araujo M C U, Saldanha T C B, Galvao R K H, et al. The Successive Projections Algorithm for Variable Selection in Spectroscopic Multicomponent Analysis [J]. Chemometrics and Intelligent Laboratory Systems, 2001, 57: 65-73.

[46] Li H D, Liang Y Z, Xu Q S, et al. Key Wavelengths Screening Using Competitive Adaptive Reweighted Sampling Method for Multivariate Calibration [J]. Analytica Chimica Acta, 2009, 648 (1): 77-84.

[47] Lloyd G R, Wongravee K, Silwood C J L, et al. Self Organising Maps for Variable Selection: Application to Human Saliva Analysed by Nuclear Magnetic Resonance Spectroscopy to Investigate the Effect of an Oral Healthcare Product [J]. Chemometrics and Intelligent Laboratory Systems, 2009, 98: 149-161.

[48] Stout F, Kalivas J H, Heberger K. Wavelength Selection for Multivariate Calibration Using Tikhonov Regularization [J]. Applied Spectroscopy, 2007, 61: 85-89.

[49] Nørgaard L, Saudland A, Wagner J, et al. Interval Partial Least-Squares Regression (iPLS): A Comparative Chemometric Study with an Example from Near-Infrared Spectroscopy [J]. Applied Spectroscopy, 2000, 54: 413-419.

[50] Jiang J H, Berry R J, Siesler H W, et al. Wavelength Interval Selection in Multicomponent Spectral Analysis by Moving Window Partial Least-Squares Regression with Applications to Mid-Infrared and Near-Infrared Spectroscopic Data [J]. Analytical Chemistry, 2002, 74: 3555-3565.

[51] Zhang J, Cui X Y, Cai W S, et al. Combination of Heuristic Optimal Partner Bands for Variable Selection in Near-Infrared Spectral Analysis [J]. Journal of Chemometrics, 2018, 32 (11): e2971.

[52] Xu L, Jiang J H, Wu H L, et al. Variable-Weighted PLS [J]. Chemometrics and Intelligent Laboratory Systems, 2007, 85: 140-143.

[53] Zou H Y, Wu H L, Fu H Y, et al. Variable-Weighted Least-Squares Support Vector Machine for Multivariate Spectral Analysis [J]. Talanta, 2010, 80: 1698-1701.

[54] Forina M, Casolino C, Millan C P. Iterative Predictor Weighting (IPW) PLS: A Technique for the Elimination of Useless Predictors in Regression Problems [J]. Journal of Chemometrics, 1999, 13: 165-184.

[55] Granato D, Santos J S, Escher G B, et al. Use of Principal Component Analysis (PCA) and Hierarchical Cluster Analysis (HCA) for Multivariate Association Between Bioactive Compounds and Functional Properties in Foods: A Critical Perspective [J]. Trends in Food Science & Technology, 2018, 72: 83-90.

[56] Moreira A C D, Braga J W B. Authenticity Identification of Copaiba Oil Using a Handheld NIR Spectrometer and DD-SIMCA [J]. Food Analytical Methods, 2021, 14 (5): 865-872.

[57] Ballabio D, Consonni V. Classification Tools in Chemistry. Part 1: Linear Models. PLS-DA [J]. Analytical Methods, 2013, 5 (16): 3790-3798.

[58] McCulloch W S, Pitts W. A Logical Calculus of the Ideas Immanent in Nervous Activity [J]. The Bulletin of Mathematical Biophysics, 1943, 5 (4): 115-133.

[59] Hinton G E, Salakhutdinov R R. Reducing the Dimensionality of Data with Neural Networks [J]. Science, 2006, 313: 504-507.

[60] Vapnik V N, Lerner A Y. Recognition of Patterns with Help of Generalized Portraits [J]. Avtomat. i Telemekh, 1963, 24 (6): 774-780.

[61] Huang G B, Zhu Q Y, Siew C K. Extreme Learning Machine: A New Learning Scheme of Feedforward Neural Networks [C] //In Neural Networks Proceedings 2004 IEEE International Joint Conference, 2004.

［62］Tan S M，Luo R M，Zhou Y P，et al. Boosting Partial Least-Squares Discriminant Analysis with Application to Near Infrared Spectroscopic Tea Variety Discrimination［J］. Journal of Chemometrics，2012，26：34-39.

［63］Bian X H，Zhang C X，Liu P，et al. Rapid Identification of Milk Samples by High and Low Frequency Unfolded Partial Least Squares Discriminant Analysis Combined with Near Infrared Spectroscopy ［J］. Chemometrics and Intelligent Laboratory Systems，2017，170：96-101.

［64］Chen H，Tan C，Wu T，et al. Discrimination Between Authentic and Adulterated Liquors by Near-Infrared Spectroscopy and Ensemble Classification［J］. Spectrochimica Acta Part A：Molecular and Biomolecular Spectroscopy，2014，130：245-249.

［65］Bian X H，Li S J，Fan M，et al. Spectral Quantitative Analysis of Complex Samples Based on Extreme Learning Machine［J］. Analytical Methods，2016，8（23）：4674-4679.

［66］Zhang X L，Lin T，Xu J F，et al. DeepSpectra：An End-To-End Deep Learning Approach for Quantitative Spectral Analysis［J］. Analytica Chimica Acta，2019，1058：48-57.

［67］Bian X H，Diwu P Y，Liu Y，et al. Ensemble Calibration for the Spectral Quantitative Analysis of Complex Samples［J］. Journal of Chemometrics，2018，32（11）：e2940.

［68］张进，蔡文生，邵学广. 近红外光谱模型转移新算法［J］. 化学进展，2017，29（8）：902-910.

［69］Zhang J，Guo C，Cui X Y，et al. A Two-Level Strategy for Standardization of Near Infrared Spectra by Multi-Level Simultaneous Component Analysis［J］. Analytica Chimica Acta，2019，1050：25-31.

［70］Skotare T，Nilsson D，Xiong S J，et al. Joint and Unique Multiblock Analysis for Integration and Calibration Transfer of NIR Instruments［J］. Analytical Chemistry，2019，91（5）：3516-3524.

［71］Nikzad-Langerodi R，Zellinger W，Lughofer E，et al. DomainInvariant PartialLeastSquares Regression ［J］. Analytical Chemistry，2018，90（11）：6693-6701.

［72］Zhao Y H，Zhao Z H，Shan P，et al. Calibration Transfer Based on Affine Invariance for NIR Without Transfer Standards［J］. Molecules，2019，24（9）：1802.

［73］Zhang F Y，Zhang R Q，Ge J，et al. Calibration Transfer Based on The Weight Matrix（CTWM）of PLS for Near Infrared（NIR）Spectral Analysis［J］. Analytical Methods，2018，10（18）：2169-2179.

［74］Zhang F Y，Zhang R Q，Wang W M，et al. Ridge Regression Combined with Model Complexity Analysis for Near Infrared（NIR）Spectroscopic Model Updating［J］. Chemometrics and Intelligent Laboratory Systems，2019，195：103896.

［75］Wang J J，Li Z F，Wang Y，et al. A Dual Model Strategy to Transfer Multivariate Calibration Models for Near-Infrared Spectral Analysis［J］. Spectroscopy Letters，2016，49（5）：348-354.

［76］Li X Y，Cai W S，Shao X G. Correcting Multivariate Calibration Model for Near Infrared Spectral Analysis Without Using Standard Samples［J］. Journal of Near Infrared Spectroscopy，2015，23（5）：285-291.

［77］Liu Y，Cai W S，Shao X G. Linear Model Correction：A Method for Transferring A Near-Infrared Multivariate Calibration Model Without Standard Samples［J］. Spectrochimica Acta Part A：Molecular and Biomolecular Spectroscopy，2016，169：197-201.

［78］Zhang J，Cui X Y，Cai W S，et al. Modified Linear Model Correction：A Calibration Transfer Method Without Standard Samples［J］. NIR news，2018，29（8）：24-27.

［79］ Zhang J，Li B Y，Hu Y，et al. A Parameter-Free Framework for Calibration Enhancement of Near-Infrared Spectroscopy Based on Correlation Constraint ［J］. Analytica Chimica Acta，2021，1142：169-178.

［80］ Chiappini F A，Goicoechea H C，Olivieri A C. MVC1_GUI：A MATLAB Graphical User Interface for First-order Multivariate Calibration. An Upgrade Including Artificial Neural Networks Modelling ［J］. Chemometrics and Intelligent Laboratory Systems，2020，206：104162.

［81］ Pedregosa F，Varoquaux G，Gramfort A，et al. Scikit-learn：Machine Learning in Python ［J］. Journal of Machine Learning Research，2011，12：2825-2830.

第6章

近红外光谱技术的应用

第一节　近红外光谱技术在农业领域的应用

　　我国是农业大国，农业是立国之本，是我国的第一产业，是经济发展的基础。一直以来，农业为人们提供基本的生活物资，是保障民生健康的重要支撑。近红外光谱反映 C—H、N—H 以及 O—H 等含氢基团振动的倍频和合频吸收，适用于分析动植物产品的组成与结构信息，在农业领域的应用呈现增长趋势，从早期的农作物种子品质检测、迅速扩展到水果、食品、饲料等领域。本节将从粮食和水果两方面，介绍近红外光谱在农业领域的应用。

一、近红外光谱技术在粮食中的应用

　　如何在种植、储藏、运输、加工等各个环节中保证粮食安全一直是人们所关注的问题。近红外光谱是一种快速无损的检测技术，具有环境友好、检测效率高等优点，可以为保障粮食安全提供重要的技术支撑。本节主要总结了近红外光谱

技术在作物的育种筛选和评估、植物病害检测，以及粮食品质评价方面的应用研究。

1. 育种筛选和评估

种子是农业的"芯片"，加强品质育种，提高粮食质量和产量，对于保障粮食安全具有重要意义。品质育种是根据育种目标和重点品质形状的遗传特点，确定育种策略，合理协调不同品质性状。如吉林省农业科学院以培育加工专用马铃薯为目标，培育出具有适应性强、抗病性良好和高产量等优点的春薯 3 号和春薯 88-3-1，被百事等知名企业选定为油炸原料薯[1]。一般来说，在品质育种过程中，需要对种质资源、原始育种群体样本以及遗传育种群体样本进行化学成分分析（蛋白质、淀粉、水分等含量）、筛选（区分母本和杂交种等）和评价。常规的化学方法需要破坏样本，并对样本进行较为复杂的前处理，耗时耗力严重还影响育种效率。近红外光谱技术因其具有快速、无损、环保、多指标同时分析等优点而引起人们的关注。

中国农业大学、华中农业大学、浙江大学、中国科学院以及中国农科院等国内外诸多科研单位开展了一系列基于近红外光谱技术在水稻[2-4]、玉米[5,6]、小麦[7,8]、豌豆[9]等粮食作物育种方面的研究，并在实际育种过程中得到广泛应用。

2. 植物病害检测

储粮安全是粮食安全体系建设中的重要组成部分，然而粮食在储藏过程中常因害虫而发热和霉变，影响其食用品质和营养价值，从而造成严重损失。据联合国粮食及农业组织调查，由于害虫原因每年引起的全球粮食总损失达到 10%～28%[10]。因此，监测粮食中的害虫是尤为必要的。常用的检测方法有直接检查法、取样检测法、诱集检查法以及包括近红外检测的电子检测法。其中，取样检测法是目前我国粮食仓储行业常规的检测方法，主要是通过采用剖粒、染色和比重法等方法检测部分样品中害虫的发生情况，从而评估整体粮食中害虫发生情况[11]。然而这种方法有破坏性、检测时间较长、不适用于检测隐蔽害虫等。近红外光谱技术因其样品需用量少、快速、无损而被广泛用于检测谷物中的米象[12]、谷象[13]、玉米象[14]和锯谷盗[14]等。

3. 粮食品质评价

粮食含有淀粉、脂肪和蛋白质等丰富的营养成分，在长期储藏过程中由于自身的呼吸作用或者外界环境等因素，容易发生氧化、降解等现象，从而导致粮食的腐败与变质[15]。因此，粮食品质监测对于保障粮食安全具有重要意义。一般而言，粮食品质指标包括水分、脂肪、蛋白、淀粉、纤维素和灰分等。针对这些指标，常规的化学检测方法有加热干燥法、索氏抽提法、凯氏定氮法、酸水解法、范氏纤维素含量测定法以及直接灰化法等[16]，然而这些方法常常需要破坏样品、使用有机试剂，并且需要较高的能量和较长的分析测试时间。而近红外光谱技术因其可以同时测量多个品质指标，提高工作效率、减少人力成本而在今麦郎食品股份有限公司和江苏三零面粉集团公司等知名企业得到了广泛应用。

二、近红外光谱技术在水果中的应用

一般而言，水果品质检测包括水果外部特征（大小、色泽和硬度等）和内部品质（糖度、酸度、水分、疾病、新鲜度和成熟度等）[17]。以前，对水果品质的检测主要依靠人工经验来判断水果大小、成熟度以及色泽等。而如果想得到更为精准的数据，如糖度和酸度等，则需要进行实验室分析[18]，但这种方法只能给出该批次水果糖酸度的范围，无法确定每个水果的具体糖酸度，而且实验室分析往往需要破坏样本，并且耗费一定的时间。如今，随着近红外光谱技术的发展，基于近红外光谱技术的水果品质检测方法及仪器也越来越成熟，因其无损、迅速、便捷已经由实验室走向实际应用，向现场检测发展。

1. 定量分析

定量分析就是以测定物质中各成分的含量为目标，通过结合化学计量学算法，对水果的近红外光谱进行解析及建模，然后分析水果中某成分的含量。一般而言，水果中需要定量分析的成分包括糖度、酸度、硬度、可溶性固形物、含水率、蛋白质、维生素C和农药残留等指标。通过近红外光谱分析技术，可以实现多个指标的同时测定分析，减少了人工工作量和检测时间，极大程度提高了经济效益。

中国农业大学、华东交通大学和江苏大学等国内外诸多科研单位开发了近红外光谱技术的便携式[19,20]和工业在线[21,22]仪器，部分技术已经较为成熟并被推广应用，产生了较为显著的经济和社会效应。

2. 定性分析

定性分析是以识别和鉴定某种物质为目标，通过结合化学计量学算法对水果的近红外光谱进行解析及建模，然后判断水果的状态。一般而言，水果中需要定性分析的指标包括病害识别[23]、农药残留识别[24]、成熟度识别[25]、损伤识别[26]和货架期预测等[27,28]。针对上述指标，基于近红外光谱技术的水果定性分析模型的精度虽然较高，然而离实际应用推广还有一定距离，一方面是因为模型的预测精度会受到实际生产中水果的营养成分、机械损伤程度、病虫害的分布均匀性、环境和物料温度以及光谱采集方式等多方面因素影响。另一方面已经开发的专用设备的性能还不能满足用户期望（成本低廉、重量轻、体积小以及精度高等要求）。

三、问题与解答

⊙ 近红外光谱可以检测种子的发芽率吗？

解 答 采用近红外光谱检测小麦和水稻种子的发芽率是具有可行性的。目前种子的发芽率一般还是采用《国际种子检验规程》的标准发芽方法连续测 7 天，该方法耗时多、工作量大、试验条件要求高、成本高。而近红外光谱技术具有检测速度快、效率高、无破坏性以及成本低等优点，可以克服这一经典方法的局限性。目前江苏省农业科学院和南京农业大学也已进行了相关研究[29,30]，证明了基于近红外光谱技术分析小麦和水稻种子发芽率的可行性。

⊙ 对大麦、玉米、小麦、豌豆等籽实进行近红外分析时粉碎与否，对结果预测准确性有无影响？

解 答 对大麦、玉米、小麦、豌豆等籽实进行近红外分析时粉碎与否，对结果预测准确性有影响，因为样品粒度的差异会直接影响近红外光的吸收和散射，从而导致光谱的变异。一方面，目前已有研究表明，样品粒度增大，吸光度会增大，从而导致样品中的水分和蛋白质等相关指标的预测值增大[31-33]。另一方面，粒度大小不同会影响光谱的测量结果，出现较大的偏差[34]。

⊙ 近红外能否测量小麦中氨基酸的组成含量？

解 答 一般来说，分析小麦中的氨基酸的经典方法有常规酸水解法、氧化酸水解法、碱水解法和酶提取法。这些方法耗时长、破坏样品、不环保。近红外光谱法是根据氨基酸对近红外区光谱的吸收特性进行定量分析，目前已有科研院所的相关研究报道[35]和企业的实际应用案例[36]。

⊙ 近红外光谱在国内粮食企业有哪些应用？

解　答　目前河南金粒麦业有限公司、河北廊雪面粉有限责任公司、山东兖州今麦郎食品有限公司以及江苏三零面粉集团公司等国内大型粮食企业均采用了近红外光谱仪进行小麦、玉米、水稻和大麦的品质检测。检测指标包括蛋白质、水分和湿面筋等化学成分。

⊙ 由于利用不同近红外光谱技术测定谷物的品质结果不一致，检测结果不能得到对方单位认可，导致检测结果不能实际使用怎么办？

解　答　为了解决不同检测机构结果不一致的问题，结合现代通信技术的近红外光谱网络已成为一个重要的研究方向。将近红外光谱技术网络化可以保证每台仪器的准确性和稳定性，保证仪器测定结果的一致性，从而提高谷物品质检测效率，促进谷物的优质优价，促进农民增产增收。现在这种技术已经成为发达国家实现粮食收购验质，分类存储，公平交易的重要分析方法。

（1）法国近红外光谱网络。法国是世界上主要的农副产品出口国，主要粮食作物有小麦和玉米，产量位居世界第五。为了对谷物质量进行公正、准确的评价，法国共有五个近红外光谱网络，覆盖了法国大部分地区。

（2）德国近红外光谱网络。德国主要粮食物种有小麦、燕麦、玉米、大麦和黑麦。为了对谷物质量进行公正、准确的评价，德国目前有 7 个谷物近红外光谱网络。

（3）丹麦近红外光谱网络。丹麦是欧洲的农业强国，有 240 个粮食收购点加入近红外光谱网络，保证同一批粮食在不同粮库检测结果的一致性。

（4）瑞典近红外光谱网络。瑞典的农业现代化位居欧洲国家前列，其中瑞典 Agronet 近红外光谱网络，有 80 个成员，覆盖了全国 90%的谷物贸易。

（5）中国近红外光谱网络。2008 年国家农业信息化工程技术研究中心联合一些科研单位，建立了谷物近红外光谱分析网络[37]。目前在包括北京市、山东省、河南省等 16 个省市的 7 个粮食主产区的科研单位、粮食企业组网运行，具体见图 6-1 示意。

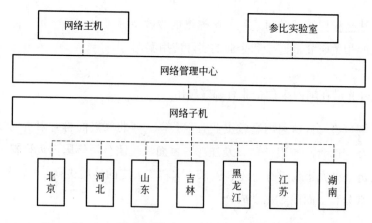

图 6-1 我国谷物近红外光谱网络构成示意图

⊙ 在水果检测领域为什么一般采用短波近红外光谱仪？

解　答　在水果检测领域，短波近红外光谱仪得到广泛应用，主要原因是：

（1）水果按照糖度分级的时候，对检测精度的要求并不高。

（2）CCD 检测器价格较低，性价比高，适合大面积推广，符合行业需求。

（3）短波近红外能量高，具有比较强的穿透能力。

⊙ 水果种类繁多，怎么选择适合的光谱采集方式？

解　答　由于水果种类繁多，在光谱采集方式的选择上需要考虑水果的类型、光源种类、采集方式、波长范围、应用场景等多方面因素。具体来说，漫透射和透射适用于透光物料，可以检测整个水果、测量果皮较厚的果实，适合苹果、梨子等水果内部病害检测。而相对于透射，漫反射只能获取一个方向和果皮附近果肉的信息，因此它常用于检测苹果、梨、桃子等果皮较薄的水果。

⊙ 可以用近红外光谱检测水果成熟度吗？

解　答　用近红外光谱检测水果成熟度是可行的。水果的成熟度是一个综合性指标，和可溶性固形物、干物质、可滴定酸、硬度和颜色等指标相关。而近红外光谱通过反映上述这些指标的信息来预测水果的成熟度，见图 6-2。目前近红外光谱已经成功预测苹果[38]、梨[39]、西瓜[40]和芒果[41]等多种水果的成熟度。

图 6-2　采用近红外光谱测定芒果的成熟度[41]

⊙ 影响近红外光谱检测水果品质的因素有哪些？

解　答　以下这些因素影响近红外光谱检测水果品质[42]。

（1）水果种类繁多，形状各异，果皮薄厚不一，因此针对不同类型的水果需选择不同类型的光谱采集方式。

（2）由于水果容易受到光照和施肥等种植条件的影响，每个水果的水分、酸度、糖分等理化指标各不一致，而且水果内部的化学成分也会分布不均匀。

（3）水果可能表皮发生轻微的机械损伤，内部发生不可见的生理疾病。

（4）外界的温度也会影响到水果的温度。

⊙ 目前，近红外光谱在水果产业的实际应用情况如何？

解　答　目前近红外光谱在水果产业的应用主要是颜色分选和大小分级，见图 6-3，而对于糖酸度、内部疾病等在线分选还没有得到广泛应用。而在国外，不仅实现果实大小等级分选，还可以进行糖酸度、内部疾病的评价。

图 6-3　苹果在线近红外光谱分选系统

第二节　近红外光谱技术在饲料领域的应用

饲料是动物生产最重要的投入品，对于维护动物安全起着重要作用，如何确保饲料质量安全十分关键。而且当前全球饲料领域的质量安全管理已逐步由传统的"事后检验"向"事前检验"和"实时检验"转变。为了满足饲料质量安全管理要求，近红外光谱技术因其具有检测速度快、易操作性、检测成本低、适合现场检测等优点而受到越来越多的关注。

中国农业大学和中国农业科学院等国内外诸多科研单位利用近红外光谱技术在饲料质量管理方面开展了大量的研究和实践，并取得丰硕的成果[43-45]，而且我国新希望六和、正大等大型饲料企业普遍采用近红外光谱用于饲料品质检测，并已取得良好的经济效益[46]。

一、原料品质控制

饲料原料是饲料产业的生产基石，其品质控制主要包括两方面。一方面是饲料原料成分检测（水分、粗蛋白、脂肪、粗纤维、灰分、氨基酸以及有毒有害物质等）。然而饲料原料品种繁多，成分复杂，具有较强的基质效应，而且其成分容易受到产地、收获季节以及储存方式等因素影响。另一方面是饲料原料掺假检测，一些不法商家容易在饲料原料中添加各种伪劣物质，以假乱真。常规的湿化学方法无法满足迅速、在线检测、多项目同时分析这些要求，近红外光谱技术强有力地弥补了这一短板，目前已有大量的研究报道和相关标准[47-49]。

二、生产过程控制

在饲料生产过程中的质量控制是确保饲料工业化生产质量和效率的关键环节，传统的饲料品质检测是采用人工取样、离线分析的方法，然而，这种方法检测时间长，只能抽样检测，而且对于生产流程的优化也存在一定的滞后性。为了克服传统方法的局限性，许多大型企业已经采用近红外光谱技术来优化饲料生产流程、提升饲料产品品质，从而创造更多的利润，具体见图 6-4。

图 6-4   在线近红外光谱仪现场检测饲料的水分、粗蛋白和粗脂肪

三、问题与解答

⊙ 在实际应用中,采用近红外光谱仪分析饲料中的水分、蛋白质、脂肪、灰分和湿化学法分析有多大误差?

解 答   根据 GB/T 18868—2002《饲料中水分、粗蛋白质、粗纤维、粗脂肪、赖氨酸、蛋氨酸快速测定近红外光谱法》的要求,采用近红外方法与湿化学方法的偏差小于 0.5%,对于具体指标要求不一样,详见表 6-1。

表 6-1   分析允许的误差

样品中组分	含量/%	平行样间相对值偏差小于/%	测定值与经典方法测定值之间的偏差小于/%
水分	>20	5	0.40
	>10, ≤20	7	0.35
	≤10	8	0.30
粗蛋白质	>40	2	0.50
	>25, ≤40	3	0.45
	>10, ≤25	4	0.40
	≤10	5	0.30
粗脂肪	>10	3	0.35
	≤10	5	0.30

样品中组分	含量/%	平行样间相对值偏差小于/%	测定值与经典方法测定值之间的偏差小于/%
粗纤维	>18	2	0.45
	>10, ≤18	3	0.35
	≤10	4	0.30
蛋氨酸	≥0.5	4	0.10
	<0.5	3	0.08
赖氨酸		6	0.15

目前，很多企业都采用近红外光谱技术分析饲料品质，具有较好的效果。山东新希望六和集团有限公司旗下的五十个工厂实验室分别采用了湿化学检测方法和近红外光谱技术测试玉米、小麦、酒糟、豆粕、菜粕和玉米蛋白粉的粗蛋白含量。分别采用中位值和标准四分位数间距法来评价两种方法，其中，中位值是处于中间位置的值，而标准四分位数间距法是类似标准偏差，但通常比标准偏差大，可用于衡量方法的重复性和再现性。由表 6-2 可知，两种方法的中位值较为接近，说明近红外光谱和湿化学方法的结果准确度较为接近，而近红外光谱的标准四分位数间距较小，说明采用近红外光谱技术的预测结果变异更小，重复性和再现性较好。

表6-2　山东新希望六和集团有限公司五十个工厂实验室对比结果[46]

比对样品粗蛋白质/%	化学分析		近红外光谱预测	
	中位值	标准四分位数间距法	中位值	标准四分位数间距法
玉米	7.89	0.11	8.00	0.07
小麦	13.58	0.16	13.70	0.15
酒糟	27.95	0.19	27.70	0.21
豆粕	46.67	0.23	46.50	0.12
菜粕	37.22	0.30	37.10	0.20
玉米蛋白粉	57.85	0.26	57.73	0.20

⊙ 在饲料企业，近红外光谱在哪些环节可以被使用？

解　答　一般饲料企业在原料验收、饲料配方优化和出库产品质检等环节都会采用近红外光谱监测，具体见图 6-5。

（1）原料验收。通过近红外光谱的在线检测可以迅速判断饲料原料的理化指标和营养指标，极大程度提高了对原料的监控力度，让原料按质论价成为可能，并且通过对原料营养指标数据获取有利于饲料配方优化调整。

（2）饲料配方优化。对混合后的样本进行实时监控，可以及时地调整配方，最大化节约饲料原料。

（3）制粒后。对制粒后的样本进行监测，可以及时记录每批样品的质量。

（4）出库产品质检。每批产品出库后都需要成分检测，采用近红外光谱技术可以实时监测记录每个产品的品质。

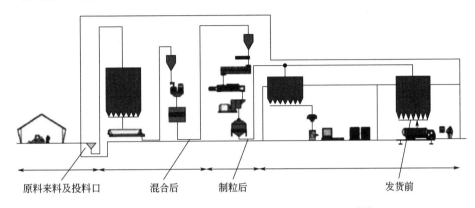

图 6-5　在线近红外光谱技术在饲料生产工艺的监控点[50]示意图

⊙ 常规饲料生产企业选择近红外分析仪应注意哪些问题？

解　答　（1）考虑选择哪种类型的近红外光谱。近红外光谱仪按分光原理可分为光栅色散型、傅里叶变换型、滤光片型以及声光可调滤光器型。饲料行业常用的有光栅色散型和傅里叶变换型。

（2）近红外光谱的性能指标的选择。性能指标主要包括波长范围、分辨率、波长准确性和重复性、吸光度准确性和重复性、噪声和杂散光。

（3）模型。模型是近红外光谱应用的核心，建立稳定、准确的近红外预测模型，需要丰富的样品资源、稳定的近红外光谱仪器、良好的实验室分析数据以及经验丰富的近红外管理人员。而且如果是规模化的集团，统一建立近红外模型并实施管理是最经济的方式。

⊙ 近红外能测定饲料的代谢能吗？

解　答　近红外光谱可以测定饲料的代谢能。近红外光谱反映含氢官能团的振动，可用于分析饲料中粗蛋白、粗脂肪、水分等化学成分。而饲料的代谢能和饲料中的化学成分具有相关性，目前，普遍采用表值的方法通过饲料的化学成分估算其代谢能。因此，采用近红外光谱技术预测饲料的代谢能具有理论可行性。目前甘肃农业大学、国家粮食和物资储备局科学研究院和四川农业大学等科研单位利用近红外光谱技术，结合化学计量学算法，构建了棉籽粕[51]、玉米[52]以及豆粕[52]的代谢能预测模型。

⊙ 近红外能测定饲料中的维生素含量吗？

解　答　近红外光谱可以测定饲料中维生素含量。维生素在畜禽代谢过程中起到重要作用，是维持动物生命活动的要素，是配合饲料的核心部分。中国农业科学院饲料研究所和中牧实业股份有限公司北京华罗饲料添加剂厂利用近红外光谱技术建立了多维预混料的定量分析模型，实现了对 12 种维生素及载体含量的快速测定[53]。

⊙ 饲料企业，近红外实际应用有哪些？

解　答　目前德国 Deuka 饲料集团、新希望六和集团、正大集团、双胞胎集团以及中牧实业股份有限公司北京华罗饲料添加剂厂等国内外知名饲料企业均已采用近红外光谱技术测定饲料中的化学成分，具体如下。

（1）德国 Deuka 饲料集团主要生产猪、家禽、牛以及宠物的配合饲料，采用近红外光谱技术在原料验收和配方的优化过程中预测饲料的水分、粗蛋白、粗脂肪、粗灰分和粗纤维等化学成分。

（2）新希望六和集团拥有 85 台近红外光谱仪，建立了 50 多个品种饲料原料的模型，分析指标有 330 个。

（3）正大集团多个分公司均采用近红外光谱仪对饲料的生产过程（原料、原料混合后、样品冷却后、成品仓以及储运后）进行分析，检测的指标包括粗蛋白、水分、粗灰分以及粗脂肪等化学成分。

（4）双胞胎集团拥有 80 多台近红外光谱仪，检测饲料原料、猪全价料、配合料和浓缩料的水分、干物质、粗蛋白、粗脂肪、粗灰分、粗纤维、氨基酸含量、中性和酸性洗涤纤维以及木质素等化学成分。

（5）中牧实业股份有限公司北京华罗饲料添加剂厂利用近红外光谱技术建立了多维预混料的定量分析模型，实现了对 12 种维生素及载体含量的快速测定[53]。

⊙ 近红外光谱分析仪器在饲料应用中有哪些优势?

解　答　（1）可以实现同时测定多个成分而且迅速，采用近红外光谱分析仪可以同时分析饲料中的粗蛋白、粗纤维、水分和粗灰分，且只需要 2～3min 左右，而采用常规分析手段测定粗蛋白（GB/T 6432—2018）大概需要 5h 左右，测定粗纤维（GB/T 6434—2006）大概需要 15h，测定水分（GB/T 6435—2014）大概需要 8h，测定粗灰分（GB/T 6438—2007）大概需要 11h。

（2）精确性高，有较好的重复性，可以减少人为的操作误差。正大集团和新希望六和集团都做过类似的比较，并得到同样的结论。

（3）无污染，无化学试剂，环保，而且不会损坏样品。

（4）近红外光谱在线分析可以实时检测饲料信息，对饲料原料实现优质优价，分类存储，及时优化饲料配方，为企业创造更多的利润。

（5）节约成本。某集团公司工厂饲料产量为 30t/h，如果采用近红外光谱技术，可以将产品出错报告的时间从 24h 缩减到 1h 内，有效控制回机返工成本，估计每年可节约 50 万元[50]。

⊙ 可以用近红外光谱分析饲料中钙、总磷和盐分吗?

解　答　近红外光谱可以反映有机物的组成与结构，而无机物与有机物具有一定的相关性，因此近红外可以预测无机物。多项研究表明，分别采用近红外光谱和传统方法检测饲料中粗灰分、钙和盐等指标，结果并没有显著性差异。因此，江西省发布了 DB36/T 1127—2019《饲料中粗灰分、钙、总磷和氯化钠快速测定近红外光谱法》。此外，宁夏大北农科技实业有限公司也发布了 Q/DBN 020—2018《饲料中水分、粗蛋白质、粗纤维、粗脂肪、钙、总磷、粗灰分、氯化钠、中性洗涤纤维和酸性洗涤纤维的快速测定》。

⊙ 透射原理的近红外在饲料行业应用怎么样?

解　答　一般来说，近红外透射适合固体原样分析，主要应用于谷物整粒分析，特别是在谷物收购和育种研究方面。而近红外漫反射技术，主要适合固体粉样或充分混合的固体颗粒样品。

⊙ 应用近红外技术可以快速测定饲料原料的氨基酸含量吗?

解　答　一般来说，饲料原料氨基酸检测的经典方法有常规酸水解法、氧化酸水解法、碱水解法和酶提取法。这些方法耗时长、破坏样品，不利于配方调整。近红外光谱法是根据氨基酸对近红外区光谱的吸收特性进行定量分析，目前已有相关的研究报道[54,55]和企业的实际应用[56]。

第三节　近红外光谱技术在食品领域的应用

食品营养成分包括蛋白质、糖、脂肪、水分等，这些成分的组成和含量影响着食品的营养、口感以及风味。酸价、过氧化值、嫩度等是评价食品品质的重要指标。除理化指标外，食品微生物指标如菌落总数、致病菌和霉菌等也影响着食品的品质和安全。此外，食品掺假、食品非法添加等食品真实性问题逐渐成为大家关注的热点。通过化学以及仪器分析手段对这些成分和指标进行分析是目前食品检测领域的常规手段，但传统检测方法往往前处理复杂、检测速度慢，且无法实现无损检测。近红外光谱技术作为一种快速、无损和无污染的检测技术，可以实现食品组分的定性定量分析。

一、近红外光谱技术用于食品检测的优势与不足

1. 无损检测

近红外光谱技术不需要对样品进行复杂的前处理，且近红外光具有一定的穿透能力，可以采集到食品内部品质的信息，因此可以实现食品成分的无损检测。

2. 检测速度快

由于近红外光谱技术省略了复杂的前处理步骤，且扫描光谱的速度非常快，通常可以在1min内采集样品光谱，并利用所建立的模型快速实现多组分同时定性定量分析，大大减少了食品检测的工作任务。

3. 人为干扰少

由于近红外光谱模型是事先建立好并集成在软件中，实验人员只需规范扫描光谱和调入数据，即可得到组分的定性定量信息，具有较好的重现性。

4. 应用范围广

近红外光谱信息来源主要是有机物中的含氢基团，因此几乎可以实现食品所有组分的快速无损检测，既可用作定性分析，也可用作组分的定量分析。对检测样品的物理结构没有特殊要求，适用于固体、液体等多种状态的食品样品分析。

5. 环保

近红外光谱技术不需要对样品进行复杂的前处理，避免了有毒化学试剂对环境的污染，节约资源。

6. 近红外光谱技术用于食品检测的不足

近红外光谱复杂，信号中谱峰重叠、基线漂移、背景干扰严重，较难直接对其进行分析，常需要借助化学计量学的手段。此外，近红外光谱技术的灵敏度不高，难以实现痕量分析。

二、近红外光谱技术在食品检测中的应用

由于近红外光谱技术具有诸多优点，其技术在食品营养成分、品质、微生物、真实性以及有害物质检测等众多方面得到了广泛的应用，见图6-6。

图 6-6　近红外光谱技术在食品检测中的应用

1. 蛋白质的检测

凯氏定氮法是蛋白质检测的常规手段，其实验操作烦琐，耗时较长，需要强腐蚀性化学试剂，是一种破坏性分析手段，检测样品无法进行二次销售。近红外光谱技术具有快速无损的优势，可实现乳品、肉制品等食品中蛋白质的测定。此外，近红外光谱技术还可实现氨基酸态氮的定量检测。氨基酸态氮含量是判定酱油、醋等调味品质量的重要指标之一，常规氨基酸态氮的检测手段有双指示剂法以及电位滴定法，操作复杂且耗时较长，不利于快速无损检测。

2. 糖的检测

食品中的糖主要包括淀粉、纤维素、蔗糖、葡萄糖和果糖等，是食品中重要的营养素以及风味物质。通常，食品中不同种类糖的用途不同，近红外光谱技术可实现对不同糖的定性定量分析。因具有快速无损的优势，近红外光谱技术被广泛用于水果中糖类、大米中淀粉等物质的测定。

3. 脂类物质的检测

食品中脂类物质的传统检测手段是索氏提取、酸水解法等，存在耗时长，无法同时实现大批量样品检测等弊端。近年来，近红外光谱技术被广泛用于肉制品、大豆、核桃、鸡蛋等食品中脂类物质的快速测定。

4. 酸度的检测

酸度是食品风味呈现的重要部分之一。食醋是一种历史悠久的酸味调味剂，而有机酸是评价食醋品质的重要指标之一。传统分析手段如滴定法、液相色谱法等存在检测时间较长、样品无法二次销售等缺点，近红外光谱技术可实现食品中酸度的快速无损测定，具有较好的预测精度和稳定性。

5. 水分的检测

水分是食品品质的重要指标之一，如肉的嫩度与水分紧密相关。传统水分分析手段多为直接干燥法、减压干燥法、蒸馏法以及卡尔费休法等，但实验操作复杂且耗时较长。由于水分对近红外有强吸收，故近红外光谱技术可实现食品中水分含量准确、快速、无损的测定。

6. 其他化学成分的检测

近红外光谱技术还可实现酒中酒精度、黄酮、茶叶中的茶多酚和咖啡碱、油脂中的酸价和过氧化值等化学成分和指标的无损检测。

7. 食物微生物的检测

微生物中的核酸、蛋白质等成分产生的光谱信息不同。因此，近红外光谱技术可用于微生物的定性和定量检测，如食品中菌落总数、致病菌、霉菌以及毒素的检测，还可用于微生物发酵过程中活菌数量的在线监测。然而，近红外光谱技术的灵敏度不高，较难实现痕量微生物的检测。

8. 食物真实性的检测

近年来，假奶粉事件、地沟油事件、假酒事件等不断发生，一系列重大食品安全事件严重危害到广大人民的身体健康。近红外光谱技术因其快速、无损、简单、高效的优点，被广泛用于食品真实性检测，如乳制品的品种产地鉴别以及肉类、酒类和饮料掺假鉴别等。通过建立鉴伪模型，可以快速获得检测对象是否掺假、掺假种类及掺假比例等信息。

9. 食物污染物的检测

现有研究表明，近红外光谱技术可用于乳制品中三聚氰胺、面粉中滑石粉等食品污染物的检测。然而，近红外光谱技术尚较难实现对于低含量的食品污染物如农药与兽药残留的检测，以及无近红外吸收的污染物如重金属等物质的准确定量分析。

三、问题与解答

⊙ 近红外光谱技术在乳制品检测中的应用有哪些?

解　答　（1）乳制品各类理化指标（蛋白质、脂肪、乳糖、水分、灰分、酸度、硬度、黏度、保水力等）的分析。

（2）乳制品产地、品牌、品种的鉴别分析。

（3）乳制品（奶酪）成熟期分析、乳制品发酵过程的监测、乳制品储存温度和时间的质量评估。

（4）乳制品的掺假鉴别。Amsaraj 等[56]利用近红外光谱技术结合化学计量学方法实现了牛奶中多种掺假物（淀粉、尿素和蔗糖）的同时检测。Wang 等[57]采用可见近红外光谱技术结合化学计量学方法实现了商业婴儿配方奶粉的质量评估和过程控制。

⊙ 近红外光谱技术可以检测乳制品的哪些成分？

解 答 近红外光谱技术可以检测的乳制品成分有蛋白质、脂肪、碳水化合物、乳糖（婴幼儿配方乳粉）、尿素氮和总固形物等。近红外光谱技术能在短时间内实现乳品中的多种组分同时检测，在乳制品成分在线检测领域更具优势。

⊙ 对于液态乳和固态乳，最佳近红外检测方式是什么？

解 答 （1）现有文献表明，固态乳（奶粉）最常用的近红外检测方式是基于积分球的漫反射检测模式。

（2）液态乳近红外检测方式主要是透射以及漫反射方式，当选择透射检测方式时，应选用 1mm 光程样品池；当选择漫反射检测方式时，应保证液面高度大于 4cm，防止光线直接透过样品，以消除样品厚度导致的光谱差异。

⊙ 近红外光谱技术能否检测乳制品中三聚氰胺和抗生素？检出限是多少？

解 答 现有文献表明，近红外光谱技术在一定程度上可以实现乳制品中三聚氰胺以及香兰素的检测。张露等[58]采用可见近红外光谱技术实现了牛奶中浓度为 100～1000mg/kg 三聚氰胺的检测。Zhao 等[59]利用近红外高光谱成像技术实现了来自不同品牌婴儿配方奶粉中的香兰素和三聚氰胺的定量分析。然而，在实际分析时，由于抗生素含量较低，近红外光谱技术的灵敏度较难实现抗生素的检测。

⊙ 近红外光谱技术能否用于不同品牌奶粉以及液态奶的鉴别？

解 答 现有文献表明，采用漫反射模式，近红外光谱技术可用于不同品牌奶粉以及液态奶的准确鉴别分析。管骁等[60]采用近红外光谱漫反射模式结合化学计量学方法实现了光明、荷兰、雀巢以及伊利奶粉的准确鉴别。图 6-7 为三类乳粉的近红外光谱图。不同品牌液态奶的近红外光谱图较为相似，在 7000～5000cm⁻¹ 波段存在明显区别，利用这些光谱信息可用于不同品牌液态奶的鉴别[61]。此外，当选择漫反射检测方式时，应保证液面高度大于 4cm，防止光线直接透过样品，以消除样品厚度导致的光谱差异。

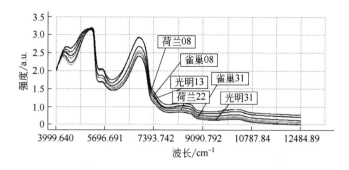

图 6-7　光明、荷兰、雀巢三类乳粉的近红外光谱图[60]

⊙ 近红外光谱技术能否用于鲜乳、复原乳以及掺有复原乳的鲜乳的鉴别？最低检出掺假
比例为多少？

解　答　鲜乳是乳制品的主要原料，复原乳是奶粉兑水加工调制的牛乳，其营养
价值不如鲜乳，但成本较低。某些不法厂家采用价格较低的复原乳作为生鲜乳售
卖。鲜乳和复原乳的近红外光谱图较为相似，随着复原乳掺假比例的增加，其光
谱图有向下漂移的趋势，这种趋势主要是由于脂肪球大小以及数量差异所导致的
散射不均引起的。复原乳的光谱特征波段主要有 950nm、1140nm 和 1100～
2500nm。随着复原乳掺入浓度的升高，近红外光谱图在这些位置有明显的不
同[62]。此外，现有文献表明，结合化学计量学方法（人工神经网络等），可以实
现掺入 20%以上复原乳牛乳的准确鉴别[63]。

⊙ 近红外光谱技术能否鉴别奶粉中掺入的大豆蛋白粉和尿素？最低检出掺假比例为多少？

解　答　现有文献表明，近红外光谱技术结合化学计量学方法可以实现一定
浓度大豆蛋白和尿素掺假奶粉的鉴别分析，其中大豆蛋白和尿素掺假的判别
限分别为 0.3g/100g 和 0.2g/100g，掺假物的识别限分别为 0.5g/100g 和
0.8g/100g[64]。

⊙ 近红外光谱技术能否鉴别不同饲养方式以及挤奶方法下获得的液体乳？

解　答　现有文献表明，近红外光谱技术结合化学计量学方法可以鉴别不同
饲养方式下获得的液体乳。Mouazen 等[65]利用可见近红外光谱技术结合化学
计量学方法实现了不同喂养系统（牧养和舍饲）和基因型的奶样中灰分、密
度、脂肪、凝固点、乳糖、干物质中非脂肪、pH 和蛋白质的定量分析。此外，

不同的挤奶方法下液体乳近红外光谱无差异，表明不同的挤奶方法对乳液光谱影响较小[65]。

◉ 近红外光谱技术能否鉴别掺有牛乳的驼乳或羊奶？最低检出掺假比例为多少？

解 答 现有文献表明,利用近红外光谱结合化学计量学方法可实现掺有牛乳的驼乳（最低检出掺假比例为 1.5%）[66]，掺有牛乳的羊乳（最低检出掺假比例为 5%）[67]的准确鉴别。

◉ 乳制品大多存在聚乙烯膜的外包装,聚乙烯膜包装对乳制品近红外检测是否有影响？

解 答 聚乙烯膜包装对乳制品近红外检测有较大影响。包装奶酪的聚乙烯膜中有大量的 C—H 基团，在 $5960\sim5600cm^{-1}$ 和 $4500\sim4000cm^{-1}$ 两个波段有明显吸收，乳制品信息也主要存在于这两个波段。一般选择其他波段避开包装材料的干扰[68]。

◉ 近红外光谱技术在乳制品检测中的局限性有哪些？

解 答 （1）液态奶近红外光谱受水的影响较大。

（2）目前关于液态奶掺假的检测基本停留在定性阶段，且仅限于少数掺假物质的检测，检测精度较低。

（3）缺乏成熟稳定的模型数据库，在线检测商业化应用还需进一步研究。

（4）近红外光谱技术较难实现低含量的危害物如抗生素残留的检测。

◉ 近红外光谱技术在茶叶检测中的应用有哪些？

解 答 （1）鲜叶成熟度分析、鲜叶产地以及品种鉴别、鲜叶收购价格评估。

（2）成品茶的产地溯源、品种鉴别、茶叶定级评估。

（3）生物活性成分的定性与定量分析。

（4）茶叶发酵度分析、茶叶生产过程中含水量在线检测。图 6-8 为 8 个品种绿茶（小山茶、大山茶、杨山春绿、九华山毛尖、五云龙潭、蓝天茶、十八盘毛峰以及仰天雪绿）的近红外光谱图[69]。任广鑫等[70]对近红外光谱技术在茶制品关键组分快速检测、茶制品质量控制、光谱快速分析仪创制和技术标准开发中的研究进行了综述，并对近红外光谱技术在茶叶分析中的发展方向进行了展望。

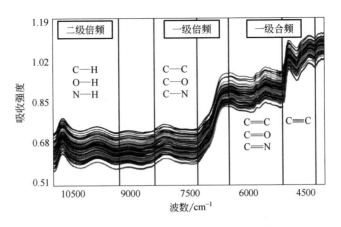

图 6-8　不同品种绿茶的近红外光谱图[69]

⊙ 近红外光谱技术可以检测茶叶中的哪些成分？最佳检测方式是什么？

　　解　答　近红外光谱技术可以检测茶叶中的水分、总氮、游离氨基酸、茶多酚、儿茶素、咖啡因、脂溶性色素以及茶氨酸等成分。最佳检测方式是以茶粉为检测对象，并采用积分球的漫反射模式。

⊙ 微型近红外光谱技术在茶叶检测中的应用有哪些？

　　解　答　现有文献表明，微型近红外光谱技术已被用于茶叶中掺假物质的检测、不同品种茶叶的鉴别以及茶口味属性的评价。Li 等[71]利用基于智能手机的微近红外光谱技术对绿茶中掺假物质（糖与糯米淀粉）进行了定性和定量分析。Wang 等[72]利用微型近红外光谱仪结合化学计量学实现了红茶、绿茶、黄茶和乌龙茶的准确鉴别，并且实现了四种茶叶中儿茶素、咖啡因和茶氨酸的定量分析。Wang 等[73]对来自五个国家的 56 个红茶样品进行研究，并利用微型光谱仪实现了红茶口味属性（苦味、涩味）的评价。

⊙ 近红外光谱技术在酒类检测中的应用有哪些？

　　解　答　现有文献表明，近红外光谱技术在酒类检测中的应用较为广泛，可用于白酒、啤酒、葡萄酒、黄酒等各类酒以及酒醅的检测。
　　（1）酿酒原料及中间产物理化指标的检测。
　　（2）成品酒以及发酵过程中的酒精度、总酸、pH 值等在线检测。
　　（3）杂醇等呈香呈味物质含量的测定。

（4）不同品种酒、不同年份黄酒、掺假酒的鉴别等。

（5）其他的一些应用：Li 等[74]利用可见近红外光谱技术结合化学计量学方法对 22 种、10 个品牌、6 种口味的中国白酒样品进行了分析和鉴定。Power 等[75]利用近红外光谱技术与化学计量方法实现了不同威士忌及掺假酒的鉴别。Viejo 等[76]利用近红外光谱技术和化学计量学方法对啤酒的起泡性和化学成分进行了质量评价。张树明等[77]采用近红外光谱和电子鼻技术对葡萄酒酒精发酵过程进行了动态采样检测，通过化学计量学方法（主成分回归和偏最小二乘回归）实现了酒精度的监控和预测。

⊙ 近红外光谱技术可以检测酒的哪些成分？

解 答 酒精度；辛酸乙酯、已酸乙酯、乙酸、乙酸乙酯、乙醇等风味物质含量；总酸、pH 值；总糖；总 SO_2、游离 SO_2；氨基酸态氮；啤酒的真实浓度以及原麦汁浓度；基酒中总酯含量以及酮类物质；酒醅的水分、酸度、还原糖、淀粉和酒精度。Liu 等[78]利用近红外光谱技术实现了中国白酒中辛酸乙酯的定量分析。高畅等[79]利用近红外光谱技术实现了白酒基酒中总酯含量的定量分析。李嘉琪等[80]建立了十里香酒醅的水分、酸度、还原糖、淀粉和酒精度等指标的近红外检测模型。结果表明，近红外光谱技术是一种快速、无损、方便、快捷和低成本的测定酒各项指标的方法，适合于大批量样品的检测，具有较好的应用前景。

⊙ 酒醅样品近红外光谱测定时需要注意什么？

解 答 采样前，应尽量搅拌发酵罐中的酒醅，使之充分混合均匀，用纱布过滤酒醅样品，除去麦壳等流动性较差的大颗粒物，以减少样品不均匀带来的误差。随着发酵时间的延长，酒醅中大部分固体颗粒物分解而变得更小，水和乙醇等小分子物质得到释放，使得酒醅由浓稠渐渐变稀，导致前后发酵罐的样品物理性状具有一定的差异性。因此除去这部分固体大颗粒物，可以增强样品光谱的一致性和代表性。

采集酒醅样品光谱时，酒醅样品在装入样品杯前应充分摇匀，并尽快进行近红外光谱扫描，避免因沉降而发生分层现象，装样量应大于样品杯容量的 2/3，扫描时保持样品杯低速旋转以消除样品的不均匀性[81]。

⊙ 测试容器是否影响酒类近红外光谱的检测？

解 答 常见酒类样品测试方式有测试盘和测试瓶。如图 6-9 所示，采用测试瓶的光谱比直接测试的光谱峰形更明显，峰的分离度效果更好。当样品量足够覆盖测试瓶的底部时，选取测试样样品的量越少越好。其原因是样品量越少其形成的厚度越薄，红外的穿透效果越好。当样品量太少，不能完全覆盖测试瓶的底部时，其谱图是杂乱的。当样品量太多，其峰形变得不明显，分离程度不好[82]。

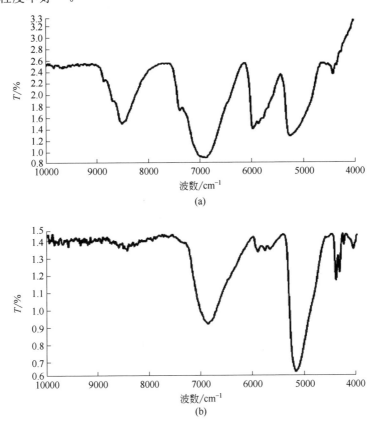

图 6-9　直接滴加近红外光谱图（a）；测试瓶测试近红外光谱图（b）[82]

⊙ 近红外光谱技术能否实现酒类样品中的金属元素检测？

解　答　现有文献表明，近红外光谱技术可以实现酒类样品如白酒、黄酒中的金属元素检测。金属离子在近红外谱区的吸收主要与金属阳离子和氢键的络合有关。近红外光谱分析技术已应用于白酒中钾、钠、镁、钙、铜和铁离子[83]的检测，黄酒中钾、钙、镁、锌和铁离子的检测[84]。

⊙ 近红外光谱技术在醋检测中的应用有哪些？

解 答 （1）对不同品种、生产方式以及酿造季节醋的鉴别。

（2）掺假醋的鉴别。

（3）总酸、总多酚、有机酸、pH 值、还原糖、可溶性无盐固形物、可溶性固形物、不挥发酸以及氨基酸态氮等定量分析。

（4）食用醋产地判别，Shi 等[85]利用近红外光谱透射技术鉴别了来自中国 11 个省、14 个产地的 95 份醋样品（陈醋、香醋、米醋、果醋和白醋）。

⊙ 近红外光谱技术可以检测醋的哪些成分？

解 答 近红外光谱技术可以检测醋的总酸、总多酚、有机酸、pH 值、还原糖、可溶性无盐固形物、可溶性固形物、不挥发酸以及氨基酸态氮。Sedjoah 等[86]采用近红外光谱技术实现了桑醋发酵过程总酸和总多酚含量的监测。Liu 等[87]利用近红外光谱技术和化学计量学方法实现了果醋有机酸和 pH 值的定量分析。朱丽红等[88]利用近红外光谱技术结合改良的偏最小二乘法建立了老陈醋陈酿过程中不挥发酸、氨基酸态氮的近红外定量分析模型。

⊙ 近红外光谱技术是否可以直接用于玻璃瓶装醋的检测？

解 答 当采用透射方式时，玻璃包装对入射光源强度影响较大。宋海燕等[89]在对瓶装醋进行定性分析时，发现玻璃包装在 1660nm 波长附近有吸收。此外瓶装醋检测获得的吸光度最大值不超过 4，低于比色皿检测获得的吸光度最大值（约为 6），说明玻璃包装在近红外区域对瓶装醋的检测有一定影响。总体上，羟基含量不一的玻璃容器对光谱影响较大，光谱预处理效果往往不佳，检测结果的重现性较差。因此，要有较好的重现性，需要选择低羟基石英材料制作的采样杯（池、器皿）。

⊙ 近红外光谱技术在酱油检测中的应用有哪些？

解 答 （1）不同品牌酱油的鉴别。

（2）酱油品质指标（总氮、总酸以及氨基酸态氮）的定量分析，Hu 等[90]利用近红外光谱技术实现了酱油品质参数（氨基酸态氮、盐、总酸和颜色比）的定量分析。Xu 等[91]利用近红外光谱技术实现了酱油中总氮含量的快速准确检测。

此外，值得注意的是，光程对酱油品质参数定量模型有较大影响。随着光程的增大，酱油样品的吸光度值也越来越大。胡亚云等[92]研究了不同光程石英比色皿对酱油中总酸和氨基酸态氮定量分析模型的影响，结果表明采用 1mm 光程的近红外透射光谱通过 OPUS 软件优化处理后的定量模型最优。

光谱扫描参数对酱油品质参数定量模型有较大影响。胡亚云等[93]对酱油中总酸和氨基酸态氮定量分析的近红外光谱透射扫描参数进行了优化，结果表明最佳光谱扫描参数为：光谱扫描频率范围 12000～4000cm^{-1}，分辨率 8cm^{-1}，扫描次数 64 次。

⊙ 近红外光谱技术在肉检测中的应用有哪些?

解　答　（1）掺假肉（如注水肉，注胶肉，廉价肉代替贵价肉）鉴别。

（2）微生物检测。

（3）营养指标（pH 值、水分含量、蛋白含量、脂肪含量）测定。

（4）碎肉及品种的鉴别。

（5）颜色、保水性、纹理、嫩度和新鲜度等品质指标检测。Silva 等[94]利用便携式近红外光谱仪实现了碎肉中牛肉、猪肉和鸡肉的定量分析，其中牛肉的定量结果最好。Cheng 等[95]利用近红外光谱成像技术实现了冷冻肉的脂质氧化分析。

⊙ 近红外光谱技术可以检测肉的哪些成分?

解　答　近红外光谱技术可以检测肉制品中的脂肪、蛋白质、水分、pH 值、硫代巴比妥酸反应物（TBARS）以及矿物质含量。Dixit 等[96]采用不同近红外光谱仪对冻干样品中肌内脂肪含量（IMF）进行了定量分析，结果表明台式和手持式仪器的预测模型更为准确。微型仪器易受到环境干扰，但微型仪器和手持式仪器依旧可以实现新鲜羊肉的准确分类。Patel 等[97]利用了不同便携式近红外光谱仪实现了牛肉中 20 种矿物质含量的定量分析。

⊙ 新鲜猪肉和长期冻藏肉的近红外光谱是否存在明显差别?

解　答　冷冻技术被广泛用于肉品的保存。冷冻会使得肉中大量蛋白质发生变性，肌纤维之间的距离疏远，肉质适口性变差。此外，冻肉依旧能较慢地发生腐败变质，加之脂肪氧化等因素，肉品风味变差。赵钜阳等[98]采集了 60 组新鲜猪肉和长期冻藏肉的近红外光谱，发现两组谱图的整体走势大抵一致，冷冻条件会改变猪肉的光谱强度，但不会改变谱峰的位置。1300 nm/1890 nm 的光谱比值与冷藏时间之间呈反比关系。采用平滑和标准正态变量变换预处理方法结合 Fisher 线性判别法可实现两者准确鉴别分析。

⊙ 注胶肉近红外光谱的光谱特征有哪些?

　　解　答　图 6-10 为 0%、10%、20%、30%掺胶量的注胶肉近红外光谱。从图中可以看出,在 980nm、1200nm 以及 1450nm 处有明显的吸收峰,其中 980nm、1450nm 处出现的吸收峰主要是由水分含量不同所引起的,在 1200nm 左右出现的吸收峰主要是由 C—H 键第二泛音振动所引起的;随着掺胶量的增加,样品光谱反射率逐渐增大,造成这种现象的原因是由于含胶量的增加导致肉糜产品的保水性增强以及含水量升高,高含水量肉糜中含 H 基团含量增加,致使样品的反射率增强[99]。

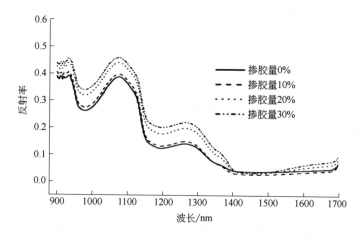

图 6-10　0%、10%、20%、30%掺胶量的注胶肉近红外光谱[99]

⊙ 采用近红外光谱技术能否鉴别正常肉和注水肉?

　　解　答　正常肉和注水肉近红外光谱差别较小。正常肉与注水肉近红外光谱差异主要存在于 1818~1842nm 波段。采用这个波段结合模式识别方法可实现正常肉和注水肉准确鉴别分析[100]。

⊙ 近红外光谱技术在油脂检测中的应用有哪些?

　　解　答　(1)食用油各项理化指标(游离脂肪酸的含量、碘值、酸值、过氧化值、皂化值等)的快速检测,但关于食用油脂的皂化值和极性组分测定的研究比较少。

（2）食用油掺假无损检测。

（3）食用油原料（如玉米、棉籽、油菜籽等）含油量的无损分析。

⊙ 近红外光谱技术能否实现地沟油的鉴别？

解　答　现有文献表明，近红外光谱技术可以实现地沟油的鉴别。赵静等[101]以 7 个品种的 77 份合格食用植物油、28 份不合格植物油和 118 份地沟油作为研究对象，利用近红外光谱技术实现了地沟油与合格食用植物油及不合格植物油的准确鉴别。不过，由于地沟油来源渠道多、成分复杂，至今缺少公认的、通用性强的鉴别检测方法。

⊙ 近红外光谱技术能否实现转基因油的鉴别？

解　答　目前，尚无近红外光谱技术用于转基因油脂的鉴别研究。食用植物油中转基因成分含量低，近红外光谱技术较难实现痕量分析。不过近红外光谱技术可实现转基因油脂原料的鉴别，现阶段已有近红外高光谱成像技术用于转基因油脂原料（大豆）快速无损鉴别的相关研究[102]。

⊙ 近红外光谱技术在油脂检测中的局限性有哪些？

解　答　近红外光谱技术在油脂检测中有一定的局限性。油脂检测的关键指标物质在近红外光谱区的吸收较弱，其检测限通常在 0.1% 左右。另外，近红外光谱分析须收集整理大量的有代表性的样品建立校正模型，前期投入较大。

第四节　近红外光谱技术在制药领域的应用

一、应用概述

近红外光谱分析技术已被广泛应用于制药行业，能够在生产过程中实现在线检测，可为工业生产提供大量的数据支持，实现制药过程分析，信息化、数字化、大数据、人工智能协同作业，助力生产过程的精准化控制，提高产品品质。因此近红外光谱分析技术也是智能制造的关键技术之一。

国外近红外光谱技术在制药领域的应用相对较为成熟，《欧洲药典》《英国药典》《美国药典》已把该项技术作为一种标准的检测方法，其检测数据也得到美国 FDA 的认可。美国卫生及公众服务部、美国食品药品监督管理局、药物评价和研究中心于 2021 年 8 月共同发布了《近红外分析程序的开发和提交》工业技术指南，为近红外光谱技术在制药工业领域的推广应用提供了可以遵循的法规，对近红外光谱技术在制药领域的规范化应用极具参考价值。2005 版、2010 版、2015 版和 2020 版《中国药典》都将"近红外分光光度法指导原则"列入目录，2021 年 5 月中国仪器仪表学会发布《中药生产过程粉体混合均匀度在线检测 近红外光谱法》团体标准 T/CIS 11001—2020。但整体来说，我国目前这一领域的应用还有待于进一步提升，并完善相应的标准和法规。

二、问题与解答

⊙ 近红外光谱分析技术在制药领域可应用于哪些生产工艺？

解 答 近红外光谱分析技术在制药领域主要应用于以下方面：原辅料理化性质检测、API 合成及分离纯化工艺；带式干燥工艺、流化床（喷雾干燥）工艺、生物发酵工艺；混料过程均匀度检测、制粒工艺、压片工艺、包衣工艺；提取浓缩工艺、柱色谱工艺、醇沉工艺、逆流萃取工艺、中药材质量控制等。

⊙ 近红外能否在制粒工艺中检测粒径指标和成分含量？如何检测？

解 答 可以。常用制粒工艺包括：一步制粒，流化床制粒，喷雾干燥制粒，湿法制粒，干法制粒，离心制粒，挤压制粒，滚压制粒等。近红外光谱反映的是分内部倍频和合频的信息。粒径检测方面，颗粒度大小不同，表面积不同，光的散射不同，对近红外光的吸收不一致，反映在光谱上的图谱也有差异。将近红外光谱仪安装到制粒设备上，通过合理的预处理和建模方法可以解析粒径分布、粒径大小、水分以及有效成分含量等，见图 6-11，图中圆圈内为近红外光谱仪安装位置。

图 6-11　近红外光谱用于颗粒粒径的在线检测示意图

⊙ 在混合工艺中近红外能解决什么问题？具体工作原理是什么？

解　答　混合过程控制药效成分（API）与辅料的混合均匀度，在制药过程中发挥着极其重要的作用，混合时间过短会造成混合不均匀，对产品质量一致性和药效产生影响，反之，不仅会造成人力物力浪费，而且有时会出现"反混合"的情况。近红外光谱技术可以准确判断混合均匀度的终点，对混合过程光谱最为常用的化学计量学算法是移动块标准偏差法（moving block standard deviation，MBSD），MBSD 算法的实现过程是以 n 个连续光谱为一个窗口，计算窗口内光谱每个波长下的平均标准偏差，然后求得整张光谱的平均标准偏差，即为该窗口的 MBSD 值。通过将窗口沿样品光谱方向逐步移动，进而表征样品光谱之间的

差异，计算公式：$S_i = \sqrt{\dfrac{1}{n-1}\sum_{j=1}^{n}(A_{ij} - \overline{A_i})^2}$，$S = \dfrac{1}{m}\sum_{i=1}^{m}S_i$；其中，$A_{ij}$ 为第 j 个波长

在第 i 个波长的吸光度；A_i 为窗口内光谱在第 i 个波长处的平均吸光度；S_i 为第 i 个波长的平均标准偏差；m 为光谱波长数。

　　MBSD 方法是混合终点判断研究中使用最为频繁的一种定性判别方法，这种方法无需复杂的建模过程，使用起来方便快捷。混料的均匀度在整个混料时间内呈现波动状态，由于批次性差异的存在，每个批次的均匀度变化情况都不一样，采用近红外在线检测技术能够直观反映均匀度的变化情况，选择最佳混合均匀度终点，保证混合的均匀度达到最佳。

⊙ 在混合、干燥及制粒等固体制剂生产工艺中，近红外光谱设备如何在线安装？需要考虑哪些因素？

解　答　一般安装在物料和制药设备频繁接触的位置，以便获得更具有代表性的物料光谱信息，需要提前在该位置安装近红外专用的蓝宝石视窗，这种视窗不仅具有高耐磨性、高强度、高透过性、易清洁等优点，还避免了光谱探头和物料直接接触而造成的药品污染。同时为了设备安装方便，便于拆装、不破坏混料罐主体结构，在线取样化验方便，混合工艺中，一般对于方锥混料机，在混料罐盖子上开孔安装，二维混料机在出料口端靠近混料罐主体位置安装。干燥及制粒工艺中，为了保证在线检测时光谱采集样品与化验样品的对应性，尽可能顺着物料流动方向，在视窗下游位置就近取样。

⊙ 近红外光谱在混料工艺中的检测结果如何和国家标准方法进行比对？

解　答　当近红外在线智能检测系统判断混合终点后，混合设备停机取样，取样方式采取截面 10 点取样法，见图 6-12。按照国标方法检测待测成分含量并计算相对标准偏差（RSD）值，确定是否符合均匀度国标。

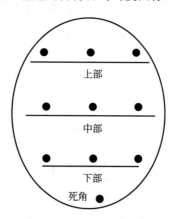

图 6-12　10 点取样法示意图

⊙ 近红外光谱技术可以用于哪些干燥工艺？如何检测水分？

解　答　近红外光谱技术可以用于喷雾干燥工艺、流化床干燥工艺、旋转闪蒸干燥工艺、气流干燥工艺、带式干燥工艺、沸腾干燥工艺、冷冻干燥工艺、真空干燥工艺等。传统干燥工艺方式主要是控制水分含量，水分检测都是采用离线烘箱法进行检测，没有在线检测手段，因此传统工艺无法实时在线监控。近红外光谱分析技术可以检测含氢基团，水中含有氢氧键（O—H），在近红外波段有较为明显的吸收峰，所以能够用于检测物料中水分的含量。将近红外光谱仪安装到干燥设备上，建立水分含量定量测定的数学模型，并能传输给中控系统，实现在线监控，见图 6-13，图中圆圈内为近红外光谱仪安装位置。在干燥过程中检测水分，需要注意的是一定要保持光谱和物料的对应关系，因为水分含量是个变化的值，而非物料的本质属性，如果不能和近红外光谱保持一一对应的关系，则很难得到预测能力满意的模型。

图 6-13　近红外光谱在线检测水分含量示意图

⊙ 在中药生产中近红外光谱分析技术可以应用到哪些生产工艺中？这些工艺目前存在哪些问题？

解　答　中药生产中最为常用的工艺包括：提取工艺、浓缩工艺、柱色谱工艺、醇沉工艺、逆流萃取工艺等，均有相关的近红外光谱技术应用报道。采用近红外光谱仪可对以上工艺中的指标成分的变化进行在线检测，准确把握工艺终点，提高生产效率，节约能源，保证产品质量。

目前中药生产中最为常用的工艺为提取工艺和浓缩工艺，目前这两种工艺均存在有待改进的问题。提取是中药生产过程中的高能耗的生产工艺，其工艺方法、工艺流程的选择和设备配置都将直接关系到中药的质量和临床效果。中药蒸发浓缩的基本过程就是不断地加热以使溶剂汽化和不断地排除所产生的蒸汽。蒸发浓缩可在常压或减压下进行。蒸发时液体必须从周围吸收热量，为提高蒸发效率，生产上蒸发浓缩多采用沸腾蒸发。传统提取浓缩生产工艺都是以固定的时间进行判断，没有考虑中药材产地、产区、年份等的影响，不能充分提取物料内部有效成分或者过度消耗能源，造成浪费。上述问题也说明了在中药的提取、浓缩工艺中进行在线监测的必要性。

⊙ 中药提取、浓缩工艺中检测哪些指标？需要注意哪些问题？有什么解决方案？

解 答 终点判断时，提取工艺主要检测有效成分含量，浓缩工艺主要检测含固量及密度。在检测过程中，主要的影响因素有：气泡影响；光程选择；清洗功能；温度因素；现场取样；光谱预处理因素；常用解决方案如下。

（1）首先含有气泡的药液与正常药液在光谱上存在很大差异，可以通过光谱过滤的形式消除异常光谱的影响。将近红外光纤探头安装在流通池底部位置，可以避免气泡在光纤探头之间停留，保证采集到更多有效光谱。

（2）为了降低气泡的影响，可以缩短光纤探头之间的距离，2～3mm，但为了解决不同场景下应用的情况，光程变成可调节模式，采用螺距方式定位，如图6-14示意，不同螺距的方式决定了不同的光程。

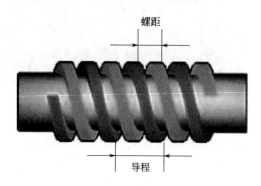

图6-14 螺距方式定位示意图

（3）清洗方式。常用的清洗方式包括以下3种。①主管道安装方式，在每个批次结束之后，可以随罐体一起进行清洗（推荐）。②定制化流通池，见图6-15。在流通池中心部位构建旁路，与探头形成垂直关系，旁路连接车间纯化水，可以通过控制管道中纯化水来清洗光纤探头，洗后的水直接排掉即可。然后开启设备，通过软件扫描光谱，比对此时的光谱吸光度与空气吸光度的差异，进而判断探头是否清洁干净，如果未清洗干净，继续重复以上步骤即可。③人工清洁。定期将光纤探头取下，人工清洗蓝宝石视窗后，再按原定位置装好。

（4）在建立数学模型时，温度因素已经包含在模型内部，可对不同温度下的样品进行准确预测。

图 6-15　定制化自清洗流通池示意图

A—近红外光；B—纯化水；C—浓缩液

（5）如果设备内为真空负压状态，液体无法依靠重力流出，可采用双阀门取样装置，见图 6-16，通过双阀门的轮流开关，实现在线取样。

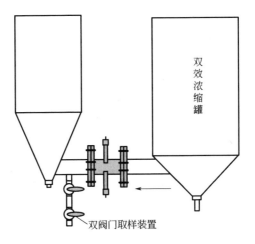

双阀门取样装置

图 6-16　双阀门取样装置示意图

⊙ 中药提取工艺中如何选取合适的流量泵才能实现料液的 100%检测?

解　答　对于中药提取工艺，需要增加多个附件，包括流量泵、过滤器、电磁阀等，见图 6-17。但是要实现 100%检测，还需要将多个参数进行匹配。例如：选择旁路检测方式，如果选择流量泵参数为：流量 5t/h，扬程 24m，功率 1.5kW，进出口 DN25。按照管道内容量为 20L 计算，旁路循环一次需要时间为：20L/流量=14.4s，如果提取罐药液量为 4.5t 计算，提取罐内药液全部循环 1 次需要的时间为：4.5t/流量=54min＜60min，一个提取工艺需要 60min，完全符合 100%检测要求。

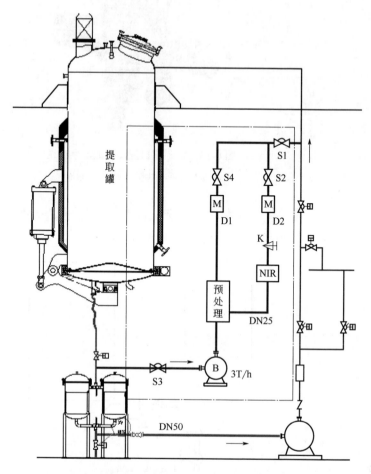

图 6-17　流量泵取样在线近红外分析示意图

NIR—近红外在线流通池；K—取样阀门；S1，S2，S3，S4—手动隔膜阀；

D1，D2—防爆电磁流量计；B—卫生级防爆离心泵

⊙ 如何利用近红外光谱分析技术对细菌等微生物进行检测？

解　答　国家药典规定必须对各工艺段的微生物指标进行检测，常规检测方法是做微生物培养，对菌落计数。该方法操作复杂，费时费力，不能保证实时在线和连续化生产的要求。近红外光谱分析技术符合快速菌检的要求，采用近红外光谱仪可以对物料中的微生物进行扫描，由于微生物种类繁多，目前在细菌、霉菌的

检测中已取得了较好的应用成果。由于样本中菌体数量跨度范围太大,从十几个到几千个,必须分段建立数学模型,通过先定性后定量的方式予以解决。定性判别样品菌体数量属于哪个数学模型,然后通过调用对应的数学模型预测具体的菌体数量,实现快速菌检。

⊙ **如何利用近红外光谱分析技术检测发酵产物中的蛋白质含量?**

解 答 蛋白质是复杂的含氮有机化合物,不同蛋白质的含氮量不同,测定蛋白含量一般采用凯氏定氮法,但该方法操作步骤烦琐,消耗试剂(如浓硫酸、氢氧化钠等),检测时间长。近年来多采用蛋白质分析仪进行测定,但仍需要对样品做复杂的预处理,费时费力。采用近红外光谱分析技术可缩短检测时间,能快速预测发酵产物中的蛋白质含量,不仅可以避免因为时效性差而引起的目标产物产量不稳定,还可以防止因为外界环境变化引起的蛋白质失活变性。同理,发酵的其他目标产物,如抗生素、维生素、有机酸等,也可以利用近红外光谱仪来快速预测目标产物含量。

⊙ **怎样把近红外光谱分析技术应用于药物结晶过程?**

解 答 结晶是指溶质自动从过饱和溶液中析出形成新相的过程,这一过程不仅包括溶质分子凝聚成固体,也包括这些分子有规律地排列在一定的晶格中。药物晶型的设计影响到药物的稳定性、纯度、溶出速率、流动性、压缩堆密度以及生物利用度,因此通过结晶控制实现对药物晶型形态的控制显得尤为重要。将近红外检测技术应用于药物结晶过程,可以实现在线结晶度的检测,确定多晶型,提供有关晶体结构的信息。

⊙ **近红外光谱分析技术在原料检测环节如何应用?**

解 答 近红外光谱仪可以对原辅料进行定性及定量检测,对化学药物原料药进行定性识别,对中药材的产地、级别、真伪、采收时节、炮制方式等进行判断。不仅提高了检测效率,更为产品的安全性及质量的稳定性提供了可靠的保证,使原料全检成为现实。

⊙ **在中药材的种植过程中,利用近红外光谱技术可以检测土壤中的何种成分? 有什么应用价值?**

解 答 自然生长的中药材,从种植到采摘,外界环境比如光照、水分、肥料等都会对中药材中有效成分的含量产生重要影响,因此对原材料的质量把控就显得更为严格。便携式近红外光谱仪可以秒级速度对土壤中的有机质、氮、磷、钾等指标进行快速准确的检测,并根据土壤中各成分的含量不同,针对性地施加相应的肥料或采用有效的管理措施快速指导中药材种植,进行科学化的田间管理,指导农业生产,从源头稳定原料品质。

⊙ 在中药材收购过程中如何做到真假识别、按质论价?

解 答 我国中药材种植面积大,品种数量多,同一药材的产地很多,地域性差异很大,使得中药市场中同物异名、同名异物、一药多源,同类药材的品质存在较大差异。在经济利益的驱使下,中药材以假充真的现象在中药材收购过程中时有发生,给种植户、收购商、制药厂家造成巨大的经济损失。传统的方法是靠眼观、手摸、鼻嗅、口尝等主观、经验性的方式去判断药材的真伪,没有一个准确的量化结果。近红外光谱技术在检测过程中,不需要烦琐的样品前处理、不使用化学试剂、节能环保、简便快捷,可通过建立中药材定性模型快速进行真伪鉴别,杜绝主观判断的失误。在中药材收购现场,该方法可以在短时间内准确检测出多个有效成分含量,做到优质优价。

⊙ 中药材检测环节的现状如何? 面临哪些问题? 如何将近红外光谱分析技术应用于中药材产业链?

解 答 当前处于信息技术发展的新时代,中药材的鉴定缺乏科学评价质量体系,没有系统化、数据化、信息化平台的数据库作为支撑。2020 版《中华人民共和国药典》对中药材提出了新的要求,对中药种植户、中药原材料采购企业、中药加工流通企业等环节都提出了严格管理要求,影响中药材质量的主要原因是原料质量参差不齐,包括种植地域广、品种多、易受环境影响等。此外,产供销环节中以次充好、以假乱真等现象也是重要原因。便携式近红外光谱分析仪结合数据标准化数学模型,能够对中药材进行成分含量分析及产地、等级、真伪鉴别等秒级检测,从药材基地种植—药材商—市场监管—药企采购—智能仓储—大数据云平台质量追溯系统,打通整个制药产业链,服务于国家中药材流通追溯体系。

⊙ 建立近红外光谱分析方法时,中药材样品制备的标准流程是什么?

解 答 (1)根据药典规定去除样品杂质并进行筛选。
(2)打粉后,进行过筛,使样品粉末粒径符合药典规定。

（3）将样品粉末分成两份，其中一份用于化验使用，样品量需符合药典要求。另一份装入样品瓶，用于近红外光谱扫描使用。

（4）样品编号确认，保证实验检测样品编号与光谱采集样品编号完全对应。

（5）样品留存，将样品放置于低温干燥环境下。

⊙ 中药成分复杂，模型是否能通用？是不是都需要建立不同的模型？

解 答 同一品种不同厂家生产的药品不需要重新建模，但要注意模型的验证与更新、转移。针对中药材大品种建立的模型可以通用，比如黄芩、金银花、丹参等。但对于大多数中药复方制剂，成分非常复杂，不同厂家所用原料及工艺也存在一定的区别，建立的模型不能通用，需要重新取样建模。为了保证所建模型的预测能力，往往采用"一品一模""一厂一模"等做法。

⊙ 近红外建模所用样品一般如何保存？尤其是一些易吸潮、遇光、遇热易分解的样品。

解 答 样品在保存过程中需要使用塑料袋或者玻璃瓶低温密封保存，对于一些易吸潮的，还应该注意排出容器中的空气或者增加干燥剂，一些特殊样品还需要使用棕色瓶避光低温密封保存。这样做的目的在于保证样品中各类物质含量的相对稳定，以便与所采光谱保持较好的对应关系。

⊙ 目前检测结果能否输入控制管理系统？是如何实现的？

解 答 可以，制药企业通常采用的控制管理系统是 DCS（集散控制系统）、SCADA（监控与数据采集系统）、MES（制造执行系统）、ERP（企业资源规划）系统等。目前，主流的通信协议为 OPC 协议，近红外检测数据会通过 OPC 协议与控制管理系统进行实时传输。

⊙ 使用近红外智能检测系统能给企业带来什么收益？

解 答 使用近红外智能检测系统能给企业带来多方面的收益，主要包括：

（1）极大提高检测效率，节约时间成本。

（2）降低操作人员劳动强度、减少人工成本。

（3）不需要消耗化学试剂，节约检测成本，降低环境污染、减少化学品对操作人员的身体伤害。

（4）减少传统化验设备采购和维护成本。

（5）与自动化系统连接，提高生产效率，降低能耗，实现连续化生产、数字化车间、质量溯源，助力制药智能制造。

（6）稳定产品品质，保证用药安全。

◉ 制药企业红外光谱分析技术人才及技术团队如何培养和管理？

解　答　近红外光谱分析不仅仅是一种技术，从某种意义上说是一个系统工程。从事近红外光谱分析技术的人员必须同时具备分析化学、数据处理、制药工程工艺、自动控制、机械工程等多个学科的基础知识，国内开设制药工程专业的高校要重视相关专业的教育。充分发挥近红外技术的优势，必须将过程分析团队同生产、质保部门结合起来，增强部门之间的协调性。解决生产中存在的实际问题是过程分析技术的目标，过程分析既是保证生产平稳运行的手段，也是沟通生产和质保部门的关键环节。过程分析团队与研发部门的结合有助于解决大量生产中存在的现实问题，对于提高仪器的使用效率、改善质控手段有着重要意义。

第五节　近红外光谱技术在石油和化工领域的应用

石油化工及化学工业是我国支柱型产业，在国民经济中具有十分重要的地位。石油化工和化学工业生产过程中，需要对原料进行筛选优化、监控中间物料的性质以便及时调整生产运行参数、分析产品性质以保证出厂质量，这些都需要快速分析技术来及时提供性质参数。石油化工及部分化学工业的加工对象为烃类及其衍生物，因此特别适合采用近红外光谱技术进行分析测试。近红外光谱技术已经广泛应用于石油化工和化学工业的各个方面，为装置平稳操作和生产优化运行提供基础数据，本节将简要介绍其中的典型应用。

一、在石油炼制中的应用

近红外分析技术在石油炼制中的应用非常广泛[103]，原油、汽油、煤油、柴油、润滑油、基础油和渣油等物料均可采用近红外光谱分析技术快速测定。在线近红外光谱分析技术可以用于大部分石油炼制生产过程如原油调合、原油蒸馏、催化裂化、催化重整、润滑油生产和油品调合等装置的进料与产品多性质（组成与物性）在线检测[104]，实时提供原料、中间产物和产品的性质信息，用于生产过程的优化与控制，提升炼厂生产技术水平，经济效益显著。

1. 原油

合理利用原油，优化原油加工过程，是炼厂降低成本、提高效益的重要手段之一。随着我国原油加工品种和来源的不断多样化，及时获取原油评价数据对于原油储运加工等过程非常重要。传统的原油评价时间长，过程复杂，无法及时提供原油性质数据，采用原油快速评价技术则可以在几十分钟内得到原油的主要性质数据，为炼厂优化原料和生产加工过程提供了支撑。

近红外原油快速评价技术可以测定原油的密度、实沸点、硫含量、总酸值、混合原油比例等，进一步与常减压装置数据关联，可以预测常减压装置侧线收率，为全厂优化提供参考数据[105-110]。

原油快速评价技术可以为炼化企业及时提供原油评价数据，指导企业的原油采购和加工。与原油调合优化系统联用，实现原油调合的实时优化，确保常减压装置进料性质的稳定，提高装置运行的平稳率；在保证目标产物收率和生产平稳运行的情况下，增加低价格原油的掺炼比，从而降低生产成本，为炼厂取得较大的经济效益。在线近红外光谱分析技术则可以实现常减压蒸馏装置的进料原油和馏出产物性质的实时检测，在原油切换过程中，可以精确控制适合的进料流速，提高装置的处理量；同时，根据实时原油性质，优化各馏出口切割点，实现效益最大化[111]。

2. 汽油

1989 年，近红外分析技术被用于测定汽油性质，是该技术在石化领域的第一个成功应用。自此近红外分析技术应用于多种装置汽油性质的快速分析，取得了满意的效果[112-116]。多种工艺过程的汽油，包括直馏汽油、催化汽油、重整汽油、加氢汽油、异构化汽油、烷基化汽油以及成品汽油等，都可以用近红外光谱分析方法进行测定。测定的性质包括：辛烷值、组成、苯含量、密度、馏程、蒸气压、含氧化合物含量等。采用传统分析方法测定汽油性质分析时间长，样品用量大，工作繁重。而近红外分析技术可以在几分钟内同时得到多个性质的分析结果，提高了炼厂中控分析效率，降低了分析费用和仪器采购成本，为企业提质增效降本提供了技术支持。

在线近红外光谱分析技术可以用于汽油性质的实时分析，与优化控制结合，可以为企业带来可观的经济效益。其中最有代表性是汽油调合优化系统[117,118]和在重整装置中的应用[119-121]。汽油调合是炼厂汽油生产的重要环节，通过汽油的调合优化，可以最大限度地使用价格较低和库存充裕的组分，避免质量过剩，提高调合效率，从而降低生产成本，提高经济效益。目前大部分炼厂都在成品汽油生产过程中采用了调合优化系统，在线近红外光谱分析系统在其中起到了重要的作用，可实时测定调合组分汽油性质，通过调合优化软件计算出调合配方并下达执行，同时在线近红外光谱分析系统测定调合后汽油的质量指标反馈到调合优化系统，对调合组分的流量进行实时调整，从而实现汽油调合的精准操作。

催化重整是以石脑油为原料生产高辛烷值汽油调合组分和芳烃的重要手段，同时可以向加氢装置提供廉价氢气，是炼油厂重要工艺之一。采用在线近红外光谱分析系统，可以实时测定重整装置进料详细族组成和生成油辛烷值及详细族组成，为 APC 提供分析数据，对 APC 实现装置的平稳优化生产，提高目标产品产率、降低能耗，最终为提高经济效益起到了显著作用。

3. 柴油

近红外光谱分析技术测定柴油性质也取得了很好的结果[121-123]。采用近红外光谱分析技术可以快速测定直馏柴油、催化裂化柴油、加氢柴油和成品柴油等物料的性质，主要包括柴油十六烷值、凝点、闪点、馏程、密度和组成等。柴油芳烃含量及多环芳烃含量是一项重要的质量指标，目前常用的方法为质谱法（SH/T0606），该方法需要将样品进行预分离，分析过程复杂，时间较长，难以满足实时监控性质的需求。采用近红外光谱分析技术可以建立良好的柴油组成分析模型，测定柴油中的链烷烃、环烷烃、总芳烃、单环芳烃、茚满/四氢萘、双环烷基苯类化合物、双环芳烃、萘类和三环芳烃等含量。由于组成与近红外光谱有比较好的线性相关，可以将不同炼厂，不同种类柴油及混合柴油建立在一个模型中，所得结果与标准分析方法结果有良好的一致性，近红外光谱分析方法的重复性更好，可以满足柴油组成的快速分析需求。采用近红外光谱分析方法还可以快速测定甲醇柴油中甲醇含量，生物柴油主要成分（脂肪酸甲酯、单甘酯、二甘酯、三甘酯和甘油），调合生物柴油的调合比、密度、运动黏度、热值、闪点和冷凝点等指标，具有测定快速简便、误差小和成本低等特点[124-126]。在线近红外光谱分析系统可以用于柴油调合优化中关键组分信息的测定，结合优化控制系统实现柴油的管道调合，在达到目标质量的同时减少质量过剩，提高调合效率。

4. 航空煤油

近红外光谱分析技术在航空煤油性质的快速测定方面也有成功应用，主要测定指标包括：冰点、芳烃含量、馏程、密度和含氧化合物等[127,128]。冰点是航空煤油的关键质量指标，用来表示其低温使用性能，标准方法采用制冷剂对样品进行降温，以肉眼判断冰点，分析时间大约 1h。而采用近红外光谱分析技术过程简单，分析时间大约 3min，同时还可以提供其他性质数据。通过采用近红外光谱分析技术替代传统分析，可以提高分析效率，降低分析成本[9]。

5. 润滑油基础油

润滑油基础油是重要的石油产品，也是润滑油的基础调合组分，及时测定润滑油基础油性质对高品质基础油研究开发和生产质量控制具有重要的指导意义。采用近红外分析方法测定的润滑油基础油性质包括：40℃和100℃黏度、黏度指数、倾点、闪点和化学族组成等[129-131]。化学族组成是润滑油基础油的重要性质，传统测量方法分析时间长，需要消耗大量有机试剂，采用近红外光谱分析方法则可以在几分钟内完成测量，不消耗有机试剂，可以及时指导润滑油研制调配和生产工艺开发。由于化学族组成与光谱有良好的线性关系，因此，可以将不同来源及黏度级别的润滑油基础油统一建模，建模过程简单，模型适用范围比较宽。

二、在化工生产中的应用

1. 乙烯裂解料

在线近红外光谱分析技术可以应用于蒸汽裂解装置，实时分析裂解原料性质，通过与先进控制系统结合，优化裂解操作条件，从而提高目标产物收率，延长裂解炉清焦周期，降低能耗，保证装置高负荷平稳运行，取得良好的经济效益[111,132-134]。通过近红外光谱分析技术，可以实时测定石脑油关键性质指标，包括密度、馏程、族组成、苯含量、乙烯及其他烯烃潜含量、结焦指数等，如果采用实验室分析方法检测这些指标，需要几个小时时间，无法及时优化生产操作参数，实现生产的稳定操作和长周期运行。

2. 聚合物性质分析

近红外光谱分析技术在聚合物性质分析和过程监控中应用非常普遍[135-143]。在聚合物合成过程中，可以采用在线近红外光谱分析技术监测聚合反应过程，测定其中的单体浓度、聚合物浓度、反应转化率和聚合物粒径等关键参数。在聚合物加工过程中，在线近红外光谱分析技术可以监测聚合物的多种关键指标，包括组分含量、熔体密度、熔融指数和填充物分散等。近红外光谱分析技术还可以用于快速分析聚丙烯或聚乙烯共聚单体含量、分子量、等规度、熔体流动速率、黏度和二甲苯可溶物等性质指标，快速测定甲基乙烯基硅橡胶乙烯基含量[144]。国标 GB/T 12008.3—2009 规定了采用近红外光谱分析技术测定聚醚多元醇羟值的方法。

塑料产品的广泛应用为人们带来适用产品的同时也给自然环境带来了较为严重的威胁，因此废旧塑料的回收利用越来越受到重视。回收利用的第一步是废旧塑料的鉴别和分类。采用近红外光谱分析技术可以很好地识别不同种类的塑料，在此基础上，建立废旧塑料自动化识别和分拣系统[145-149]。

3. MTBE 原料醇烯比测定

在化工生产过程中，控制原料配比对提高目标产物收率，降低副反应发生非常重要，采用近红外光谱分析技术可以在线实时监控原料比例，通过控制系统使配比达到最优，从而达到最佳的反应效果。MTBE 原料醇烯比测定就是其中的应用实例[150]。MTBE 生产过程中的醇烯比是指进入反应器物料中甲醇和混合碳四馏分中异丁烯的比例。在 MTBE 合成反应中，醇烯比是一个至关重要的参数，必须根据工艺要求控制在一定范围内，其分析效率和精度直接影响 MTBE 装置的操作控制。采用近红外光谱分析技术可以准确测定醇烯比，为生产装置的优化控制提供必要的参考数据。

三、问题与解答

⊙ 炼化企业采用近红外光谱分析技术的意义？

解 答 炼化企业的高质量发展离不开对原料、中间物料和产品性质的及时了解，传统石化产品分析方法大多分析时间长，样品用量大，不能满足快速了解原料产品性质的需求。采用快速分析技术，可以对原料、过程物料及产品的关键质量品质和性能特征进行及时测量，为生产过程优化控制提供基础数据。

⊙ 近红外光谱分析技术可以测定油品的哪些性质？

解 答 近红外光谱分析技术可以测定的主要油品性质，见表 6-3。

表6-3　近红外光谱分析技术可以测定的主要油品性质

物料	测定性质
原油	密度、实沸点、组成、API、酸值、总硫、总氮
汽油	辛烷值、烯烃、芳烃、苯、蒸气压、馏程、密度和含氧化合物等
柴油	组成、十六烷值、馏程、密度、碳含量、氢含量、折射率、闪点、黏度以及各种低温性质如凝点、冷滤点等
航煤	冰点、芳烃含量、馏程、密度和含氧化合物等
润滑油	化学族组成、黏度和黏度指数、倾点
渣油	SARA、密度、苯胺点、馏程和残碳等
沥青	蜡含量、延度和针入度等
石脑油	PIONA、苯含量、密度、分子量、乙烯及其他烯烃潜含量、生焦率、馏程、密度、闪点和蒸气压等

⊙ 石化产品分析中如何选择适合的近红外光谱仪?

解　答　近红外光谱仪的作用是为建模和预测提供高质量的谱图。选择近红外光谱仪主要考虑光谱仪的波长范围、能达到的分辨率及仪器的重复性、再现性、长期稳定性、可用附件、是否操作简便、易于维护等等。

(1)用户应当根据自己的需求选择适合的波长范围和分辨率的仪器,可以根据文献和前期实验确定,一般来说目前市售光谱仪的波长范围和分辨率能够满足大部分的应用需求。

(2)光谱重复性是比较重要的参数指标,是预测误差的主要影响因素之一。用户需要考察在建模频率范围内,光谱吸光度的重复性标准偏差,该标准偏差应当小于设定的光谱偏差最大限值。该限值由用户通过研究建模所用仪器的实际情况和所建模型的精密度要求设定,在石化领域,一般是 0.5%。

(3)另一个重要指标是仪器间光谱的一致性,它决定模型传递是否容易实现,主要指标包括波数再现性和波数准确性。

(4)石化领域的近红外光谱仪选型还需要考虑可用的附件,用户应当充分考虑需要测定的样品以及未来准备扩展的样品情况来选择附件,和仪器一同购买的附件往往适用性和经济性要好一些。通常测量固体样品需要选用积分球,常温下易于凝固的样品需要选用可加热附件,深色黏稠样品则需要选用特定的附件。

⊙ 近红外光谱分析技术测定油品时,光谱测量应该注意哪些问题?

解　答　近红外光谱测量的基本原则是尽可能避免在光谱测量过程中引入误差,

在进行油品光谱测量时应注意以下问题。

（1）由于油品有可能在贮存过程中发生变化，因此，应当在取样后立即进行光谱测量。如果短时间内无法测量，那么轻质油品如石脑油、汽油等应当密封在低温下保存。容易在光作用下反应的样品，应当在深色样品瓶内避光保存。

（2）过程物料中有时会含水、颗粒或者出现石蜡析出的情况，在测定这类样品时要注意观察样品和谱图的状态，发现样品混浊或谱图基线漂移等情况，需要对样品进行过滤或加热等处理。

（3）应以同样实验措施、方式采集校正样品、验证样品和未知样品的光谱。

（4）对不均匀样品需作均质化处理，取代表性样品测量光谱和测定性质。

（5）如果样品保存在冰箱或冷藏室内，光谱测量前，应将样品放置在环境中，等样品温度和环境温度达到平衡后再测量。

（6）在建立方法前，应当充分了解待测样品的性质，凝点比较高的样品考虑在更高的温度下测量。测量温度应当综合考虑未知样品情况，需要高于所有样品的凝点。

⊙ 石化产品分析中，校正样品应当如何收集？

解 答 校正集是建立模型的基础，建模过程就是根据校正集的光谱和数据建立数学关系。校正集中的样品应包含使用该模型预测的未知样品中可能存在的所有化学成分，且校正集的化学成分浓度范围应涵盖使用该模型预测未知样品中可能遇到的浓度范围，以保证未知样品的预测是通过模型内插进行分析的。在石化分析过程中，一般很难完全得到这样的样品，需要收集一定时间的样品，最好涵盖不同原料以及工艺调整切换过程中的样品。建模时，注意模型边界的设定。在未知样品测定过程中，如果有不在模型范围内的样品，需要及时添加到校正集中，以扩大模型的适用范围。

⊙ 不同种类的汽油样品是否可以建在一个模型中？

解 答 这个问题在炼化企业应用中经常会被问及，因为校正样品收集比较困难，累积到足够数量和范围需要比较长的时间，而炼厂需要测定来源于不同工艺的各种汽油样品，需要建立多个模型。如果不同种类的汽油样品建立一个模型，则可以同时满足校正集关于数量和范围的要求。但是很遗憾，不同种类的汽油往往不能建立在一个模型中，主要原因是：

（1）不同种类的汽油组成差异很大，样品光谱在光谱空间中形成分类聚集，无法满足校正样品均匀分布的要求。

（2）部分性质，如辛烷值，与光谱存在复杂的非线性关系，很难在宽范围内建立模型，同时又满足测量准确性要求。

⊙ **建模对样品数量有哪些要求？**

解　答　建模所需的样品数量与样品情况以及模型的复杂程度有关。石化样品尤其是生产过程中的样品往往比较类似，特别在生产比较稳定，原料和操作没有变化的时候，这种情况下应当再多收集一些样品，拓宽性质变化范围。光谱与性质的数学关系比较复杂时，需要更多的样品来解释光谱与性质的关系。应用多元校正方法建立油料样品的近红外模型，对建模的样品数量要求，读者可参考 GB/T 29858—2013。

⊙ **如何判断近红外光谱分析方法的准确性？**

解　答　近红外光谱分析方法测定的准确性与标准或传统方法测定的准确性和精密度有关，近红外预测值与标准或传统方法测定值之间的一致性不会好于标准或传统方法的重复性。模型建立后需要通过模型验证的方式考察其准确性。模型验证的基本过程是采用模型对一组已知参考值的样品（称为验证集）进行预测，将预测结果与参考值进行统计比较，主要包括验证结果的显著性检验和一致性检验。

（1）验证集偏差的显著性检验。采用 t 检验的方式检验验证集预测值与参考方法测定值之间有无 $t = \dfrac{\bar{d} - 0}{S_d / \sqrt{m}}$ 显著性差别。计算 t 检验统计量：式中，$\bar{d}$ 为两种分析方法测定值之间差值的平均值；S_d 为两种分析方法测定值之间差值的标准偏差；m 为测定样品数。若对一定显著性水平 α，有 $|t|\, t <_{(m-1,\alpha)}$，说明两方法测定结果没有显著性差别。

（2）近红外分析方法与参考分析方法之间的一致性检验。考察参考分析值位于 $\hat{y}_i - R(\hat{y}_i)$ 到 $\hat{y}_i + R(\hat{y}_i)$ 区间内的样品数，其中 $R(\hat{y}_i)$ 为参考分析方法在 $\hat{y}_i$ 处的再现性。如果在该范围内的验证集样品数超过总样品数的 95%，那么模型通过一致性检验。

⊙ **石化产品分析近红外建模过程中，如何识别和处理异常样品？**

解　答　在石化近红外建模过程中，遇到异常样品应当小心处理。首先需要考察是哪一类异常样品。通过马氏距离检测出的异常样品是高杠杆值样品，与校正集中其他样品相比，含有极端组成，光谱不具代表性，在建模过程中表现为杠杆值较大，对模型的稳健性有强烈的扰动。这种样品应仔细加以甄别，可以重复测定光谱，了解近期原料和工艺的变化，如果该样品是原料或工艺条件变化下产生的，可以继续收集这类样品，研究它们在样品空间的分布，尝试在增加同类样品的情况下建立模型，拓宽模型的适用范围。

第二类异常样品是其预测值和参考值之间有显著性差异，体现在预测残差明显较大，这类样品需要重复进行性质测定，判断误差的来源。

⊙ 油品近红外光谱分析的主要误差来源？

解　答　（1）取样及样品保存过程。油品取样过程要注意样品是否均匀，不均匀的样品会造成性质测定和光谱测定的样品有差别，导致模型建立或预测的误差。因此需要按照相关标准方法取样，不当的保存方式会导致轻质组分挥发，使得馏程、闪点等与轻质组分相关的性质测定结果不准确。

（2）校正过程。校正过程中误差主要来源于校正样品空间分布畸形，校正样品参考值有较大的误差，以及校正参数选择不适当等，可以通过模型验证的方式来考察校正误差。

（3）光谱测量过程。光谱测量过程引入的误差在炼厂比较常见，主要为气泡、颗粒的影响，样品池污染等，采用自动进样、多次测量比较的方式可以在较大程度上减少光谱测量过程产生的误差。

（4）仪器性能。仪器长期使用、更换部件、更换仪器等，都会使得模型不再适用，需要采用质量监控样品保证仪器的长期稳定性，更换部件或仪器后，需要重新进行模型验证。

（5）模型适用性。模型适用性是比较常见的误差来源，需要确定适合的界外样品检测方法，保证数据是由模型内插分析而得。

⊙ 近红外光谱分析方法投用后，还需要做哪些工作？

解　答　近红外光谱分析方法投用后，需要进行持续的分析质量监控和模型的更新与维护。

（1）分析质量监控是指定期采用近红外光谱分析方法分析质量控制样品，将得到的结果与参考值比较，判断方法预测结果的可靠性。油品分析中，一般定期将近红外光谱分析结果与实验室分析结果进行比较，来判断方法结果的准确性。

定期的分析质量监控很重要,可以有效防止由于仪器性能变差或模型失效而产生的较大分析误差, 保证分析结果的可靠性。

（2）模型的更新与维护。在石化应用中,原料和工艺条件的调整都会导致模型不再适用,这时就需要进行模型的更新和维护。模型的更新过程需要收集多个有代表性的新的样品模型,然后按照常规建模流程添加到校正集中,重新建立模型。模型更新后需要重新进行验证,对模型更新验证集的要求与新建模型时相同,原有的验证集样品可以用于新模型的验证,但是必须补充代表新范围或新类型的样品。

⊙ 近红外光谱数据是否可以和生产运行结果直接关联?

解　答　近红外光谱数据与标准方法的结果能够很好关联, 但标准方法结果在指导生产时还需要与生产运行数据关联, 例如近红外光谱能够很好预测原油的实沸点蒸馏数据, 但是实沸点蒸馏数据需要再次与生产装置数据关联才能够预测常减压蒸馏装置的侧线收率。那么, 能不能直接将近红外光谱数据与侧线收率关联呢? 答案是否定的。这是因为实验室数据获取是标准化过程, 长周期和实验室间仍具有很好的再现性, 这是近红外光谱分析方法的基础。而生产装置是非标准化的, 操作过程在长周期下是动态的, 设备检修, 操作调整都可能导致结果发生变化, 与近红外分析结果发生较大偏离, 这种偏离不是模型更新所能解决的。因此, 建议将近红外光谱数据与标准方法数据关联, 然后修正到装置运行数据。

⊙ 近红外光谱分析方法预测馏程是否准确?

解　答　馏程是炼化生产过程物料的重要参数指标, 馏程测定是炼厂化验室最繁重的工作任务之一。采用近红外光谱分析技术可以测定馏程, 替代传统分析方法, 减轻化验室工作压力。从应用实践来看, 采用近红外光谱分析技术测定初馏点和终馏点误差较大, 主要是由于决定初馏点和终馏点的组分在样品中的含量很低, 而且与样品的本底接近, 比较难以确定它们的数学关系。

⊙ 不同炼化企业的模型是否可以共用?

解　答　不同炼化企业的模型是否可以共用, 取决于需要检测的样品和性质。一般来说,不同炼厂的原料和工艺条件不尽相同,因此待检测物料有比较大的差别,在主成分空间中,不同炼厂的物料会出现聚类的情况,不利于建模。但是对于某些和光谱有比较明确线性相关的性质,例如族组成,是可以将不同种类样品和不同炼厂样品建立到同一模型中的。

⊙ 近红外分析中的原油样品为什么不宜长期保存？

解　答　原油馏程分布范围很宽，含有大量轻组分，长期保存轻组分比较容易挥发，导致原油性质出现比较大的变化，因此原油的采谱和性质测定需要同步进行。

第六节　近红外光谱技术在烟草领域的应用

迄今为止，在诸多的经济作物中，很少有像烟草这样被深入的研究，根据有关资料报道，从烟草和烟草燃烧后的烟气中鉴定出来的化学成分分别达5600余种和6000余种，在烟叶、烟气中共有的化合物达2200余种，故人们把烟草视为一种成分比较复杂的化学体系来进行研究。其中的化学成分对烟草及其制品的质量内涵、风格特征的形成起着决定性的作用，虽然很多成分与烟草质量的相关性尚未探明，但通过一些常规化学成分指标（如烟碱、总糖、还原糖、淀粉、蛋白质、钾、钙、镁、氯和灰分等）以及相应的化学成分量比协调性（如糖碱比、氮碱比等）来分析评估烟草及其制品的质量已有大量研究，并形成了相关的烟草领域知识[151,152]。所以，掌握烟草及其制品的主要化学成分信息，不论对研究原料质量，提升原料应用水平，辅助烟草制品设计，还是对烟草及其制品进行质检质控，提高烟草制品的安全性，都具有重要的基础支持作用。

通常，按照烟草行业标准方法来定量检测烟草及其制品的主要化学成分指标和烟气成分，除了使用普通的湿化学分析法，还涉及使用较多的现代高价值分析仪器，如色谱、质谱、原子吸收光谱等等，且需要消耗大量的化学试剂，对环境造成一定的污染，检测成本高，速度慢，难以实现大批量烟草样本的检测分析。现代近红外光谱分析技术样品前处理简单，无需化学试剂，是一种对环境无污染的绿色分析技术，操作简便，可同时快速检测同一个样品多个成分或性质。应用该分析技术，可实现烟草化学分析从小批量长周期离线分析走向大批量的快速现场分析、实时在线分析，对烟草及烟草制品的现场质检质控、品质评价和生产过程质量稳定性监测发挥了重要的支撑作用。特别是近些年来，应用近红外技术对烟草和燃吸烟草时产生的一些高关注微量化学成分[如烟草特有亚硝胺（TSNA）]进行定量检测分析有了新的突破，这对辅助开发烟草制品，减害降焦，提高烟草制品安全性有着重要的意义。

长期以来，在对烟草及其制品的品质研究中，人们发现在吸食烟草时产生的劲头、刺激性和柔和性与烟碱、糖碱比等成分指标以及这些成分指标的量比关系密切相关，可采用这些成分指标对烟草的吸食质量特征进行局部评估，但对其感官的整体质量、风格特征，很难使用一个或几个成分指标来进行考量。烟草的感官整体质量特征、品质内涵是烟草中这些复杂化学成分相互协同作用的结果，目前，对这一观点已形成了一个比较普遍的共识。幸运的是，近红外光谱包含丰富的理化信息，通常的近红外定量分析，通过建立近红外校正模型不仅可预测烟草中的化学成分指标，在近红外光谱中包含的大部分潜在的或隐含的信息，还可通过定性分析挖掘利用。众所周知，物质的化学结构、组成及含量决定物质的属性、特征，烟草也同样如此，烟草的近红外光谱包含丰富的化学物质结构信息，并且近红外光谱与物质本身的组成及含量相关，不同品质内涵、质量特征的烟草具有自身相应的特征近红外光谱。近些年来，在对烟草进行近红外定量检测分析的同时，应用现代化学计量学模式识别方法结合烟草领域知识、专家经验，对隐含在近红外光谱中的潜在质量信息进行深入的探索，定性分析烟草的整体质量特征，判断其质量类别归属，对寻求质量、风格特征相似或相近的替代原料，保障产品生产稳定的原料供给具有良好的实用价值。

一、发展历程

2003 年，McClure 在回顾和评述 204 年（1800～2003）近红外光谱分析技术的历史总结到，近红外光谱分析技术已经成熟，它与其他主要的分析技术并驾齐驱，尽管它自身存在一些问题，但它的优势使它成为解决众多领域分析问题引人注目的工具[153]。下面，先回顾一下近红外光谱分析技术在烟草领域应用研究的发展历程，以便更好地认识近红外光谱分析技术的应用。

在国外烟草行业，近红外光谱分析技术的应用研究始于 1968 年，McClure 等应用近红外光谱研究了烟叶的透射特性[154]，随后，McClure、Norris 和 Hamid 等相继应用近红外光谱检测了烟草中的还原糖、总生物碱和多酚含量[155-157]。1986 年 Williamson 利用近红外光谱分析香烟中的焦油含量[158]。到了 1995 年，Los 应用近红外光谱结合人工神经网络（ANN）对烟草配方进行分析和分类研究[159]，同年，Dilucio 和 Cardinale 利用近红外光谱对剑桥滤片收集的主流烟气粒相物进行了分析[160]。

在国内烟草行业，约在 1987 年，郑州烟草研究院、云南玉溪卷烟厂引进了美国 IA-450 Analyzer 滤光片近红外光谱仪，开始近红外的应用研究。1995 年，中国农科院作物品种资源研究所、中国烟草总公司青州烟草研究所利用 IA-450 近红外快速测定烟草中的总氮含量[161]。上世纪 90 年代后期，中国农业大学、上海烟草集团和云南烟草研究院等分别应用近红外光谱分析技术对烟草一些主要化学成分测定进行了研究[162-164]。2000 年之后，近红外在烟草领域的应用研究十分迅速，在云南、湖南和贵州的烟草企业，如红河卷烟厂、玉溪卷烟厂、长沙卷烟厂和贵阳卷烟厂等都在生产现场纷纷建立了近红外光谱实验室，把近红外应用于烤烟收购的现场质量检测，打叶复烤过程质量稳定性监测，后续的烟叶仓储醇化质量跟踪分析，以及辅助材料(如卷烟纸、嘴棒、香精香料和再造烟叶)质量控制，卷烟生产过程质量监测和烟气分析等方面。如今，无论是从常量到微量化学成分指标的定量分析，还是综合应用近红外光谱对烟草及其制品的质量特征、质量类别归属定性分析，近红外已成为烟草行业重要的光谱分析技术手段之一。

近红外在国内烟草行业的研究与应用至今已有二十余年，为企业从原辅材料到产品的质量管控带来丰厚经济效益的同时，也积淀了大量的近红外光谱分析数据和与之相关的质量属性、特征数据，为大数据分析提供了基础性的数据资源。从长期积累培育的历史数据中，挖掘对企业有价值的信息，引导工业可用性的原料精细化生产种植、合理应用原辅材料和辅助产品配方设计等方面发挥了良好的支持作用；近十年来，伴随互联网、云计算和边缘计算等技术的兴起，凭近红外自身的优势，基于"近红外+互联网"模式的近红外光谱分析网络化应用已初见成效[165]。

为了普及和规范化应用近红外光谱分析技术，通过总结多年来的应用实践经验，云南中烟工业、红云红河烟草集团和上海烟草集团等作为起草单位先后参加起草了 DB53/T 497—2013《烟草及烟草制品主要化学成分指标近红外校正模型建立与验证导则》，DB53/T 498—2013《烟草及烟草制品主要化学成分指标的测定近红外漫反射光谱法》，GB/T 29858—2013《分子光谱多元校正定量分析通则》和 GB/T 37969—2019《近红外光谱定性分析通则》。这些标准作为指导性技术文件，对近红外的应用走向规范，形成标准化的快速分析方法，发挥重要的推动作用。

二、应用场景

从原料种植到卷烟成品制造整个生产链，无论是离线的实验室，还是实时在线的工艺过程，都可看到近红外应用于质检质控的场景，见图 6-18。

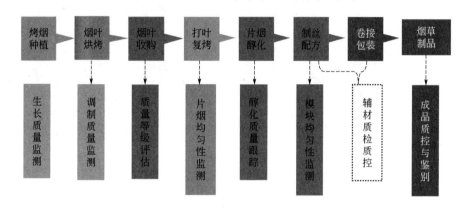

图 6-18　从烟叶原料种植到卷烟成品生产的过程示意图

在烤烟种植生产环节，对种子的淀粉、蛋白质的测定[166,167]，以及从幼苗到采收烟叶的过程，应用近红外可快速定量监测烟草根、茎、叶各个时期的常规化学成分和矿质（营养）元素含量，予辅助评估烟草的生长质量[168,169]。在烟叶调制阶段，应用近红外结合自适应进化极限学习机（SaE-ELM），对烟叶烘烤过程中的含水率、叶绿素和淀粉含量的动态变化进行监测，辅助烟叶烘烤工艺调控[170]。

在烟叶工商交接过程中，应用近红外快速检测初烤烤烟烟碱、总氮、总糖、还原糖、氯和钾等主要化学成分[171]，见图 6-19，为烟叶分类分级质量评估，从外观质量判定走向与内在化学成分结合，提供数据支持。手持式近红外也可很方便用于工商交接现场烟叶常规化学成分的快速检测，辅助烟叶原料规律性分类堆码，为打叶复烤片烟模块均质化加工的混配投料，提供高性价比数据支撑。值得关注的是，小型化近红外光谱仪器日趋成熟，已成为各行业应用研究的热点，手持式近红外检测效率高，应用场景多样灵活，检测数据可通过无线网络或公网（4G/5G）实时传送，便于高效应用数据，见图 6-20。在打叶复烤加工过程中，采用在线近红外定性、定量分析技术结合马氏距离、统计过程控制技术（MSPC/SPC），可对复烤片烟过程质量的稳定性、均匀性进行实时监测[172,173]，见图 6-21示意，同时，也可辅助打叶复烤工艺参数的调控。初烤烟叶经过配方打叶复烤加工后，需要将复烤片烟储藏于适宜的环境中自然醇化，醇化时间一般不低于 18

个月。在片烟的醇化过程中，应用近红外可快速检测片烟的一些主要化学成分指标，如烟碱、总氮、总糖、还原糖、多酚、pH 值、醚提物总量、总挥发碱和蛋白质等，对片烟的醇化质量进行跟踪分析，支持醇化片烟在卷烟产品设计中的合理应用。

图 6-19　烟叶近红外光谱分析　　　　图 6-20　便携式近红外应用现场

图 6-21　在线近红外应用

在卷烟的生产过程中，为了保证产品质量的稳定，与复烤加工过程近红外的应用相似，应用在线近红外定性、定量分析技术结合 MSPC / SPC 技术，可实现对卷烟配方模块烟丝加工过程质量稳定性和模块烟丝掺配均匀性的实时监测[174-176]。同时，通过近红外、中红外光谱定量或定性模式识别技术，亦可对入库卷烟辅助材料，如香精香料、BOPP 膜、卷烟纸、再造烟叶和滤棒等的理化指标或整体质量一致性进行质检质控，保证卷烟辅助材料质量的稳定[177-183]，见图 6-22。

图 6-22　香精香料红外光谱分析

卷烟产品能否上市，在燃吸卷烟时，主流烟气中的焦油、烟气烟碱和一氧化碳释放量是其重要的质量指标。对于卷烟产品同样可以采用近红外快速定量分析成品烟丝的主要化学成分和卷烟主流烟气中焦油、烟气烟碱和一氧化碳释放量，监测产品质量的稳定性，也可用于卷烟产品的真伪甄别[184,185]。在烟气分析中，还可采用近红外、中红外对剑桥滤片捕集到的总粒相物的萃取液进行分析，同时快速定量主流烟气中的焦油、烟气烟碱和一氧化碳释放量[186,187]。通过改进积分球漫反射采样装置，可直接扫描剑桥滤片获取高质量近红外光谱，实现对烟气的常规分析，以及烟气中一些低含量有害成分，如氢氰酸（HCN），烟草特有亚硝胺（NNK）、氨（NH_3）、苯并[a]芘（B[a]P）、多酚（PhOH）和巴豆醛（Crot.）等的同时快速分析[188]，见图 6-23，对提高卷烟的安全性，辅助开发低危害卷烟产品有重要的指导作用。同时，采用近红外进行烟气分析，也减少了诸多高价值分析仪器的频繁使用，显著降低了人财物资源成本的支出。

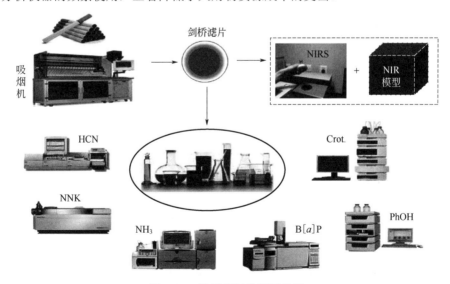

图 6-23　卷烟烟气分析示意图

在研究烟草及其制品的质量和感官风格特征方面，除了应用烟草常规化学成分指标之外，人们还在不断开发新的分析方法，检测可能与质量和感官风格特征相关的常量、微量和痕量化学成分，如阴阳离子、多酚、非挥发性有机酸、氨基酸和 Amadori 化合物等，增补烟草化学性质应用的维度，以便更深入研究化学成分与烟草及其制品的质量和感官风格特征的相关性。例如，人们不断尝试一些与烟草质量、风格特征相关的化学成分（如茄尼酮、多酚、植物色素和氨基酸等）的近红外定量检测分析[189-193]，希望能快速表征烟草质量、风格特征。随着各种分析技术的融合发展，越来越多的烟草化学成分被定量，但对烟草这样的复杂多组分化学体系，就烟草近红外光谱来说，所包含的大量潜在的物质组成信息尚未被充分利用。由于不同质量、风格特征的烟草具有自身的特征近红外光谱，可应用适当的化学计量学模式识别方法，对这些不同质量、风格特征烟草的近红外光谱进行模式分类或深度学习，从宏观上挖掘烟草整体质量、风格特征归属，同时对不同特征烟草相应的化学成分进行差异性统计分析，最大限度地从有限的化学成分指标中寻找具有显著性差异的化学成分，使近红外光谱模式分类后的"模糊特征"变得清晰，具有更明确的化学成分（或成分群组）表征。例如，烤烟成熟度是烟叶重要的综合质量因素，是烟叶从生理生化转向适宜的工业可用性需求的变化程度。从化学组成上来说，烤烟成熟度可认为是烟叶完成营养积累之后，烟叶化学成分的相互交替和转化程度，可结合烟草领域专家评估烤烟成熟度的经验知识，对积累的不同成熟度（如欠熟、尚熟和成熟）烤烟的近红外光谱进行模式分类，并对不同成熟度烤烟的主要化学成分之间的相关性进行统计分析，就可初步获得烤烟成熟趋势的化学表征[194,195]。当然，通过近红外光谱定性分析，不仅可整体性表征烟叶质量特征，也可用于辅助产品配方设计、质量维护和原料替代研究等方面[196-200]。为了提高模式分类的效果，人们还把近红外与中红外、图像识别技术结合，用于烟叶风格特征、成熟度判别[201,202]，从而能够更准确地掌握烟叶的风格特征和成熟状态。

三、问题与解答

⊙ 在开发应用近红外分析技术之前，要做哪些工作？

解答　（1）先了解近红外光谱分析基本原理、方法，以及在各行各业的应用现状，反复阅读 GB/T 29858—2013《分子光谱多元校正定量分析通则》和 GB/T

37969—2019《近红外光谱定性分析通则》等技术标准，避免走弯路。

（2）明确近红外的应用场景，是离线实验室质检质控还是在线或现场过程质量监测，是定量分析还是定性分析，要应用近红外分析技术解决什么问题，问题的具体内容是什么。

（3）评估应用近红外检测分析样品的数量规模，或在线（或现场）应用近红外进行过程质量监测的必要性。例如，分析烟叶样品的常规化学成分有很强的季节性，如果实验室不经常分析样品，检测频次少，且每年检测分析样品数量不过千个，采用常规流动法就可解决，应谨慎开发应用近红外方法。对于过程质量监测，如果现场取样在近红外分析小屋检测就可满足需求，就不必使用实时在线近红外。所以，在开发应用近红外之前，应对近红外的应用场景、分析效率、模型开发、维护成本和不同分析方法检测数据的性价比等方面作综合比较。

（4）在没有配置近红外光谱仪之前，建议委托科研院所先进行可行性分析，如使用适量的代表性样品约 60 个，预研近红外是否能测定所感兴趣的成分或性质的可行性（参阅 GB/T 29858—2013）；定性分析可选择 2～3 类（每类约 60 个）不同质量差异的样品，研究定性分析是否能达到预期的分类效果。

（5）对以上评估、预研的结果作可行性分析，然后，配置合适的近红外光谱分析硬件和软件系统。

（6）初评后续对近红外光谱仪器保养、模型维护的保障能力。

⊙ 如何选购、配置合适的近红外光谱仪？

解　答　（1）对诸如烟草的天然产物，实现对烟叶原料、卷烟辅助材料（纸张、香精香料）的定量定性分析，在满足日常质检质控需求的同时，也可兼顾近红外的应用研究工作，在离线实验室配置带旋转架积分球漫反射光谱采集模块、光纤、透射和漫透射光谱采集模块的傅里叶变换近红外光谱仪即可。

（2）若需要即时的数据应用支持，如在烤烟收购站点、烤烟工商交接现场，要求即时检测烟叶的主要化学成分，快速评估烟叶质量，辅助原料规律性分类堆码，支持打叶复烤模块均质化加工混配投料，配置带无线通信功能（Wi-Fi、4G/5G）的便携式近红外是比较好的选择。

（3）如果对生产过程质量要求实时在线定性、定量监测，配置全波段近红外可获得被监测对象较多的信息，有利于定性、定量分析，选择在线傅里叶变换近红外较为理想。

（4）如果仅为不复杂的理化性质定量分析，不管是在线还是离线应用场景，合适波长范围的光栅型近红外也是比较好的选择。

（5）无论配置何种类型的近红外光谱仪，要求运行性能稳定，具有仪器性能诊断及自动校验功能，测量光谱具有优良的信噪比和重现性，且光谱仪可测量的光谱范围要涵盖分析检测对象理化性质相关的光谱范围。

（6）如果考虑近红外网络化应用，对入网光谱仪的性能要求则会更高，必须具备优良的光学性能一致性，也就是说不同台套或不同批次制造的光谱仪，在相同条件下，测量同一组样品所得到的光谱误差很小，基本一致，仪器背景误差可以忽略不计，不会对光谱测量的重现性产生明显的影响。且要求光谱仪的通信接口具有良好的开放性和通用的光谱数据格式，便于组网和应用。

（7）值得注重的是，如果升级购置新仪器，那么就要深入研究一下原仪器到新仪器校正模型转移的可行性。一般来说，同类型仪器或是同厂商生产的同类型仪器，光学性能的一致性有一定的保证，转移模型难度不大，且用户很快就可以熟悉使用仪器运行操作软件和数据处理软件（化学计量学软件）等，使用新仪器的运维成本会比较低。如果仪器型号不同或类型不同，转移模型的难度就比较大，甚至不能转移模型。重新开发建立模型，其成本代价就相当大，这是更新换代仪器时，用户要重点考虑的问题。

（8）总体来说，选购一套合适优良的近红外光谱仪，前后完成完整的4Q验证确认（分别为：设计确认，DQ，Design Qualification；安装确认，IQ，Installation Qualification；运行确认，OQ，Operational Qualification；性能确认，PQ，Performance Qualification）是必须的。

（9）最后，所选用仪器的供应商应具良好的售后服务响应和技术支持能力。

⊙ 为什么近红外光谱仪性能的一致性在近红外光谱分析网络化中很重要？

解　答　在一般情况下，若只需要测定样品的性质数据入网，不管是何种类型的光谱仪，只要建立有效的校正模型，保证近红外测定的性质数据与参考方法测定的数据没有显著差异或满足用户预期即可。但对烟草或类似烟草的天然作物，使用几个有限的理化指标来衡量其质量特征是不够的，幸运的是，还可以借助化学计量学模式识别方法结合烟草领域知识、专家经验，对隐含在近红外光谱中大量潜在的与质量等级、质量特征相关的信息进一步深度挖掘，定性表征不同产地之间烟叶质量特征的相似性和差异性，或溯源烟叶原料质量特征，这对寻求质量特征相似或相近的替代原料，科学合理应用烟叶原料，保障产品生产稳定的原料供给具有重要的实用价值。这就要求在网络化环境里的近红外光谱仪必须具有优良的光学性能，仪器之间的性能差异最小，对不同产区网点的近红外光谱仪测量的光谱数据进行定性分析时，不会造成明显的影响。当然，如果仪器之间差异明显，一是借鉴模型转移方法，根据仪器之间的光谱差异，建立一个光谱的数学关系，校正光谱，使仪器之间的光谱尽量一致，这种模型的转移方法又称"软拷贝"；二是仪器厂商严格执行统一的制造工艺标准，保证不同批次生产的仪器标准化，使其测量的光谱差异最小，具有良好的一致性，不会对后续的光谱分析造成明显的影响，这种无需建立差异光谱的数学关系校正光谱，直接拷贝转移模型的简单方法，又称"硬拷贝"。要达到这个要求，通过 4Q 验证确认仪器设备是一个最基本的门槛。作为网络用户来说，后者使用"硬拷贝"的解决方案尤为理想，省掉了烦琐的模型转移工作。

⊙ 如何选择合适的近红外分析化学计量学软件？

解　答　用于近红外定量定性分析的化学计量学软件，不论是近红外光谱仪配置的，还是另外选配的，因涉及多元数据分析比较复杂的矩阵运算，软件系统应具备以下基本的数据处理方法及功能：

（1）数据格式转换，并与常见的光谱数据格式兼容。

（2）样品相关信息及光谱数据的录入、存取、编辑、分组和统计。

（3）均值中心化、标准化、多元散射校正（MSC）、正态变量变换（SNV）、微分和平滑等数据预处理及处理结果的浏览、列表和可视化。

（4）基于 PCA 的定量分析方法，如主成分回归（PCR）、偏最小二乘等（PLS），以及分析结果的浏览、列表和可视化。

（5）基于 PCA 的定性分析方法，如簇类独立软模式法（SIMCA）、偏最小二乘判别分析法（PLS-DA），以及分析结果的浏览、列表和可视化。

（6）异常值（outlier）的统计识别和删除。

（7）成批待测样品多个成分性质的同时预测，以及测定结果的浏览、列表和输出。

随着化学计量学方法的不断发展，建模的自动化水平也在不断提高，只要建立的近红外定量定性模型能通过有效性验证，测量结果的精准度能满足用户要求，更新的或其他数据处理方法、建模方法、专家辅助系统均可使用。建议在熟悉本仪器捆绑的化学计量学软件的基础上，再进一步拓展使用其他软件。此外，对烟草或类似烟草的近红外分析，在建模过程中，因涉及大量样品的数据处理、数据可视化展示，在条件许可时，配置高性能、稳定性优良的计算设备（如计算机工作站），有助于提高建模效率。

⊙ **如何取制具有代表性的实验样品？**

解　答　烟草可视为一个复杂的多成分化学体系，内在化学成分易变，质量不稳定，所收集的样品是否具有代表性，决定了将来近红外模型的适应性。为了使收集到的烤烟样品有足够的代表性，有必要先了解一些烟草的领域知识，烟叶感官质量与内在化学组成密切相关，不同品种、不同等级的烟叶内在化学成分含量的分布各有不同，同等级同品种不同生态产地的烟叶，内在化学成分含量也存在明显差异，这些差异都会在感官质量上表现出来，其质量特征不尽相同，这可作为收集烟叶样品的一个参考依据。比如，云南气候立体，生态复杂，如果建立的近红外模型要适应云南产区各种烟叶样品的检测分析，那么模型中的校正样品必须具有足够的代表性，涵盖云南各生态产区、各品种、各等级的烟叶样品，即模型中的校正样品应包含使用该模型测定待测样品中可能存在的各种化学成分，且校正样品的化学成分浓度范围应包含使用该模型测定待测样品中可能遇到的浓度范围，这样才能保证待测样品的测定是模型内插进行分析的，对化学成分含量不同的校正样品，也要保证样品数量均匀分布。虽然不能"一网打尽"地收集样品，但建议"宁多勿缺"，多收集一些在感官质量表现上有差异的样品，只有校正样品有足够的代表性，将来模型的应用才能"见多识广"。

那么，应用 PLS 建立校正模型，究竟需要多少个校正样品？从理论上来讲，如果使用的潜变量数（或隐变量数）$k \leqslant 3$，校正样品至少需要 24 个。如果 $k > 3$，校正样品至少需要 $6k$ 个。如果建模数据进行均值中心化处理，校正样品至少要有 $6(k+1)$ 个。但对化学成分比较复杂的烟草样品，这个仅满足统计学最低要求的理论数量是远远不够的，构建一个适宜的近红外校正模型，还得取决于样品的复杂程度，应视具体情况来估计校正样品的数量。另外，值得注意是，若仅按有关烟叶分级标准来收集所谓的"标准样品"用于建模，那么，将来建立的"标准模型"应用于一些中间质量的"非标准样品"的预测，其适应能力就会变差。

另一方面，取制有代表性的实验样品，还取决于近红外分析结果的应用场景，如果要应用近红外检测结果评估工商交接这一个时间节点的烟叶原料质量，那么，建模样品必须在这一个节点即时取制，并尽快采集样品光谱和测定参考数据。如果应用近红外检测结果跟踪评估仓储片烟醇化质量，那么，必须在整个仓储周期中，取到不同醇化时间的代表性样品，换句话说，就算同一个规格的样品，在不同的醇化时间节点都要取制。对烟草（如烤烟）这样的天然产物，从初烤调制完成到工商交接再到打叶复烤，历经半年左右的时间，在这段时间里，烟叶的理化性质在不断发生变化，比如影响烟叶评吸质量的一些主要化学成分指标：总糖、还原糖、总氮、pH、氨基酸、总挥发碱和烟碱等在不断下降。所以，不管在哪一个周期阶段评估质量，必须在这一个周期合理的时间范围之内完成近红外模型开发的样品取制、相关光谱数据测量和其参考数据测定，使将来近红外模型预测数据的应用与质量评估基本同步，避免近红外检测结果应用的错位和误导。显然，不同的应用场景，应取制相应的代表性样品，独立开发相应的近红外模型。

制样时，必须清除烟叶样品表面上的异物，如细土和沙粒，抽去主脉，将其切成片或切成丝，然后粉碎成粒度不低于 40 目的粉末，为了方便制样，建议把样品含水率控制在 12%以下，当然也可制成烘干样品进行粉碎，但不管是建模的校正样品、验证样品，还是将来的待测样品，制成粉末的含水率和粒度应保持一致。取制的样品倘若不能即时测量光谱和测定其参考数据，应在低温（0～4℃）条件下密封避光保存，保存时间不应超过两个月。

⊙ 对实验样品作初步探索性分析的意义是什么？

解　答　在测定实验样品参考数据之前，可先测量样品的光谱，推荐使用主成分分析（PCA）对样品光谱进行初步的探索性分析，检查样品光谱在第一、第二和第三个主成分构成的空间中，是否有异常的分布或聚类。一般认为马氏距离大于 3 或超出 95%置信区间的样品都可以视为异常样品，不具代表性，可以删除。当然，在 PCA 空间中有重叠的极为相似的样品也应删除。这样操作的目的是减少非理想样品进入校正集或验证集，同时也减少不必要样品的参考数据测定。当对实验样品完成初步探索性分析之后，就可把样品分为校正集和验证集，对验证集样品的代表性和数量要求，具体参考 GB/T 29858—2013。

通过初步的探索性分析，不难发现不同类型的烟草（如烤烟、白肋烟、香料和晾晒烟等），由于质量特征差异，难以聚成一类，对于不同类型烟草的近红外定量分析，分开建模比较合适。烟草作为一种天然产物，质量易变，哪怕是同产地同品种同等级的一批样品，如初烤烤烟与时隔一年以上的醇化烤烟，两者的评吸质量存在明显的差异，且两者相应的近红外光谱在主成分得分空间中明显分离。见图 6-24 示意。近红外定量分析若要获得精准的检测结果，初烤烤烟与醇化烤烟应分开建立校正模型。类似的再造烟叶、烟梗等都应分开建模为宜。

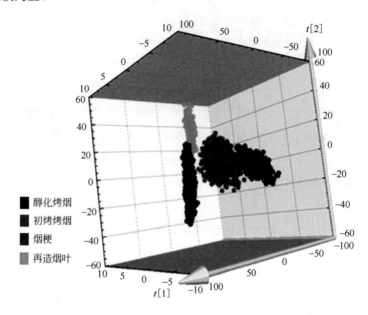

图 6-24　初烤烤烟、醇化烤烟、烟梗和再造烟叶近红外光谱 $t[1]/t[2]/t[3]$ 得分示意图

⊙ 测定烟草样品参考数据要关注哪些细节？

解　答　（1）烟草是一种天然产物，尽管采取措施保存样品，但保证样品化学成分不变是很难做到的，样品的变化不但会引起所测量的光谱改变，也会引起对理化测定值的改变。因此，在样品光谱测量完成后，应尽快完成参考数据的测定。

（2）校正模型预测值的准确性在很大程度上取决于参考数据的精度和准确性，熟练掌握参考（标准）数据的测定方法，并规范测定参考数据十分重要，建议通过重复测定取均值来提高参考数据的精准性。

（3）测定大量样品的参考数据，可能会涉及多家实验室共同完成，务必按规范对多家实验室进行共同实验，以评估各实验室测定结果的精准性是否满足要求。

（4）在测定参考数据的过程中，如使用流动法测定烟草常规化学成分，试剂的纯度、质量标准对测定结果会造成明显的影响，更换不同厂商的试剂或使用不同批号的试剂，需要检查、评估检测结果的重现性。

（5）另外，对长期使用的流动分析仪，存在光度分析检测器响应水平下降的情况，合理缩短应用质量控制样品的间隔，对提高校正（参考数据）测定结果的线性水平十分重要。

⊙ 如何消除或减小样品误差，提高光谱测量的重现性？

解 答 （1）取样要具有代表性，且制成的粉末样品粒度要均匀统一。为了保证每个样品的代表性，建议采用半叶取样法，例如，制作一个样品若需要 15 片烟叶，在实际取样时，可取 30 片整叶，每片烟叶从叶基到叶尖沿着主脉均分两半，随机取不带主脉的半叶，并将烟叶切成片或切成丝，粉碎成粒度不低于 40 目的粉末，60 目为宜。为了便于粉碎，建议把样品含水率控制在 12% 以下，也可烘干样品进行粉碎，但这样会影响近红外分析检测的效率，应根据实际情况权衡考虑。

（2）遵循同一套制样方案，不管是建模的校正样品、验证样品，还是将来的待测样品，制成粉末的含水率和粒度必须保持一致。

⊙ 为了保证光谱的重现性，测量光谱要注意哪些细节？

解 答 （1）为了保证仪器性能稳定，禁止仪器和一些大功率用电设备、变频设备共用电源，应按仪器使用手册的有关规定接入质量合格的电源：无杂波，电压波动小，零地电压不超过 1.5V。

（2）按仪器操作手册规定，诊断仪器性能，履行日常的 OP/PQ 验证确认，保证仪器运行正常，测量样品光谱，建议在恒温恒湿的实验环境下操作，对每小时温度变化 >2℃、相对湿度变化 >5% 的环境，应配置带抽湿功能的空调。

（3）遵循同一套测量方案（包括仪器设备、仪器参数设置、背景测量方法、设施条件及环境温湿度条件），不管是测量校正样品、验证样品，还是将来的待测样品，测量方案必须保持一致。

（4）烟草样品的内在化学成分一般会随时间而改变，不宜长时间保存样品，应尽快测量样品的光谱和其参考数据，如果不能即时完成，可在低温（0~4℃）条件下密封避光保存，但保存时间不应超过两个月。

（5）对测量校正样品光谱，建议每测量一个样品，测量一次背景光谱，以消除背景或仪器性能漂移对光谱测量精密度带来的不利影响。

（6）测量低温保存过的样品光谱，应预先进行适当的温度平衡。

（7）建议用低羟基石英底的样品池和旋转器配合，以保证测量到的样品光谱更具代表性和重现性。如果使用两个以上的样品池测量样品光谱，应预先测试，保证各个样品池石英底具有良好的光学一致性。

（8）在与测量效率不发生矛盾的条件下，建议适当增加光谱扫描次数，以保证获得良好信噪比的光谱，一般来说，设定光谱扫描次数为 128 次已足够。

（9）在测量光谱的过程中，装载到样品池中的样品密实程度要保持一致，样品厚度不低于 10mm。从装载样品到上机扫描，整个过程应在最短的时间内完成。对吸湿性比较强的烟草样品、烟气分析中使用剑桥滤片捕集总粒相物，若装载样品时间过长，会引起样品含水率改变和化学性质的变化，导致光谱的重现性变差。

⊙ 在近红外分析中，为什么要进行数据的预处理？

解 答 在建模前，需要对近红外光谱数据、参考数据进行预（前）处理，改善数据适应性，获得更好的建模效果。均值中心化、方差归一化和标准化等都是最常用的方法，在实际应用中可根据具体建模的效果来对数据（包含参考数据）预处理方法作优化组合。近红外光谱除了含有样品自身的理化信息外，在测量光谱的过程中，还会引入一些受电源质量不稳定、光谱仪性能波动、制样误差、样品状态和环境变化等因素影响产生的各种噪声。通常采用基线校正、散射校正和平滑滤波等预处理方法消除或减小这些噪声的影响，改善光谱质量，从而提高模型的稳健性。为了降低样品粒度对测量光谱的散射影响，除了采用 MSC 校正光谱的误差之外，SNV 也是一种校正效果较好的方法，从理论上来讲，SNV 是对每条光谱进行独立校正，校正能力优于 MSC，但实际处理效果两者相当。导数能降低光谱基线漂移的影响，但同时也会降低光谱的信噪比，平滑滤噪可提升信噪比，但也会降低光谱的分辨率。这就需要针对具体对象、建模效果，对比取舍预处理方法和处理的强度，当然，这需要反复的实践。通过比较，Norris 导数平滑滤波（Norris Derivative Filter）优于 Savitzky-Golay 平滑滤波，二阶微分优于一阶微分，应用二阶微分与 Norris 导数平滑滤波结合处理光谱，可获得理想的建模效果。但值得注意的是，不管选择何种滤波器，都有很强的经验性，如处理烟草的近红外光谱，选择 Norris 导数平滑滤波时，应慎重选择段长（Segment length）和段间距（Gap between segments），即窗口宽度，较大的段长会造成信号失真、灵敏度下降，较小的段间距，滤噪效果不佳。通过建模对比，段长不宜大于 13，较为理想的段间距在 4～6 之间比较合适。

以上所讨论的是较为常见的预处理方法的应用，随着化学计量学方法不断推陈出新，如果有更新的预处理方法，只要建立的模型能通过有效性检验，这些方法均可使用。建议在熟悉本仪器所捆绑的化学计量学软件的基础上，再进一步尝试使用其他软件的数据处理方法。

◉ **在选择光谱变量时，需要注意什么?**

解 答 有多种光谱变量的选择方法，可以选择若干波长的组合，也可以选择不同波段的组合。在光谱的实际测量过程中，由于受环境因素、测量条件、制样误差和仪器性能的影响，常会产生不确定性的波长漂移，如果选择过少光谱变量或过窄的光谱波段，会造成定量校正模型的适应性、定性类模型的泛化能力降低。

建议选择相关性波段组合建模，以提高模型的适应性。大多数光谱数据处理软件一般都具备光谱的统计分析功能和筛选光谱波段的方法，虽然软件会自动推荐"最佳光谱波段"，但建模效果不一定理想，特别是存在异常光谱的情况下，推荐的"最佳光谱波段"往往不是最优的。建议对光谱进行相关性统计分析，见图 6-25，选择随成分含量变化明显的光谱波段（方差光谱表征）建模。如果熟悉光谱的特征归属，也可人工筛选光谱区间，见图 6-26。但应注意的是在 $10000 \sim 8500 \mathrm{cm}^{-1}$ 高频波段，存在较多的高频噪声，应用高频段的光谱建模会使模型的稳定性和预测效果变差，在建模时，应谨慎选用高频段的光谱。

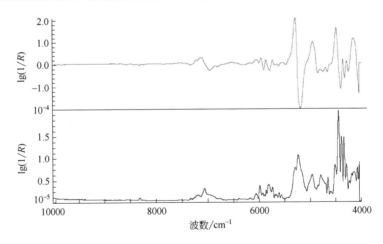

图 6-25　烟叶样品的近红外平均光谱（上）与方差光谱（下）示意图

随着现代化学计量学新方法的不断发展与应用，现代小波分析技术在变量选择、数据压缩和降噪等方面已获得了很好的应用效果，小波分析已逐步捆绑在一些化学计量学软件或是多元数据处理软件中，应用小波分析进行光谱压缩

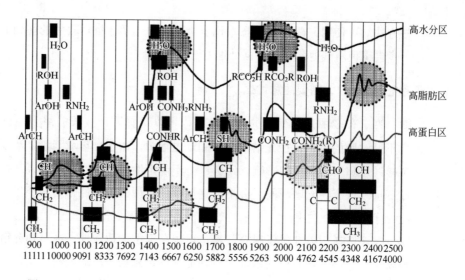

图 6-26　近红外光谱特征谱区归属近似位置示意图（中国区德国 Bruker 公司）

处理，务必先了解小波基函数的一些重要性质，逼近能力、对称性和正交性等是处理光谱信号要应用到的重要性质，具有正交性的小波函数可获得理想的压缩性能，具有对称性的小波函数在重构信号时产生的畸变小，在常用的小波函数系中，如 Daubechies、Symlets、Coiflets 和 Biorthogonal（biorNr.Nd）（双正交小波函数系）等，每种类型的小波函数各具特色，只有针对性应用才能获得理想的效果。值得人们进一步尝试的是，应用于光谱数据压缩，双正交小波函数系能较好解决对称性和精确信号重构的不相容性、线性相位和正交性要求的矛盾，对偶的两个小波分别用于信号的分解和重构，双正交小波函数系具有比较理想的压缩性能。例如，应用双正交小波函数处理近红外光谱并结合 PLS 定量烟草中的芸香苷可得到理想的结果[203]。一般来说，无论采用何种方法选择光谱波段（波长），只要建立的模型能通过有效性检验，这些方法均可使用。

⊙ 建立定量校正模型、定性类模型有哪些主要方法？如何入手？

解　答　化学计量学自上世纪 70 年代诞生至今，已取得了长足的进展，成为化学与分析化学发展的重要前沿领域。其中，涉及近红外定量、定性分析的校正方法和化学模式识别方法繁多，应用较为广泛有成效的算是基于主成分分析的 PLS 校正方法和 SIMCA、PLS-DA 分类法。这些方法在众多的化学计量学软件中都是必备的方法，也是 GB/T 29858—2013 和 GB/T 37969—2019 技术标准推荐的方法，建议初学者反复阅读和理解这两个标准，并结合近红外分析对象的领域背景知识，大胆尝试。在此基础上，有了一定的应用经验之后再进一步尝试其他建模方法。通常采用的 PLS 校正方法，一般是指 PLS1 校正方法，它每次只能处理一组参考值，与同时处理多组参考值的 PLS2 相比，两者校正方法有些不同，实践证明，PLS1 校正方法具有更强的灵活性和良好的建模效果。

以上近红外定性定量分析方法在烟草领域中的应用，具体实例可参阅文献[185]和 GB/T 29858—2013《分子光谱多元校正定量分析通则》。

⊙ 如何统计识别异常样品，优化 PLS 校正模型，确定适宜主成分数？

解　答　在应用 PLS 校正算法的建模过程中，异常样品光谱对模型的稳健性会产生严重的干扰，识别并剔除异常样品，确定模型适宜主成分数（在 PLS 校正中，称潜变量数或隐变量数更为准确）是优化模型的一个关键步骤。通常，异常样品有两类，第一类异常样品，也称为产生强影响点的样品，其组成、结构较为特殊或是测量仪器工作状态异常所致，其光谱不具代表性，远离校正样品整体的平均光谱，杠杆（leverage）值较大，具有较强的相互掩蔽效应，对模型的稳健性有强烈的扰动作用，一般可采用马氏距离、杠杆值等统计指标联合诊断，并在交互验证过程中逐步剔除，循环校正，从而确定建模的适宜主成分数。第二类异常样品是由参考数据的测定误差大、参考数据录入错误等所致，对回归分析影响明显，一般通过偏差分析、学生化残差分析，比较容易剔除，或再次测定样品参考数据进行修正。在剔除异常样品后，对模型进行优化，选择适宜主成分数建立的模型，即理想模型。若所用的主成分数过少，则可能未能充分利用信息，模型会欠拟合，导致模型预测精度下降；而使用主成分数过多，则可能引入噪声，导致模型过拟合，使得模型稳健性变差。在实际建模过程中，一般采用交互验证方法进行模型优化，并根据交互验证标准误差（SECV，RMSECV）或预测残差平方和（PRESS）达到最小值来确定适宜的主成分数，通常，软件会通过统计检验自动确定下来，如虚线，适宜的主成分数为 10，见图 6-27。在模型优化中要反复观察交互验证标准误差与主成分数变化的趋势图，由于异常样品具有较强的相互掩蔽性，倘若模型中还存在异常样品，这时，软件也会误判，如实线，误判适宜的主成分数为 5，而可能是 15，见图 6-27，这种现象往往会在优化模型的初、中期出现，值得注意。

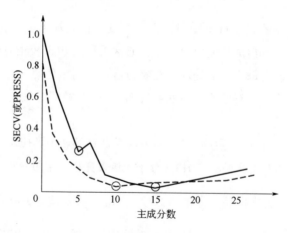

图 6-27　交互验证标准误差与主成分数变化的趋势图

⊙ **在近红外定性分析中，如何统计识别异常样品？**

　　解　答　SIMCA 和 PLS-DA 是最为常用的近红外定性分类方法，在应用这两种分类方法时，如何统计识别异常样品、优化类模型、确定适宜主成分数，以及如何评估验证类模型，可参阅"GB/T 37969—2019《近红外光谱定性分析通则》"的资料性附录 A（近红外光谱模式识别常用方法简介）的详细介绍。在实际应用中，尽管按照有关质量标准收集训练样品，但在取制保存样品、测量样品光谱的过程中，仍然会出现偶然性的样品误差和光谱误差导致光谱出现异常。异常样品的光谱不具代表性，是远离训练集整体平均水平的样品，对选择适宜主成分数，以及对模型稳健性有强烈的干扰和较强的相互掩蔽性。所以，在测量完成样品的光谱之后，有必要再次考察训练样品，剔除可能存在的异常样品光谱。虽然统计识别异常值的方法很多，但目前尚无通用的方法可以遵循。在主成分分析中，常用 Hotelling's T^2-检验、F-检验统计识别样品光谱的主成分得分在整个训练集得分空间中的分布来判断是否是异常样品，也常用马氏距离来识别异常样品光谱，实际上 Hotelling's T^2 统计量可从马氏距离推导出来，两者之间没有本质的区别。在实际操作中，通常还要结合样品在整个训练集残差空间中的统计分布来判断样品的异常情况，这就是常称的 T^2-Q^2 分布，见图 6-28。选择具有得分、残差可视化相结合功能的化学计量学软件，有利于从 T^2-Q^2 分布分析样品交叉情况，便于统计识别异常样品。

　　对 PLS-DA 分类法，主成分分析仍然是核心，与 SIMCA 不同的是，

PLS-DA 是一种基于偏最小二乘回归分析的分类法，它利用先验分类知识，引入分类变量，将类别作为分类变量（因变量）量化，GB/T 37969—2019 推荐本类取值为 1，非本类取值为 0，将光谱变量与分类变量进行 PLS 校正，建立 PLS-DA 类模型。在建立类模型的过程中，分类变量值是否接近 1，就是一个衡量分类效果的重要指标，当发现某训练样品的分类变量值不满足第一条判别规则（当 $y>0.5$，且偏差<0.5 时）时，均可视为异常样品而剔除，参见 GB/T 37969—2019。

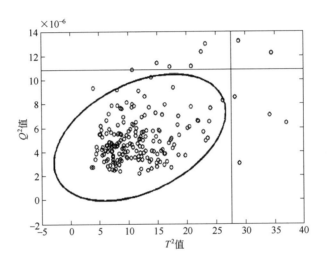

图 6-28 统计识别异常样品的 T^2-Q^2 分布示意图

⊙ 在近红外定性分析中，如何选择 SIMCA、PLS-DA 分类法？

解 答 从实践经验来看，对定性分析比较复杂的对象，若在使用者认定为合格的同一个类别中，存在样品质量波动范围大的情况（如打叶复烤后的模块片烟），宜收集足够多的代表性样品，采用 SIMCA 分类法训练类模型。对于此种情况，如果采用 PLS-DA 分类方法则效果比较差，甚至不能建立类模型，PLS-DA 分类方法适用于类内样品质量波动幅度小、质量相对比较均匀（如烟用香精）的定性分析。不论是采用 SIMCA 分类法，还是 PLS-DA 分类法，定性分析的样品类别建议控制在 2～3 类比较合适。

⊙ 在近红外定量分析中，验证模型有效性需要注意什么？为什么很重要？

解 答 在模型优化后，通过模型的主成分数，如相关系数（R）或决定系数

（R^2）、校正标准误差（SEC）、交互验证标准误差（SECV，RMSECV）、残差分布、预测线性范围等统计指标，可对模型的预测准确性作一个初步估计，但这是不够的，应采用独立验证样品，通过配对 t-检验，比较模型的预测结果与参考方法的测定结果是否存在显著性系统误差，从而验证校正模型是否有效。验证校正模型有两种常用的方式，内部验证和外部验证。为了便于统计学比较，可使用独立验证样品进行外部验证，具体参见 GB/T 29858—2019。值得重视的是，在验证过程中应使用模型内插分析样品，需要的验证样品数量按模型的复杂程度来定，如果模型的潜变量数（主成分数）大于5，严格的选择验证样品的内插数量应不少于 $4k$（k 为潜变量数），烟草的近红外校正模型比较复杂，所用的潜变量数远大于 5，所以，验证样品会需要很多，验证样品应与模型建立时的成分含量或指标的变化范围相当，且在整个范围内尽可能分布均匀。一般来说，一个适应性优良的近红外校正模型，应涵盖这个产区在不同气候条件下种植的各个品种、各个等级的代表性烟叶样品，要验证这个模型的有效性，验证样品集也必须具有相应的代表性，可视为是这个模型校正样品集的"缩小版"。如果建立了多个理化性质的近红外校正模型，各个模型所使用的潜变量数会有所不同，建议以潜变量数最多的校正模型所要求的验证样品的数量为准。

为何验证近红外校正模型的有效性如此重要，这里有必要再作补充说明。对测定含有氢基团（X—H，X 为 C，O，N 等）的一些常量成分（大于 1.0%），其近红外光谱虽重叠严重，但可以找到特征谱区归属的近似位置，选择适宜的相关性谱区与其相应的参考值进行关联，建立近红外校正模型，这一过程可通过多元校正算法、物质结构相关的光谱学原理获得一些解释。但对测定不具有近红外光谱活性的成分，如灰分、钾、钙和镁等一些矿质元素，或是一些光谱吸收很弱，吸收强度甚至比噪声还弱的含量很低的成分（小于 0.1%），初步判断它们与含氢基团的常量成分可能存在某种潜在的间接关系，利用这种间接关系可建立近红外校正模型，但目前尚未找到令人信服的解释，所建立的校正模型能否应用于实际，对模型的有效性验证就显得十分重要。所以，当采用近红外光谱定量分析这些不具有近红外光谱活性的或含量很低的成分时，往往把近红外光谱分析技术视为一种实验性很强的"黑箱技术"，在建模过程中，暂且不考虑其中的理论原理，只要对校正样品光谱和其相应的理化性质或成分含量的参考值关联，建立的校正模型能通过有效性验证，所建立的校正模型就具备了实际应用的价值。

⊙ 校正模型不适应的常见情形有哪些？对不适应的模型应如何拓展、维护？

解 答 烟叶质量会随种植生态和生产技术的改变而变化，使用某个时期烟叶样品构建的校正模型往往具有一定的时效性，校正模型的应用范围带有局部性而非全局最优，为了保证校正模型的预测性能，需要不断增加新的校正样品对校正模型进行适时的维护和更新，拓展模型应用的适应性，增强校正模型预测性能，这里以烟草近红外校正模型不适应的常见情形为例，讨论如何拓展模型的适应能力。

（1）待测样品光谱异常。若植烟自然地理环境发生改变，烟叶质量必然发生变化，原校正模型没有及时补充新的校正样品，其适应性也会随之下降，这是最常见的现象。这种因植烟区易地，原产区不再植烟，就有必要适时剔除模型中原产区的校正样品，并补入新增产区的代表性样品，使预测待测样品光谱落在更新的校正集样品光谱的主成分空间范围之内，保证维护后的校正模型对将来待测样品的预测符合内插分析要求。为此，常把原校正样品视为一大类，采用 PCA 方法建立一个判别类模型，并与校正模型捆绑应用，当待测样品光谱的马氏距离大于 $\bar{D}^2 + 2S_D$（$\bar{D}$ 为校正样品光谱在主成分空间中的平均马氏距离，S_D 为马氏距离的标准偏差）时，说明待测样品光谱远离校正集样品光谱的空间范围，可判断其预测结果是外推的，不是模型内插分析得到的可靠结果。校正模型不适应测定这些待测样品，若这些待测样品与原校正集样品没有形成异常的分布或聚类，马氏距离在（$\bar{D}^2 + 2S_D$）～3 的范围内，则这些样品是维护更新原校正模型的适宜样品，可将这些样品作为新样品来扩充原校正样品空间的边界范围，拓宽校正模型的适应性。

为了节省检测校正样品参考数据的成本，同时提高维护更新模型的工作效率，有必要对新增的样品进行筛选，选择适宜、适量的校正样品。虽然筛选方法比较多，如网格法和 K-S 序贯方法，但选择基于主成分分析的筛选方法比较实用。

（2）校正样品的参考数据分布不均匀。这是在校正模型开发初期最常见的问题，因校正样品不足，参考数据分布不均匀，导致模型在预测过程中，准确性下降。如何解决此类校正模型的维护问题，这里以再造烟叶氯含量的校正模型为例说明，模型的参考值与模型预测值的拟合散点图，可简单视为校正模型的"Y 空间"（性质空间），存在的问题是缺乏 0.75%～1.00% 和 1.20%～1.40% 的校正样品，见图 6-29，若预测到这些含量区间的待测样品，其预测结果是不可靠的。从校正样品光谱的 $t[1]$/ $t[2]$/ $t[3]$主成分得分空间（可视为"**X**空间"的一部分）中也可观察到，见图 6-30，缺少这些含量区间的校正样品，导致了中、低含量的校正样品分布在主成分空间不同的区域。维护校正模型所要做的工作就是添加适量的新样品填补这些"**Y** 空间"和"**X** 空间"的空白区域，并保证各含量区间校正样品数量分布均匀。

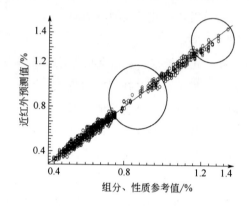

图 6-29　再造烟叶氯参考值与模型预测值的散点图

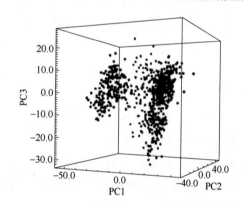

图 6-30　再造烟叶光谱的 $t[1]$/ $t[2]$/ $t[3]$得分示意图

图 6-31 所示的是测定初烤烟叶总氮含量的近红外校正模型的参考值与模型预测值的拟合散点图，存在的问题是缺乏 1.00%～1.50%和 3.00%～4.00%的校正样品，若预测到这些含量区间的待测样品，校正模型的适应性下降，其预测结果准确性差。该校正模型在 1.50%～3.00%之间的校正样品数量充足，未留下明显的"空隙"，从校正样品光谱的 $t[1]$/ $t[2]$/ $t[3]$主成分得分空间中也可观察到，见图 6-32，维护这个校正模型，补给 1.00%～1.50%和 3.00%～4.00%适量

的新样品即可，对烤烟来说，添加适量的上部位和下部位烟叶样品，就可填补高、低含量区间的空白区域。

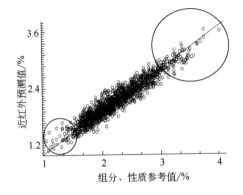

图 6-31　烟叶总氮参考值与模型预测值的散点图

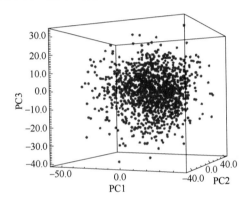

图 6-32　烟叶总氮光谱的 $t[1]/t[2]/t[3]$ 得分示意图

（3）校正样品参考数据测定的重现性差。图 6-33 所示的是在初建初烤烟叶总挥发碱模型时，参考值与模型预测值的散点图，从这个散点图可观察到，在低含量区间近红外预测值偏高，而在高含量区间近红外预测值偏低，正常的情况应该是残差均匀分布在零轴的两边，并基本保持对称。再观察图 6-34 所示的主成分得分示意图，校正样品光谱在主成分得分空间中分布正常，出现这种情形，基本是实验质量控制出了问题所致，参考方法的测定结果不稳定，重现性差。建立或维护类似这样的校正模型，一是检查和校正参考方法的实验偏差，测准参考数据；二是对原校正模型中离散大的参考数据，也就是残差大的样品，重新测定并进行置换，然后重建模型。

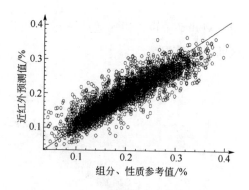

图 6-33 烟叶总挥发碱参考值与模型预测值的散点图

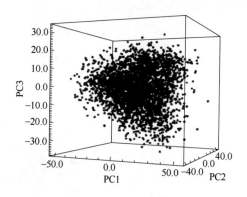

图 6-34 烟叶总挥发碱光谱的 $t[1]$/ $t[2]$/ $t[3]$得分示意图

⊙ 在近红外定量分析中，如何处理校正模型预测值异常偏离的情况？

解 答 在仪器性能稳定，运行正常的条件下，校正模型的应用常会出现预测值偏离，与参考方法测定值有明显差异的现象，但检查待测样品的光谱又未超出模型校正样品光谱空间的合理范围。出现这种现象，可暂时不必忙于添加样品维护模型，应该检查整个近红外分析检测过程是否规范，参考 GB/T 29858—2013 有关校正和测定误差的主要类型、来源、影响因素及解决途径的相关内容，先排除校正模型之外的其他影响因素，最后，再来处理校正模型有可能存在的问题。因为光谱误差、样品误差、校正误差和预测误差的产生或叠加，都会导致预测值偏离。这里举个实例，说明如何处理在近红外预测同一个初烤烟叶样品的氯、还原糖和总糖含量时，出现氯的预测值是负值，还原糖预测值大于总糖预测值的异常现象。

（1）光谱误差。如更替使用了石英窗光学一致性差的样品池测量光谱，造成样品光谱重现性变差，导致样品光谱偏离合理的校正空间。检查样品池石英窗的光学一致性，或使用同一支样品池，经常对样品池作必要的清洁。

（2）样品误差。如果样品粒度不均匀，温度和含水率不稳定，必然会造成光谱的重现性下降，导致预测值不稳定，按建模时制作校正样品的统一实验方案，规范制作和保存待测样品。

（3）使用了对水分比较敏感的波长或光谱波段（水分在 7500～7000cm^{-1} 或 5600～5100cm^{-1} 有明显的吸收）建模，样品含水率的改变，如样品含水率过高或过低，没有控制在建模时所要求的合理的范围之内，则会对测定含羟基的成分的结果产生明显的影响。因此，一是控制样品含水率稳定，二是尝试删除这些对水分敏感的波段并重新建模。

（4）使用了含高频噪声的波段（10000～8500cm^{-1}）和较大的主成分数建立校正模型，引入了过多的噪声，光谱微小的改变导致预测结果不稳定。尝试删除含高频噪声的波段，并优化模型主成分数，选择适宜的主成分数重新建模。

（5）检查校正模型中参考值与校正模型计算值，对模型计算值为负值的校正样品，应从校正模型中删除或复检参考值，然后重建校正模型。

⊙ **在近红外分析过程中，如何取制质量控制样品？使用质量控制样品应注意什么？**

解　答　近红外校正模型投入使用之后，应对仪器的性能以及模型预测的准确性和精度进行持续监测，实时规避预测误差。除了日常履行对仪器性能的自检之外，也可仿效湿化学分析方法，采用质量控制样品进行监测，因烟草是天然植物样品，尽管取制样品时采取了预防措施，但长期（如 1 年以上）储存样品，保证样品成分不变是十分困难的，其理化性质会随时间而变化，导致所测量光谱的改变，从而影响其耐用性。所以，选择质量控制样品，应具有时效性和代表性，也就是应在模型校正样品所覆盖的产地、品种和等级的范围内适时选择样品，且数量不宜低于 60 个，并采取与建模校正样品统一的实验方案，规范制样、规范保存、规范测定参考数据，以及在使用质量控制样品时，规范测量样品光谱。若增删校正样品维护更新模型，应对原质量控制样品的范围和数量进行相应的调整和补充，保证更新后的质量控制样品仍在维护后的模型的校正样品范围内，模型对质量控制样品符合内插分析要求。

使用稳定均匀的质量控制样品来监测仪器和校正模型的性能，往往监测出来的是仪器性能（含仪器测量附件）的变化情况，如维修后仪器硬件的光学一致性改变、波长重现性波动、光谱仪检测器（探测器）老化，检测器相应水平出现不稳定或下降等，这些因素都会导致光谱测量重现性变差。校正模型就是一个数学关系式，有什么样的光谱，就计算出什么样的结果，只要待测样品光谱落在模型校正样品的光谱空间范围内，符合模型内插分析要求，那么，模型的计算结果就可靠。如果待测样品源于新产区、新品种等，超出了模型校正样品的空间范围，通常待测样品光谱的马氏距离就会大于模型校正样品光谱马氏距离的平均水平，马氏距离越大，模型预测结果的准确性就越低，模型对待测样品的预测就属于外推，若再与参考方法测定的结果进行统计对比，就可比较明确地判断出校正模型适应能力的优劣。所以，质量控制样品的主要作用是监测仪器硬件系统在使用过程中的性能稳定性，而监测预测软系统（模型）的适应能力，宜使用有代表性的新样品（建议参考质量控制样品的制作要求）来考量比较合理。

⊙ 在过程质量监测中，把近红外定量分析和定性分析结合应用的优势是什么？

解　答　以在卷烟配方过程中的应用为例说明。卷烟生产是多个不同质量特性的烟草配方模块（也可称为配方单元，如各种配方烟丝、梗丝等）优化组配的批处理过程，配方模块的质量均匀状态决定了最终卷烟产品质量的稳定性，所以，对配方模块过程质量状态的监测非常重要。烟草的整体质量特征或其质量的稳定性，很难使用一个或几个理化指标来进行考量，幸运的是，近红外光谱包含丰富的理化信息，且近红外光谱与物质本身的组成及含量相关，不同质量特征的烟草具有自身相应的特征近红外光谱，通过这些特征近红外光谱的相似性或相异性就可以表征不同质量烟草的稳定性或质量特征归属。构建感兴趣的化学成分指标的近红外定量校正模型和不同质量特征的定性类模型，通过近红外定量与定性分析的结合，不但可快速预测样品的多个成分指标，还可以表征样品与整体质量特征的偏离程度。在实际应用中，可通过在线或旁线采样方式，应用正常工况下采集的不同质量特征的配方模块的近红外光谱进行主成分分析（PCA），建立配方模块的近红外光谱多变量统计过程控制（MSPC）类模型，并结合已预先建立的理化成分指标近红外校正模型，实现对卷烟生产配方模块过程质量的定性定量监测，根据 Hotelling's T^2 统计量和相应的主要化学成分信息，既可以从近红外定性类模型监测配方模块宏观质量的整体性和一致性的变化情况，又可以通过近红外定量模型监测配方模块相应的理化指标的波动，从而对配方模块加工过程质量进行即时的分析评估。从信息的利用角度来看，这比采用单变量物理指标（如温度、填充值等）和化学成分指标（如烟碱、总氮、总糖等）的统计过程控制（SPC）来监测过程质量有明显的综合优势，见图6-35。

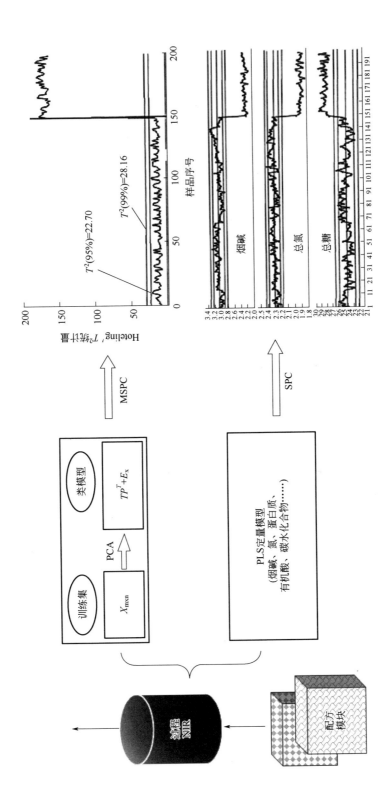

图 6-35　卷烟配方模块过程质量的近红外定性定量监测示意图

⊙ 在近红外分析中，哪些情形需要转移近红外模型？如何操作？

解　答　在近红外定性定量分析中，构建定量校正模型通常要比训练定性类模型投入更高的人力物力成本，在模型投入使用后，以下发生的情形往往需要转移模型，并伴随模型的维护。

（1）维修或更新近红外光谱仪。当仪器使用到一定的年限时，要关注仪器4Q（DQ/IQ/OQ/PQ）的历史文件，重视仪器 IQ/OQ/PQ 验证确认信息和可能出现的预警信息。若需要维修或升级更换光谱仪，到这个时候，通过多年积淀的模型，其价值往往是新仪器的数倍，用户最希望的是将原机模型"硬拷贝"至维修后的仪器上或新的光谱仪上就能正常使用，免去烦琐的"软拷贝"转移模型，这就要求新旧近红外光谱仪必须具有优良的光学性能，仪器之间的性能差异最小，测量结果具有很好的重现性。但事实上，同厂家同型号同一个批次生产的光谱仪都很难做到这一点，往往需要采用合适的模型转移方法来转移模型。维修或更新仪器合理的操作方法是，在更换采样附件、光源和检测器等一些光学元器件或旧仪器还没有退役之前，尽量考虑使用同厂家的元器件或同类型的升级产品，在严格履行完整的仪器设备 4Q 验证确认程序条件下，完成模型转移和评估工作，使新旧仪器平稳交接，这样既可降低模型转移的难度，又可保证测量结果的重现性。

（2）增加仪器扩大分析检测规模或范围。如果近红外分析检测工作量加大，待测样品来源、范围仍在校正样品的空间范围之内，满足校正模型内插分析要求，那么，选择合适的模型转移方法，"软拷贝"或"硬拷贝"转移模型即可。如果待测样品来源新产区，在 PCA 主成分空间中与原校正样品没有形成显著的异常分布或聚类，马氏距离在（$\bar{D}^2 + 2S_D$）~3 的范围之内，这时，在完成模型转移后，应在原校正样品集中添加新产区的代表性样品，扩展原模型校正样品空间范围，增强原模型的适应性。如果添加的代表性样品的马氏距离大于 3，远离原校正样品总体平均水平，在 PCA 主成分空间中与原校正样品形成明显的异常分布或聚类，则无需转移模型，应针对新产区重建新模型。

⊙ 使用、维护近红外光谱仪，常见的典型问题是哪些？

解　答　（1）在仪器的日常使用过程中，没有严格按照仪器使用说明，准直仪器光路，履行仪器的 OQ/PQ 验证确认。

（2）没有对温湿度波动大的实验室环境进行控制，且放置仪器随意，没有合理避让热源、震动源等；忽视仪器接入电源的质量，或与大功率用电设备共用电源，这些因素都会导致仪器运行稳定性变差。

（3）随意换用采样附件（如石英底样品池、光纤等），对更换使用的多个样品池的光学一致性欠缺评估，影响光谱测量的重现性。

（4）干燥剂更换不及时，清洁光学器件、采样附件不规范，导致仪器光学器件、采样附件受损，测量的光谱重现性变差。

（5）使用和维修、维护仪器的记录缺失，无法及时发现仪器可能存在的潜在问题和隐患，导致维修仪器和转移模型困难。

⊙ 如何理解开发应用近红外光谱分析技术是一个数据挖掘应用的过程？

开发应用近红外光谱分析技术，是一个循环往复不断寻优的协同过程，从问题的提出、收集代表性样品、测量光谱、预处理数据、训练构建模型、验证评估模型到应用的整个过程来看，可视为一个数据挖掘与应用的过程，见图 6-36。其本质就是通过大量的、有代表性的样品光谱数据与相应的理化性质参考数据或特征、类别，结合领域知识、专家经验辅助，通过选择合适的数据预处理方法、校正方法和模式识别方法，以及相关的数据可视化技术，揭示样品光谱与其相应性质参考数据或特征、类别之间的关系，建立有效的近红外校正模型或类模型，从而应用模型预测待测样品光谱，得到预期的各种结果。从这一个过程来看，收集代表性实物样品，测量、整理实验数据（包含清洗异常数据等）是极为重要的基础阶段，需要花费大量的时间来作准备，任何失误或不规范的实验操作导致的样品误差、数据测量误差等都会累积叠加，最终在光谱质量上或建模中体现出来，后续就算应用再先进的数据处理方法、建模算法，都难以获得理想的模型，甚至导致建模失败。建立、训练校正模型或类模型可视为数据挖掘阶段，就是选择合适的校正方法或模式识别方法，对预处理后的样品光谱与其相应性质参考数据或特征、类别进行拟合或关联，挖掘数据潜在的隐含关系，构建校正模型或类模型，并对校正模型或类模型的有效性进行验证。最后的阶段就可通过校正模型或类模型结合待测样品光谱，预测待测样品的各种理化性质数据或判断待测样品的特征、类别归属，并对这些预测结果进行解释和应用。本着数据挖掘这一基本思想来开发和应用近红外光谱分析技术，具有积极的指导作用。

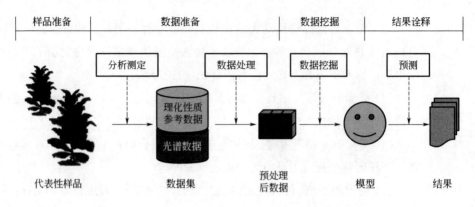

图 6-36 数据挖掘与应用过程示意图

第七节 近红外光谱技术在其他领域的应用

一、在文物分析方面的应用

无损检测技术无需对文物进行破坏性取样，无疑是文物检测分析的首选方法。近红外光谱技术具有测量简便、安全无损、信息丰富、定量准确、分析对象广泛等独特优势，近些年在文物修复和鉴定研究中得到日益广泛的应用。

1. 纸张分析

纸张是书画文物的主要载体，采用近红外方法无损检测书画纸张的种类、强度、pH 值等信息，对书画文物的保护修复具有重要价值。其中，书画纸张的老化强度是获取书画作品年代信息的重要指标，而书画纸张老化的主要原因是在明矾产生的酸性环境下发生了纤维素水解。近红外光谱检测书画老化程度容易受到明矾、糨糊、明胶等物质的干扰，造成较大的误差。为了能够准确地测定中国书 画纸张的老化程度，古岸[204]制备了不同老化程度的人工老化样品，并在样品中加入不同含量的明矾、糨糊、明胶作为标准样品，用特性黏度表征老化程度，采集近红外光谱并进行偏最小二乘（PLS）回归建模。结果表明采用平滑、一阶导数和数据增强算法等光谱预处理方法能够降低模型的 RMSEC 和 RMSEP 误差，见图 6-37 示意。同时，增加标准样品的多样性能够降低 RMSET 误差，提高模型的稳定性和准确性。Yonenobu 等[205]利用近红外光谱无损检测技术对古代和纸和现代和纸的主要成分吸收峰进行了对比，发现古代和纸的纤维素的非晶态和半晶态的吸收峰较低，半纤维素的谱峰区别也与常规的有损试验结果一致。这表明近红外光谱是一种很有潜力的无损检测方法，可以在一定程度上替代常规破坏性检测。

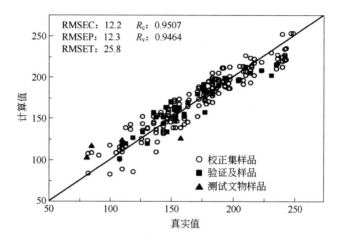

图 6-37　书画纸张老化程度（特性黏度）PLS 回归模型[204]示意图

2. 书画颜料分析

传统书画鉴定工作目前主要依靠有经验的文物鉴定人员进行甄别，主要依据书画的材质、创作风格、年代等信息，采用目视对比判别的方式进行鉴定。传统书画鉴定方式对工作人员的技术要求非常高，且容易出现误差。传统书画中往往含有诸多的隐藏信息，这可能与书画制作时的情况相关，或在仿制品甄别时可以为探求文物深层信息提供线索和帮助。采用近红外成像方法为书画鉴定工作提供了一种全新的方式[206]。图 6-38 为故宫收藏的故 6541 号文物《崇庆皇太后八旬万寿图》，作者为姚文瀚。画作色彩鲜明，具有较大研究价值。但是画作年代悠久，已出现多处破损，对画作的研究十分急切，需要确保在不增加画作损坏情况下提取画作的隐藏信息，这时无损的光谱成像方法显示出其独特的分析特点。

郭新蕾等[206]将可见近红外和短波红外成像光谱系统的数据采集模块作为面阵探测器，选用了 Camera link 接口对探测器参数进行设置，并完成对书画近红外图像数据的采集。该研究对图 6-38 中人物头冠部分颜料进行识别提取。根据传统经验分析，棕色颜料包含赭石颜料，但是并不确定比例与其他成分。为了确定棕色颜料成分，将棕色颜料的光谱曲线与建立的故宫标准颜料光谱库进行比对分析，如图 6-39 为炭黑与赭石的标准光谱曲线示意图。提取光谱影像图中棕色颜料的光谱曲线图，利用光谱角匹配算法结合光谱信息散度进行比对分析，得到的匹配精度表明棕色颜料中包含赭石成分，且为颜料的主要成分。除此之外，结果显示各个头冠颜料混合的情况也有所不同。

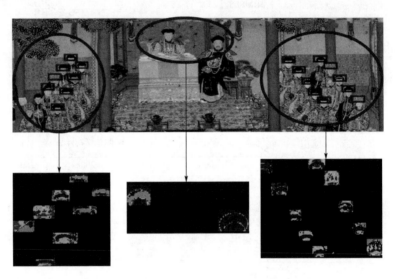

图 6-38 《崇庆皇太后八旬万寿图》采用近红外图像实现隐藏颜料信息提取[206]示意图

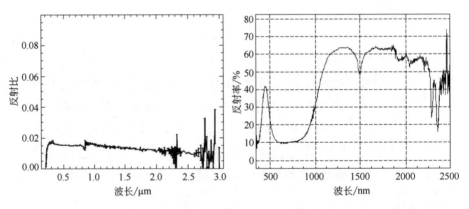

图 6-39 故宫颜料光谱库中炭黑颜料与赭石颜料光谱曲线[206]示意图

很多采用光谱特征成像的研究中都涉及光谱角匹配（SAM）算法。SAM 是根据目标光谱和测试光谱之间的夹角数值大小判断两条光谱曲线的相似性。两个光谱间的夹角数值越小，则它们的匹配程度越高。而光谱信息散度（SID）是一种基于信息论衡量两条光谱之间差异的波谱分类方法。关于此类成像分析方法的原理和具体公式，请参考相关书籍。

3. 油画真伪鉴定

近红外成像或近红外高光谱技术常常能够发现画作中肉眼无法辨析的细微信息，这些隐藏在画作中的信息能够给文物真伪鉴定工作提供巨大的帮助。通过一个典型的例子可以阐述近红外光谱技术的作用[207]，在 19 世纪，美国的乡村艺术相当流行，大部分乡村画作来源于普通民众而非著名艺术家，因此这个时期的油画作品非常容易受到不法分子的伪造。图 6-40 为一幅典型的 19 世纪美国乡村油画——一座被牧场包围的小村庄。在油画的左下角能够隐约发现画家的签名"Sarah Honn May 5，1866 A.D."。一般来说，乡村油画很少带有签名，而如果是源自女性画家之手的油画则更加具有收藏价值。如果用光学显微镜观察的话，这个签名和画作的整体老化痕迹一致，表明画作和签名源自同一时期。

采用透射近红外技术可以从中发现一些端倪。油画材料对光谱长波辐射具有透过性，因此透射近红外技术可以对油画材料的底层结构或组合物进行成像。很多时候近红外技术也可以对油画底层的铅笔素描或漫画底稿进行显像。通过对图 6-40 中水平线上的白房子进行近红外扫描可以发现，牧场的水平线穿过白房子，可以判断白房子是后期加上的，见图 6-41。此外，通过比对近红外

图 6-40　油画"Village Scene with Horse and Honn & Company Factory"　[207]

光谱图像中的裂纹分布情况与正常油画老化的裂纹分布情况,可以发现该画作的裂纹是通过后期使用干燥剂和日光灯加热促成的。因此,近红外光谱成像技术能够发现更多常规视觉无法发现的细节,从而更加准确地对文物进行真伪鉴定。

图 6-41　油画的透射近红外图像[207]示意图

二、在司法鉴定中的应用

提取犯罪案件相关的物证和对物证进行司法鉴定对追踪案件线索、推动案件的侦破以及司法审判都起着至关重要的作用,物证鉴定的结果能够为案件的判诉提供证据。目前对案件物证进行检验的主要手段分为理化检测和光学检测。其中,光谱成像技术属于一种无损检测技术,它通过获取目标的二维空间信息与一维光谱信息,从而获取物质的化学组分信息。根据光谱范围,应用于犯罪物质检验的光谱技术可分为紫外光谱成像技术、可见光谱成像技术和红外高光谱成像技术。紫外光谱成像技术主要用于指纹分析等,可见光谱成像技术通常用于颜色的甄别,红外高光谱成像技术在物证分析中的应用又包括近红外光谱成像和中红外光谱成像。由于绝大多数有机物和无机物的基频吸收带都出现在中红外区,因此对中红外光谱成像技术的应用研究较多。近年来,便携式传感器技术和芯片技术的快速发展,加快了犯罪分析技术的发展,出现了电化学传感器、纸基分析设备、微流控设备和各类便携式设备,如便携式的质谱仪、拉曼光谱仪和近红外光谱仪等仪器。这些仪器具有样品输入-应答功能,在检测分析时所消耗的样品和试剂量少,分析成本低,且不需要对检测人员进行复杂的仪器使用方法培训，适用于在犯罪现场对遗留的犯罪痕迹和物证进行快速检测。其中，近红外光谱技术在司法鉴定方面的运用被广泛探索，近红外光谱与化学计量学相结合使其鉴定分析的功能更为强大。近红外光谱成像技术在血迹检验、笔迹检验和非法药物鉴定、土壤来源检测等方面有较多的应用研究。

1. 血迹检验

血迹是各类犯罪现场中最为常见的重要物证之一，常用的血迹检验方法有四甲基联苯胺法和鲁米诺荧光显现法等。由于案件现场愈加复杂，现有显现血迹的方法存在一定的局限性，特别是针对纺织品客体上的潜在血迹和疑似血迹的物质痕迹的显现。此外，血液从离开身体的那一刻开始老化，通过研究血液老化的规律来估算血液年龄，估计发生创伤事件的时间。对于犯罪现场办案人员来说，精确的血迹年龄预测可以用来推测出犯罪发生的时间，确定犯罪现场血迹年龄的最简单方法是观察血迹颜色随时间的变化。当血液离开人体时，氧合血红蛋白会快速氧化成高铁血红蛋白，而高铁血红蛋白又会缓慢变成血红蛋白，该反应会引起血液颜色变化，从而使得光谱估计血迹年龄成为可能。

光谱成像技术在获得目标物质光谱影像集的同时还可以获取各物质的光谱特征曲线。因此，运用光谱成像技术显现潜在血迹不仅可以直观地通过光谱影像获得显现结果，还可以根据获取的光谱特征曲线进一步分析研究、显现区分血迹及其他疑似血迹的痕迹，并为犯罪现场勘查工作中快速显现潜在血迹提供了数据参考。光谱成像技术是一种无损检验方法，样品的预处理比较简单，仪器操作和光谱数据获取简单快捷，在研究犯罪现场的潜在血迹方面具有一定的应用前景。

齐敏珺等[208]采用自主研发的便携式近红外光谱成像仪对不同花色和不同材质布料上的血迹进行检测，采集了光谱范围650～1100nm，光谱分辨率10nm的光谱图像并对其进行分析。图6-42为便携式光谱成像仪的检测结果图。图中显示近红外光谱成像技术可以较好地显现深色或花色布料上的血迹，但显现效果受血液浓度、血量以及布料在近红外谱段的反射率等因素的影响。潘铭[209]选择可见光多光谱成像系统（有效光谱波段450～950nm）和近红外高光谱成像系统（有效光谱波段900～1700nm）分别对不同颜色、不同材质的布料上遗留的不同浓度的血迹及不同品牌的酱油、口红、墨水、印油痕迹进行光谱影像和光谱特征曲线的数据采集，显现效果的比较分析表明可见光多光谱成像显现绿色和蓝色纺织品上的潜在血迹效果较好，近红外高光谱成像技术显现黑色、酒红色和大红色的纺织品上潜在血迹效果较好；对于纺织品上潜在血迹与酱油痕迹的区分上近红外高光谱成像技术的区分率更高，适用范围更广。戎念慈等[210]构建了以 8 个 LED 为照明光源、以黑白 CCD 相机为成像单元的可见-近红外多光谱成像系统，利用以 K 最近邻、支持向量机和随机森林算法为基础模型的融合模型分析预测血迹年龄。结果表明，光谱结合模型融合算法能够获得较好的血迹年龄估计结果，并且结构简单，成本低廉且稳定性好。

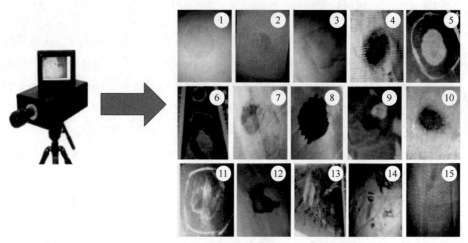

图 6-42　便携式光谱成像仪对不同纺织品上血迹的检测结果[208]示意图

近红外光谱成像技术在对血迹痕迹的检测中，对深色纺织品客体上的血迹鉴定较为灵敏，能够完善其他血迹鉴定手段的缺陷，见图 6-43[211,212]。同时，近红外光谱技术和可见光谱成像技术通过结合化学计量学工具能够对犯罪现场遗留的血迹年龄进行预测，推断出犯罪时间。血迹遗留时间的鉴定对案件侦破有重要意义，快捷地鉴定出血迹年龄有助于加快案件的侦破。

2. 笔迹检验

在物证分析时，常常会需要对犯罪现场遗留的墨水笔迹进行鉴定，各种书写材料经书写工具写到纸上后，由于改变了书写材料存在的条件，使其直接暴露在空气中或光线下，随着时间的推移，书写材料本身就会发生某些物理、化学性质的变化，这种变化的程度与书写时间的长短相对应。测出这种变化并能掌握其变化规律，就可以利用这一特征判断文字的书写时间，见图 6-44。

张平等[213]对黑色真彩签字笔字迹样本进行近红外光谱数据采集，并运用相关模型进行预处理，建立字迹形成时间与近红外光谱数据之间的多元分析模型，并用相对预测误差（RPD）来评价模型的预测能力，结果表明应用多元散射校正

（MSC）预处理方法所建模型最佳，其各项校正标准偏差与相对预测误差均符合行业认定范围，所建模型具有可行性。

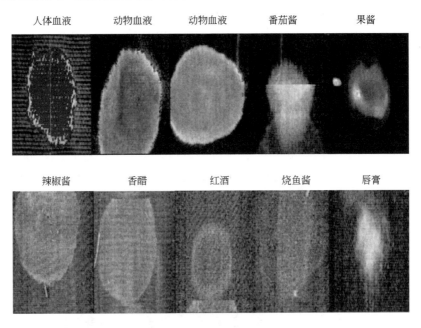

图 6-43　近红外光谱对不同纺织品上血迹的分类结果示意图[211]

图 6-44　近红外光谱检测涂抹后掩盖的字迹 [208]

　　近红外光谱成像技术对笔迹检验方面的应用缩短了检验的时间，且作为一种无损检测技术，它不会对笔迹样品造成损坏，在犯罪物证的检验、考古学等领域具有一定的应用价值。

3. 非法药物鉴定

　　在非法药物鉴定方面，常见的检测方法是采用高效液相色谱（HPLC）或气相色谱（GC）技术，结合二极管阵列检测器（DAD）、火焰离子化检测器（FID）或质谱（MS）对样品进行检测。这些鉴定方法制作样本和实验分析耗费的时间都比较长。近红外光谱技术作为一种快捷便携的替代检测方法，已经被用于分析伪造药品、识别和量化非法药品等方面[214]。Coppey 等[215]开发了一种便携式近红外光谱仪器现场分析方法，该种方法使用的红外检测仪器（MicroNIR）仅重250g，由锂离子电池供电，续航时间超过 10h，且设置蓝牙连接。这种微型仪器在近红外光谱区（即 950~1650nm）工作，以两个钨灯泡作为辐射源，信噪比为 25000，集成时间为 10ms，系统每次分析可执行 100 次扫描。MicroNIR 连接有专用的移动应用程序，图 6-45 为与 MicroNIR 设备通信的移动应用程序设备的屏幕截图。该应用程序的主要作用是将记录的近红外光谱发送到云数据库中，并运行为识别和量化所调查样本中存在的非法药物而开发的算法，然后将计算结果发送回移动应用程序，允许用户对结果进行即时（5s）查询，非法药物的类型和纯度以及分析时装置的地理位置存储在数据库中。这种分析仪器能够快速、无损、准确地鉴别和定量海洛因、可卡因和大麻样本。与 MicroNIR 配套的移动

图 6-45　与 MicroNIR 设备通信的移动应用程序的屏幕截图[215]

应用程序使数据可视化并使执行、后续分析成为可能。利用化学计量学工具构建非法药品检测的云数据库，便携式红外检测仪器结合计算机程序将检测数据发送至云数据库中进行运算分析，用户能够对分析结果进行即时查询，此方法操作简洁，技术要求低。红外光谱技术在非法药品检测方面的运用极大地缩短了传统法医实验室检测的流程，在执法人员进行执法的过程中，针对存疑的药品能够进行快速检验，并且得到即时反馈，提高了执法效率，同时对人员的技术要求较低，具有广泛的应用前景。

4. 土壤来源检测

在搜寻的物证中，土壤来源是许多案件调查的重要证据。不同地域土壤的各种指标有所不同，例如土壤的物理、化学、生物、矿物学和光谱特性等。同一地域的土壤指标在不同时间段也有所差异。为了确定未知土壤样本的来源，需要对土壤进行"土壤源检测"。对土壤来源进行检测时，通常采用未知的土壤和法医土壤数据库中的已知样本进行比较。

由于物证鉴定的特殊性，所得的土壤样本通常是有限的，传统鉴定土壤来源的手段对土壤样本的预处理都具有一定破坏性，在物证鉴定中适用性差。可见-近红外光谱对土壤的有机质、粒度、铁、碳酸钙和盐具有一定的响应，Zeng 等[216]对土壤颜色指标分别采用了光谱法和传统的 Munsell 法检测并对结果进行比较，结果表明，对于少量的土壤样品（小于 1g），能以无损的方式获得土壤光谱或土壤颜色，并且通过与样本库中土壤数据的相似性比较，识别出特征空间和地理空间中接近未知目标的相似样品。尤其在土壤样本库中的样品不够详细时，可见-近红外光谱能够更好地对土壤来源进行鉴定。光谱技术不需要对样品进行预处理或对样品的预处理程度低，可用于小样品的检测，能在消耗样品较少的情况下检测出土壤的来源，可满足犯罪物证分析中土壤来源鉴定的需求。

三、问题与解答

⊙ 犯罪现场中的一些痕量物证或者是肉眼无法观察的目标物能否采用近红外光谱进行分析？

解　答　目前已有研究报道对玻璃或金属上的人血残留进行定性分析鉴定，采用手持便携式近红外光谱仪结合有监督的 PLS-DA 和 GA-LDA 方法能够成功区分人类血液和动物血液的样本[211]。总体来说，采用普通近红外二维光谱技术往往难以对于现场的痕量成分进行采集或者分析。目前多数研究使用便携式的可见-红外光谱成像仪进行现场勘察和血液样品采集工作，通过后期光谱有效信息的选择和化学计量学的图像重构可以得到肉眼无法察觉的一些有效信息。

⊙ 采用近红外光谱分析方法能否准确检测到衣服等纺织品上的血迹残留？

解　答　对于肉眼不易察觉的纺织品上残留的血迹，目前通过近红外光谱成像技术可以显现深色布料上的血迹。血迹在背景上普遍呈现深色调，但显现的效果受两个因素影响：一是血液浓度或血量，如血液稀释到 10 倍以上就较难检测，血量较少或清洗血迹后，都很难检测到可能残留的血迹；二是布料的反射率，有些布料在近红外谱段的反射率大，深色的血迹与背景反差大更容易被发现，有些布料在近红外谱段的反射率较小，与血迹的反差小则发现其上的血迹相对困难[208]。

参考文献

[1] 张良. 马铃薯部分品质性状近红外模型的建立及育种应用 [D]. 哈尔滨：东北农业大学，2014.

[2] 金文玲. 水稻种子近红外吸收光谱分析及检测研究 [D]. 北京：中国科学院大学（中国科学院长春光学精密机械与物理研究所），2020.

[3] 梁剑，刘斌美，陶亮之，等. 基于水稻种子近红外特征光谱的品种鉴别方法研究 [J]. 光散射学报，2013，25（04）：423-428.

[4] 李君霞. 水稻蛋白质近红外模型的建立及其在育种中的应用研究 [D]. 北京：中国农业大学，2005.

[5] 黄艳艳，朱丽伟，李军会，等. 应用近红外光谱技术快速鉴别玉米杂交种纯度的研究 [J]. 光谱学与光谱分析，2011，31（03）：661-664.

[6] 李静. 玉米籽粒品质近红外测定方法及遗传研究 [D]. 新乡：河南科技学院，2015.

[7] Shen G，Cao Y，Yin X，et al. Rapid and Nondestructive Quantification of Deoxynivalenol in Individual Wheat Kernels Using Near-Infrared Hyperspectral Imaging and Chemometrics [J]. Food Control，2022，131：108420-108427.

[8] Fan Y，Ma S，Wu T. Individual Wheat Kernels Vigor Assessment Based on NIR Spectroscopy Coupled with Machine Learning Methodologies [J]. Infrared Physics & Technology，2020，105：103213-103219.

[9] Font R，Del Río-Celestino M，de Haro-Bailón A. The Use of Near-Infrared Spectroscopy（NIRS）in the Study of Seed Quality Components in Plant Breeding Programs [J]. Industrial Crops and Products，2006，24（3）：307-313.

[10] Secretariat I，Gullino M L，Albajes R，et al. Scientific Review of the Impact of Climate Change on Plant Pests [M]. Food and Agriculture Organization of the United Nations，2021.

[11] 白春启，吕建华，黄宗文，等. 储粮害虫检测方法研究进展 [J]. 中国粮油学报，2020，35（11）：

202-210.

［12］Mishra G，Srivastava S，Panda B K，et al．Rapid Assessment of Quality Change and Insect Infestation in Stored Wheat Grain Using FT-NIR Spectroscopy and Chemometrics［J］．Food Analytical Methods，2018，11（4）：1189-1198．

［13］Keszthelyi S，Pónya Z，Csóka Á，et al．Non-Destructive Imaging and Spectroscopic Techniques to Investigate the Hidden-Lifestyle Arthropod Pests：A Review［J］．Journal of Plant Diseases and Protection，2020，127（3）：283-295．

［14］张红涛，毛罕平，邱道尹．储粮害虫图像识别中的特征提取［J］．农业工程学报，2009，25（02）：126-130．

［15］胡元森，田萍萍，李棒棒，等．粮食储藏生理性变质研究进展［J］．中国粮油学报，2020，35（11）：179-186．

［16］韩赟，季苏丹，李成，等．近红外在线分析技术在粮食领域的应用［J］．粮食与食品工业，2021，28（03）：6-8．

［17］马佳佳，王克强．水果品质光学无损检测技术研究进展［J］．食品工业科技，2021，42（23）：427-437．

［18］张云琪．基于可见-近红外光谱分析的苹果糖酸度检测模型研究［D］．合肥：中国科学技术大学，2021．

［19］乔鑫，彭彦昆，王亚丽，等．手机联用的苹果糖度便携式检测装置设计与试验［J］．农业机械学报，2020，51（S2）：491-498．

［20］王加华，王一方，韩东海．多品种洋梨糖度近红外普适性模型的建立［J］．食品安全质量检测学报，2012，3（05）：443-447．

［21］刘燕德，徐海，孙旭东，等．不同品种苹果糖度近红外光谱在线检测通用模型研究［J］．光谱学与光谱分析，2020，40（03）：922-928．

［22］刘燕德，马奎荣，孙旭东，等．梨和苹果糖度在线检测通用数学模型研究［J］．光谱学与光谱分析，2017，37（07）：2177-2183．

［23］王加华，孙旭东，潘璐，等．基于可见/近红外能量光谱的苹果褐腐病和水心鉴别［J］．光谱学与光谱分析，2008（09）：2098-2102．

［24］Jamshidi B，Mohajerani E，Jamshidi J．Developing a Vis/NIR Spectroscopic System for Fast and Non-Destructive Pesticide Residue Monitoring in Agricultural Product［J］．Measurement，2016，89：1-6．

［25］Shah S S A，Zeb A，Qureshi W S，et al．Mango Maturity Classification Instead of Maturity Index Estimation：A New Approach Towards Handheld NIR Spectroscopy［J］．Infrared Physics & Technology，2021，115：103639-103647．

［26］Wang Z，Künnemeyer R，McGlone A，et al．Potential of Vis-NIR Spectroscopy for Detection of Chilling Injury in Kiwifruit［J］．Postharvest Biology and Technology，2020，164：111160-111168．

［27］张珮，王银红，江靖，等．便携式近红外光谱仪在果蔬品质定性和定量分析中的应用［J］．食品科技，2020，45（05）：287-292．

［28］Huang L，Meng L，Zhu N，et al．A Primary Study on Forecasting the Days Before Decay of Peach Fruit Using Near-Infrared Spectroscopy and Electronic Nose Techniques［J］．Postharvest Biology and Technology，2017，133：104-112．

［29］李毅念，姜丹，刘璎瑛，等．基于近红外光谱的杂交水稻种子发芽率测试研究［J］．光谱学与光谱分析，2014，34（06）：1528-1532.

［30］朱银，颜伟，杨欣，等．基于近红外光谱的小麦种子发芽率测试［J］．江苏农业科学，2015，43（12）：111-113.

［31］Norris K H，William P C．Optimization of Mathematical Treatments of Raw Near-Infrared Signal in the Measurement of protein in Hard Red Spring Wheat：Ⅰ：Influence of Particle Size［J］．Cereal Chemistry，1984，8：99-110.

［32］Wang D，Dowell F E，Lacey R．E．Single Wheat Kernel Size Effects on Near-Infrared Reflectance Spectra and Color Classification［J］．Cereal Chemistry，1999，76（1）：34-37.

［33］胡新中，魏益民，张国权，等．近红外谷物品质分析仪工作稳定性研究［J］．北京：粮食与饲料工业，（6）：46-47.

［34］李勇，魏益民，王锋，等．影响近红外光谱分析结果准确性的因素［J］．核农学报，2005，19（3）：236-240.

［35］李军涛．近红外反射光谱快速评定玉米和小麦营养价值的研究［D］．北京：中国农业大学，2014.

［36］隋莉，郭吉原，燕磊，等．玉米、豆粕等5种大宗饲料原料氨基酸含量预测模型的建立［Z］．山东省，山东新希望六和集团有限公司，2014-10-28.

［37］朱大洲，黄文江，马智宏，等．基于近红外网络的小麦品质监测［J］．中国农业科学，2011，44（09）：1806-1814.

［38］Nturambirwe J F I，Nieuwoudt H H，Perold W J，et al．Non-Destructive Measurement of Internal Quality of Apple Fruit by a Contactless NIR Spectrometer with Genetic Algorithm Model Optimization［J］．Scientific African，2019，3：e00051-e00061.

［39］Olarewaju O O，Bertling I，Magwaza L S．Non-Destructive Evaluation of Avocado Fruit Maturity Using Near Infrared Spectroscopy and PLS Regression Models［J］．Scientia Horticulturae，2016，199：229-236.

［40］Jie D，Zhou W，Wei X．Nondestructive Detection of Maturity of Watermelon by Spectral Characteristic Using NIR Diffuse Transmittance Technique［J］．Scientia Horticulturae，2019，257：108718-108725.

［41］Shah S S A，Zeb A，Qureshi W S，et al．Towards Fruit Maturity Estimation Using NIR Spectroscopy［J］．Infrared Physics & Technology，2020，111：103479-103495.

［42］戚淑叶．可见/近红外光谱检测水果品质时影响因素的研究［D］．北京：中国农业大学，2016.

［43］杨增玲，杨钦楷，沈广辉，等．豆粕品质近红外定量分析实验室模型在线应用［J］．农业机械学报，2019，50（08）：358-363.

［44］金楠，常楚晨，王红英，等．在线近红外饲料品质监测平台设计与试验［J］．农业机械学报，2020，51（07）：129-137.

［45］郭丽丽．便携式近红外仪在反刍动物饲料质量分析中的应用研究［D］．北京：中国农业科学院，2021.

［46］隋莉，郭团结，杨红伟，等．饲料企业近红外规模化应用关键控制点［J］．中国畜牧杂志，2017，53（11）：108-113.

［47］Murray I，Aucott L S，Pike I H．Use of Discriminant Analysis on Visible and Near Infrared Reflectance Spectra to Detect Adulteration of Fishmeal with Meat and Bone Meal［J］．Journal of Near Infrared

Spectroscopy，2001，9（1）：297-311.

［48］Bakalli R I，Pesti G M，Etheridge R D．Comparison of a Commercial Near-Infrared Reflectance Spectroscope and Standard Chemical Assay Procedures for Analyzing Feed Ingredients：Influence of Grinding Methods［J］．The Journal of Applied Poultry Research，2000，9（2）：204-213.

［49］Shen G，Pierna J A F，Baeten V，et al．Local Anomaly Detection and Quantitative Analysis of Contaminants in Soybean Meal Using Near Infrared Imaging：The Example of Non-Protein Nitrogen［J］．Spectrochimica Acta Part A：Molecular and Biomolecular Spectroscopy，2020，225：117494-117503.

［50］褚小立．近红外光谱分析技术实用手册［M］．北京：机械工业出版社，2016.

［51］李玉鹏，年芳，李爱科，等．近红外反射光谱技术评定棉籽粕营养价值和蛋公鸡代谢能［J］．动物营养学报，2016，28（07）：2013-2023.

［52］赵佳，丁雪梅，罗玉衡，等．不同来源玉米对大恒肉鸡代谢能的测定及近红外预测模型的构建［J］．中国畜牧杂志，2016，52（11）：24-29.

［53］石冬冬，刘志英，常淑平，等．利用近红外图谱技术同时检测预混料中多种维生素含量的研究［J］．粮食与饲料工业，2015（08）：61-65.

［54］刘波平，秦华俊，罗香，等．偏最小二乘-反向传播-近红外光谱法同时测定饲料中 4 种氨基酸［J］．分析化学，2007（04）：525-528.

［55］宋涛，杜雪莉，刘耀敏．近红外光谱法检测玉米蛋白粉中 17 种氨基酸含量［J］．饲料研究，2010（10）：44-45.

［56］Amsaraj R，Ambade N D，Mutturi S．Variable selection coupled to PLS2，ANN and SVM for simultaneous detection of multiple adulterants in milk using spectral data［J］．International Dairy Journal，2021，123：105172.

［57］Wang X，Esquerre C，Downey G，et al．Development of chemometric models using Vis-NIR and Raman spectral data fusion for assessment of infant formula storage temperature and time［J］．Innovative Food Science & Emerging Technologies，2021，67：102551.

［58］张露，薛龙，刘木华，等．利用可见-近红外光谱术无损检测牛奶中的三聚氰胺［J］．中国农机化，2012（2）：125-127+124.

［59］Zhao X，Li C，Zhao Z，et al．Generic models for rapid detection of vanillin and melamine adulterated in infant formulas from diverse brands based on near-infrared hyperspectral imaging［J］．Infrared Physics & Technology，2021，116：103745.

［60］管骁，古方青，刘静，等．近红外光谱技术的乳粉品牌溯源研究［J］．光谱学与光谱分析，2013，33（10）：2621-2624.

［61］金垚，杜斌，智秀娟．NIR 技术快速鉴定牛奶品牌与掺假识别［J］．食品研究与开发，2016，37（3）：178-181.

［62］韩东海，鲁超，刘毅，等．生鲜乳中还原乳的近红外光谱法鉴别［J］．光谱学与光谱分析，2007，27（3）：465-468.

［63］荣菌，甘露菁．近红外光谱与自组织竞争神经网络联用快速鉴别牛乳与复原乳［J］．中国乳品工业，2019，47（2）：58-60.

［64］徐玲玲，李卫群，朱慧，等．近红外光谱法检测奶粉掺假［J］．食品安全质量检测学报，2016，7（8）：

3133-3137.

[65] Mouazen A M，Dridi S，Rouissi H，et al. Prediction of selected ewe's milk properties and differentiating between pasture and box feeding using visible and near infrared spectroscopy［J］. Biosystems Engineering，2009，104（3）：353-361.

[66] Mabood F，Jabeen F，Hussain J，et al. FT-NIRS coupled with chemometric methods as a rapid alternative tool for the detection & quantification of cow milk adulteration in camel milk samples［J］. Vibrational Spectroscopy，2017，92：245-250.

[67] Pereira E V D，Fernandes D D D，de Araujo M C U，et al. In-situ authentication of goat milk in terms of its adulteration with cow milk using a low-cost portable NIR spectrophotometer［J］. Microchemical Journal，2021，163：105885.

[68] 皮付伟，王加华，孙旭东，等. 基于聚乙烯膜包装奶酪成分的 NIRS 检测研究［J］. 光谱学与光谱分析，2008（10）：2321-2324.

[69] 李跑，申汝佳，李尚科，等. 一种基于近红外光谱与化学计量学的绿茶快速无损鉴别方法，光谱学与光谱分析，2019，39（8）：2584-2589.

[70] 任广鑫，金珊珊，李露青，等. 近红外光谱技术在茶叶品控与装备创制领域的研究进展［J］. 茶叶科学，2020，40（6）：707-714.

[71] Li L，Jin S，Wang Y，et al. Potential of smartphone-coupled micro NIR spectroscopy for quality control of green tea［J］. Spectrochimica Acta Part A Molecular and Biomolecular Spectroscopy，2021，247：119096.

[72] Wang Y J，Li M H，Li L Q，et al. Green analytical assay for the quality assessment of tea by using pocket-sized NIR spectrometer［J］. Food Chemistry，2021，345：128816.

[73] Wang Y J，Li T H，Li L Q，et al. Evaluating taste-related attributes of black tea by micro-NIRS［J］. Journal of Food Engineering，2020，290：110181.

[74] Li Z，Wang P，Huang C，et al. Application of Vis/NIR spectroscopy for Chinese liquor discrimination ［J］. Food Analytical Methods，2014，7（6）：1337-1344.

[75] Power A，Jones J，NiNeil C，et al. What's in this drink? Classification and adulterant detection in Irish Whiskey samples using near infrared spectroscopy combined with chemometrics[J]. Journal of the Science of Food and Agriculture，2021，101（12）：5256-5263.

[76] Viejo C G，Fuentes S，Torrico D，et al. Assessment of beer quality based on foamability and chemical composition using computer vision algorithms，near infrared spectroscopy and artificial neural networks modelling techniques［J］. Journal of the Science of Food and Agriculture，2017，98（2）：618-627.

[77] 张树明，杨阳，倪元颖. 近红外光谱和电子鼻技术用于葡萄酒发酵过程中酒精度的定量分析［J］. 光谱学与光谱分析，2012，32（11）：2997-3001.

[78] Liu J，Dong X，Han S，et al. Determination of ethyl octanoate in Chinese liquor using FT-NIR spectroscopy［J］. International Food Research Journal，2021，28（1）：199-206.

[79] 高畅，张宇飞，辛颖，等. 近红外光谱技术结合波段筛选用于白酒基酒总酯定量分析［J］. 中国酿造，2021，40（4）：155-158.

[80] 李嘉琪，刘卫义，孙骏飞，等. 近红外技术与人工检测十里香酒醅指标的研究［J］. 酿酒，2021，

48（3）：118-120.

[81] 卢中明，郑敏，刘艳，等. 基于液体样品近红外模型在白酒酒醅分析中的应用 [J]. 酿酒，2019，46（6）：40-44.

[82] 张良，谭文渊，孙跃，等. 基于近红外分析的基酒质量等级的研究 [J]. 广州化工，2020，48（5）：142-144.

[83] Sauvage L，Frank D，Stearne J，et al. Trace metal studies of selected white wines：An alternative approach [J]. Analytica Chimica Acta，2002，458（1）：223-230.

[84] 于海燕，应义斌，谢丽娟，等. 光程对黄酒金属元素近红外透射光谱分析精度的影响 [J]. 光谱学与光谱分析，2007，27（6）：1118-1120.

[85] Shi J，Zou X，Huang X，et al. Rapid detecting total acid content and classifying different types of vinegar based on near infrared spectroscopy and least-squares support vector machine [J]. Food Chemistry，2013，138（1）：192-199.

[86] Sedjoah R A，Ma Y，Xiong M，et al. Fast monitoring total acids and total polyphenol contents in fermentation broth of mulberry vinegar using MEMS and optical fiber near-infrared spectrometers [J]. Spectrochimica Acta Part A：Molecular and Biomolecular Spectroscopy，2021，260：119938.

[87] Liu F，He Y，Wang L，et al. Detection of organic acids and pH of fruit vinegars using near-infrared spectroscopy and multivariate calibration [J]. Food And Bioprocess Technology，2011，4（8）：1331-1340.

[88] 朱丽红，李静，马玉敏，等. 老陈醋陈酿过程中不挥发酸和氨基酸态氮的近红外光谱技术分析 [J]. 中国酿造，2021，40（2）：175-178.

[89] 宋海燕，秦刚，刘海芹. 基于近红外光谱技术的瓶装醋定性检测 [J]. 光谱学与光谱分析，2012，32（6）：1547-1549.

[90] Hu L，Yin C，Ma S，et al. Vis-NIR spectroscopy Combined with Wavelengths Selection by PSO Optimization Algorithm for Simultaneous Determination of Four Quality Parameters and Classification of Soy Sauce. Food Analytical Methods 2019，12：633-643.

[91] Xu J，Huang F，Li Y，et al. Rapid detection of total nitrogen content in soy sauce using NIR spectroscopy [J]. Czech Journal of Food Sciences，2015，33（6）：518-523.

[92] 胡亚云，崔璐，于修烛. 光程对酱油总酸和氨基酸态氮定量分析模型的影响研究 [J]. 中国调味品，2016，41（7）：11-14.

[93] 胡亚云，崔璐. 光谱扫描参数对酱油总酸和氨基酸态氮定量分析模型的影响研究 [J]. 中国调味品，2015，40（10）：30-33.

[94] Silva L C R，Folli G S，Santos L P，et al. Quantification of beef，pork，and chicken in ground meat using a portable NIR spectrometer [J]. Vibrational Spectroscopy，2020，111：103158.

[95] Cheng W，Sørensen K M，Engelsen S B，et al. Lipid oxidation degree of pork meat during frozen storage investigated by near-infrared hyperspectral imaging：Effect of ice crystal growth and distribution [J]. Journal of Food Engineering，2019，263：311-319.

[96] Dixit Y，Pham H Q，Realini C E，et al. Evaluating the performance of a miniaturized NIR spectrophotometer for predicting intramuscular fat in lamb：A comparison with benchtop and hand-held Vis-NIR spectrophotometers [J]. Meat Science，2020，162：108026.

[97] Patel N，Toledo-Alvarado H，Cecchinato A，et al. Predicting the Content of 20 Minerals in Beef by Different Portable Near-Infrared（NIR）Spectrometers [J]. Foods，2020，9（10）：1389.

[98] 赵钜阳，姚恒喆，杨旻恪，等. 冻藏猪肉在近红外光谱应用中的快速无损检测 [J]. 肉类工业，2020（1）：20-28.

[99] 何鸿举，朱亚东，王魏，等. 基于近红外高光谱成像快速无损检测注胶肉研究 [J]. 食品工业科技，2020，41（10）：219-223.

[100] 唐鸣，田潇瑜，王旭，等. 基于近红外特征波段的注水肉识别模型研究 [J]. 农业机械学报，2018，49（S1）：440-446.

[101] 赵静，梁瑞，刘新保，等. 近红外全波段扫描技术建立数学模型鉴别地沟油方法研究 [J]. 中国油脂，2021，46（9）：71-76.

[102] 王海龙，杨向东，张初，等. 近红外高光谱成像技术用于转基因大豆快速无损鉴别研究 [J]. 光谱学与光谱分析，2016，36（6）：1843-1847.

[103] Chung H. Applications of near-infrared spectroscopy in refineries and important issues to address [J]. Applied Spectroscopy Reviews，2007，42（3）：251-285.

[104] 袁洪福，褚小立，陆婉珍，等. 在线近红外光谱成套分析技术及其在石油化工中的应用 [J]. 石油化工，2005，34（z1）：51-54.

[105] 王艳斌，胡于中，李文乐，等. 近红外原油快速评价技术预测常减压蒸馏装置侧线收率 [J]. 光谱学与光谱分析，2014（10）：2612-2616.

[106] 胡于中，王艳斌，张巍松，等. 近红外光谱法快速测定原油密度的应用研究 [J]. 光散射学报，2014，26（2）：198-202.

[107] 褚小立，田松柏，许育鹏，等. 近红外光谱用于原油快速评价的研究 [J]. 石油炼制与化工，2012，43（1）：72-77.

[108] 王艳斌，刘伟，袁洪福，等. 人工神经网络在近红外分析方法中的应用及深色油品的分析——人工神经网络-近红外分析方法快速测定原油馏程 [J]. 石油炼制与化工，2002，33（7）：62-67.

[109] 金文英. 近红外光谱在原油评价中的应用研究 [J]. 石化技术，2019，26（7）：156-158.

[110] 李敬岩，褚小立，田松柏. 原油快速评价技术的应用研究 [J]. 石油学报（石油加工），2015（6）：1376-1380.

[111] 陆婉珍. 现代近红外光谱分析技术 [M]. 北京：中国石化出版社，2006.

[112] 褚小立，许育鹏，陆婉珍. 支持向量回归建立成品汽油通用近红外校正模型的研究 [J]. 分析测试学报，2008，27（6）：619-622.

[113] 邵波，黄小英，王京华. 近红外光谱快速测定成品罐汽油的有关性质 [J]. 石油化工，2002，31（10）：848-851.

[114] 刘莎，朱虹，褚小立，等. 汽油族组成的近红外光谱快速测定 [J]. 分析测试学报，2002，21（1）：40-43.

[115] 褚小立，袁洪福，纪长青，等. 近红外光谱快速测定重整汽油详细族组成 [J]. 石油化工，2001，30（11）：866-870.

[116] 徐广通，沈师孔，陆婉珍，等. 近红外光谱在清洁汽油生产控制分析中的应用 [J]. 石油炼制与化工，2001，32（6）：51-55.

[117] 王鑫民，佟新宇. 近红外分析技术在汽油调合中的应用 [J]. 自动化与仪表，2010，25（5）：56-59.

[118] 崔文峰，董镇，许新普. 在线近红外分析仪在汽油优化调合工业生产中的开发应用 [J]. 化工自动化及仪表，2010，37（2）：48-51，59.

[119] 王京华，褚小立，袁洪福，等. 在线近红外光谱分析技术在重整装置的应用 [J]. 炼油技术与工程，2007，37（7）：24-28.

[120] 褚小立，袁洪福，陆婉珍. 在线近红外光谱分析技术在催化重整中型试验装置上的应用 [J]. 炼油技术与工程，2005，35（4）：26-29.

[121] 徐广通，刘泽龙，杨玉蕊，等. 近红外光谱法测定柴油组成及其应用 [J]. 石油学报（石油加工），2002，18（4）：65-71.

[122] 陈瀑，祝馨怡，李敬岩，等. LTAG 加氢单元原料和产品组成的近红外快速分析及应用 [J]. 石油炼制与化工，2017，48（7）：98-102.

[123] Alves J C，Henriques C B，Poppi R J，et al. Determination of diesel quality parameters using support vector regression and near infrared spectroscopy for an in-line blending optimizer system[J]. Fuel，2012，97：710-717.

[124] 欧阳爱国，黄志鸿，刘燕德. 近红外光谱法对甲醇柴油中甲醇含量测定 [J]. 光谱学与光谱分析，2017，37（4）：1118-1122.

[125] 段敏伟，王佰华，黄宏星，等. 近红外光谱法快速测定生物柴油调和比及理化指标 [J]. 分析化学，2012，40（2）：263-267.

[126] 孔翠萍，褚小立，杜泽学，等. 近红外光谱方法预测生物柴油主要成分 [J]. 分析化学，2010，38（6）：805-810.

[127] 石培华. 利用近红外光谱技术快速测定航空煤油物理性质 [J]. 石化技术，2021，28（1）：1-3.

[128] 邢志娜，王菊香，申刚，等. 改进偏最小二乘法在航空煤油的近红外光谱分析中的应用 [J]. 兵工学报，2010，31（8）：1106-1109.

[129] 王艳斌，郭庆洲，陆婉珍，等. 近红外分析方法测定润滑油基础油的化学族组成 [J]. 石油化工，2001，30（3）：224-227.

[130] 王艳斌，袁洪福，陆婉珍. 近红外分析方法测定润滑油基础油粘度指数 [J]. 润滑油，2001，16（6）：53-56.

[131] 任小甜，褚小立，田松柏. 减压馏分黏度指数的近红外预测研究. 石油炼制与化工，2019，50（1）：81-84.

[132] 王瑞，徐海燕，邢龙春. 乙烯裂解原料在线近红外光谱分析模型的建立与评价 [J]. 现代化工，2013，33（4）：136-139.

[133] 刘海生. 乙烯裂解原料在线近红外分析技术 [C]. //2018（第六届）国际轻烃综合利用大会暨轻烃利用行业协作组换届大会论文集. 2018：1-41.

[134] 许育鹏，宋夕平，王艳斌，等. 近红外光谱技术在蒸汽裂解中的应用研究 [C]. //当代中国近红外光谱技术：全国第一届近红外光谱学术会议论文集. 2006：642-645.

[135] 陈如黄，王小林，林晓楷，等. 近红外光谱在线测量技术在聚合物加工中的应用研究进展 [J]. 光谱学与光谱分析，2015（6）：1512-1515.

[136] 王洪，傅志红，彭玉成. 聚合物合成及成型过程研究的近红外光谱技术 [J]. 工程塑料应用，2002，

30（10）：57-59.

[137] 张雪梅. 近红外漫反射分析技术在测定低密度聚乙烯密度的应用［J］. 广东化工，2013，40（6）：37-38.

[138] 张雪梅. 近红外漫反射分析技术在测定共聚聚丙烯中乙烯含量的应用［J］. 广东化工，2012，39（6）：207-208.

[139] 吴艳萍，袁洪福，陆婉珍，等. 采用近红外漫反射光谱表征聚丙烯树脂的平均相对分子质量［J］. 石油学报（石油加工），2003，19（5）：86-91.

[140] 张彦君，蔡莲婷，丁玫，等. 近红外技术在聚丙烯物性测试中的应用研究［J］. 当代化工，2010，39（1）：93-97.

[141] 张雪梅. 近红外漫反射分析技术在测定聚丙烯粉料中二甲苯可溶物方面的应用［J］. 广东化工，2011，38（11）：126-127.

[142] 吴艳萍. 近红外光谱表征聚丙烯树脂性质的研究［D］. 北京：中国石油天然气股份有限公司，2003.

[143] 雷玉，郭雪媚，朱世超，等. 近红外光谱检测技术在聚合物领域的应用研究进展［J］. 光谱学与光谱分析，2019，39（7）：2114-2118.

[144] 聂长虹，方红承，谭军，等. 甲基乙烯基硅橡胶相对分子质量和乙烯基含量的快速测定［J］. 化工生产与技术，2016，23（4）：37-39，49.

[145] 张毅民，白家瑞，刘红莎，等. 基于近红外的 Fisher 判别法鉴别废塑料［J］. 工程塑料应用，2014（5）：75-79.

[146] 杜婧，孙志锋，王浩. 基于 NIR 技术的 PET/PVC 废旧塑料分离系统［J］. 传感器与微系统，2011，30（9）：98-101.

[147] 闫磊. 塑料近红外分选系统中的喷吹分离装置设计及试验［D］. 青岛：青岛科技大学，2018.

[148] 刘红莎. 基于近红外光谱的废混合塑料识别研究［D］. 天津：天津大学，2013.

[149] 杜婧. 基于 NIR 技术的 PET/PVC 废旧塑料分离系统设计［D］. 杭州：浙江大学，2011.

[150] 骆献辉，袁洪福，褚小立，等. 在线近红外光谱测定 MTBE 装置醇烯比［C］. //当代中国近红外光谱技术：全国第一届近红外光谱学术会议论文集. 2006：612-619.

[151] D Layten Davis，Mark T Nielsen. 烟草：生产，化学和技术［M］. 国家烟草专卖局科技教育司，中国烟草科技信息中心，译. 北京：化学工业出版社，2003.

[152] 王瑞新. 烟草化学［M］. 北京：中国农业出版社，2003.

[153] McClure W F. 204 years of near infrared technology：1800-2003 ［J］. Journal of Near Infrared Spectroscopy，2003，11（6）：487-518.

[154] McClure W F. Spectral characteristics of tobacco in the near infrared region from 0.6-2.6microns ［J］. Tob. Sci.，1968，12：232-235.

[155] McClure W F，Norris K H，Weeks W W. Rapid spectrophotometric analysis of the chemical composition of tobacco. Part Ⅰ：Total reducing sugars ［J］. Beitr Tabakforsch，1977，9：13-17.

[156] Hamid A，McClure W F，Waeks W W. Rapid spactrophotomatrle analysis of the chemical composition of tobacco. Part Ⅱ：Total alkaloid ［J］. Baitr Tabakforsch，1978，9：267-274.

[157] McClure W F，Williamson R E，Hamid A. Measurement of polyphenols in tobacco by computerized near infrared spectrophotometry ［J］. Tob. Chem. Res. Conf.，1978，32. 27-32.

［158］ Williamson R E，Chaplin J F，McClure W F. Near-infrared spectrophotometry of tobacco leaf for estimating tar yield of smoke ［J］. 40th. Tobacco Chem. Res. Conf.，Knoxville，Tenn. 1986，116-121.

［159］ Los C. Rapid classification and blend analysis of tobacco mixtures using near IR and artificial neural networks ［J］. Tob. Chem. Res. Conf.，1995，49：41-43.

［160］ Dilucio M，Cardinale D. Rapid near infrared reflectance analysis of mainstream smoke collected on combridge filter Pads ［J］. Beitr Tabakforsch，1995，16（4）：171-184.

［161］ 王文真，张怀宝. 利用 IA450 近红外分析仪快速测定烟草中的总氮含量［J］. 仪器仪表与分析监测，1995，（2）：53-55.

［162］ 张建平，谢雯燕，束茹欣，等. 烟草化学成分的近红外快速定量分析研究［J］. 烟草科技，1999，（3）：37-38.

［163］ 张录达，沈晓南，赵龙莲，等. 近红外光谱主成分-所有可能回归法定量分析烤烟，小麦样品中的组合含量［J］. 分析化学，2000，28（6）：723-726.

［164］ 王东丹，李天飞，吴玉萍，等. 近红外光谱分析技术在烟草化学分析上的应用研究［J］. 云南大学学报（自然科学版），2001，23（2）：135-137.

［165］ 王家俊，杨家红，邵学广. 烟草近红外光谱分析网络化及其应用进展［J］. 分析测试学报，2020，39（10）：1218-1224.

［166］ 潘威，马文广，郑昀晔. 基于近红外光谱的烟草种子蛋白含量定标模型构建［J］. 江苏农业科学，2016，44（11）：376-379.

［167］ 潘威，马文广，郑昀晔，等. 用近红外光谱无损测定烟草种子淀粉含量［J］. 烟草科技，2017，50（02）：15-21.

［168］ 王东丹，李军会，陈润琼，等. FT-NIR 法测定青烟叶品质参数的研究［J］. 西南大学学报（自然科学版），2002，（1）：64-67.

［169］ 王家俊，罗丽萍，李辉，等. FT-NIR 光谱法同时测定烟草根、茎、叶中的氮、磷、氯和钾［J］. 烟草科技，2004，209（12）：24-27.

［170］ 宾俊，范伟，周冀衡，等. 近红外技术结合 SaE-ELM 用于烤烟烘烤关键参数的在线监测［J］. 烟草科技，2016，49（9）：50-56.

［171］ 王家俊. FT-NIR 光谱分析技术测定烟草中总氮、总糖和烟碱［J］. 光谱实验室，2003，20（2）：181-185.

［172］ 王家俊，袁洪福，陈剑明，等. 多变量分析方法结合近红外光谱表征卷烟配方过程质量［J］. 烟草科技，2006，231（10）：5-9.

［173］ 杜文，易建华，黄振军，等. 打叶复烤烟叶化学成分在线检测和成品质量控制［J］. 中国烟草学报，2009，15（1）：1-5.

［174］ 马翔，温亚东，王毅，等. 傅立叶变换近红外光谱仪在烟草制丝线上的应用［J］. 烟草科技，2006，231（1）：22-24.

［175］ 王家俊，李娟. 基于 FT-NIR 分析技术的 SIMCA 建模及其在卷烟配方过程质量监测中的应用［J］. 烟草科技，2008，248（3）：5-9.

［176］ 李伟，冯洪涛，周桂圆，等. Hotelling'T^2 结合多组分 NIR 校正模型在卷烟生产过程质量监测中的应用［J］. 烟草科技，2014，324（7）：5-9.

[177] 邱启杨，王家俊. ATR-FTIR 光谱法同时测定香精的相对密度和折光指数 [J]. 光谱实验室，2005，
22（2）：382-385.

[178] 王家俊，汪帆，马玲. ATR-FTIR 快速测定 BOPP 薄膜的厚度和定量 [J]. 光谱实验室，2005，22
（5）：999-1002.

[179] 王家俊，邱启杨，刘巍. FTIR-ATR 指纹图谱的主成分分析-马氏距离法应用于烟用香精质控 [J]. 光
谱学与光谱分析，2007，27（5）：895-898.

[180] 李立兵，陈康宁，王家俊，等. 多次衰减全反射 IR 指纹图谱结合 PLS-DA 法在烟用香精分类中的
应用 [J]. 烟草科技，2014，324（7）：37-39.

[181] 王家俊，汪帆，马玲. SIMCA 分类法与 PLS 算法结合近红外光谱应用于卷烟纸的质量控制 [J]. 光
谱学与光谱分析，2006，26（10）：1858-1862.

[182] 段焰青，王家俊，杨涛，等. FT-NIR 光谱法定量分析烟草薄片中 5 种化学成分 [J]. 激光与红外，
2007，37（10）：1058-1061.

[183] 曹建国，窦峰. 近红外漫反射光谱法测试醋酸纤维滤棒中的三醋酸甘油酯 [J]. 烟草科技，2005，
212（3），6-9.

[184] 王家俊，梁逸曾，汪帆. SIMCA 分类法与偏最小二乘法结合近红外光谱检测卷烟的内在品质 [J].
计算机与应用化学，2006，23（11）：1133-1136.

[185] 李卫军，覃鸿，于丽娜，等. 近红外光谱定性分析原理、技术及应用 [M]. 北京：科学出版社，
2020.

[186] 王家俊，梁逸曾，汪帆. 偏最小二乘法结合傅里叶变换近红外光谱同时测定卷烟焦油、烟碱和一氧
化碳的释放量 [J]. 分析化学，2005，33（6）：793-797.

[187] 王家俊，杨清，汪帆. FT-IR-ATR 同时测定卷烟主流烟气中的烟碱量、焦油量和水分含量 [J]. 烟
草科技，2007，（9）：33-37.

[188] Ren J，Wang Z G，Liu W，et al. Determination of harmful components in mainstream cigarette smoke
by FT-NIR spectrometry equipped with cambridge filter pads. CORESTA Congress，Berlin，2016，Smoke
Science/Product Technology Groups.

[189] 王玉，王保兴，武怡，等. 烟叶重要香味物质的近红外快速测定 [J]. 光谱实验室，2007，24（2）：
69-72.

[190] Mao Z Y，Shan R F，Wang J J，et al. Optimizing the models for rapid determination of chlorogenic acid
scopoletin and rutin in plant samples bynear-infrared diffusereflectancespectroscopy [J]. Spectrochimica
Acta Part A：Molecular and Biomolecular Spectroscopy，2014，128：711-715.

[191] 冷红琼，郭亚东，刘巍，等. FT-NIR 光谱法测定烟草中绿原酸、芸香苷、莨菪亭及总多酚含量 [J].
光谱学与光谱分析，2013，33（7）：1801-1804.

[192] 宋怡，刘巍，段焰青. 近红外光谱法快速测定烟草中的植物色素 [J]. 中国烟草学报，2009，15（2）：
15-18.

[193] 荆磊磊，申钦鹏，张涛，等. FT-NIR 光谱法快速预测烟草中的游离氨基酸 [J]. 烟草科技，2016，
49（1）：54-59.

[194] 王家俊，关斌，段焰青，等. 基于近红外光谱数据库的知识发现-烤烟成熟趋势的化学表征 [C].
//全国第三届近红外光谱学术大会论文集. 2010.

［195］王承伟，宾俊，范伟，等. 基于近红外光谱技术结合随机森林的烟叶成熟度快速判别［J］. 西南农业学报，2017，30（04）：931-936.

［196］张建平，陈江华，束茹欣，等. 近红外信息用于烟叶风格识别及卷烟配方研究的初步探索［J］. 烟草科技，2007，13（5）：1-5.

［197］李庆华，陈国辉，段姚俊，等. 基于 PCA-MD 分类法的云烟系列卷烟风格表征及品质维护［J］. 烟草科技，2009，261（4）：5-8.

［198］束茹欣，蔡嘉月，杨征宇，等. 应用近红外光谱投影模型法分析烟叶的产区与风格特征［J］. 光谱学与光谱分析，2014，34（10）：2764-2768.

［199］栾丽丽，王宇恒，胡文雁，等. 应用近红外光谱和多算法融合方法分析烤烟的香型风格特征［J］. 光谱学与光谱分析，2017，37（7）：2046-2049.

［200］郝贤伟，帖金鑫，何文苗，等. 基于近红外光谱-感官评价的巴西烟叶风格模拟及替代［J］. 烟草科技，2018，51（10）：83-89.

［201］沙云菲，黄雯，王亮，等. 中红外和近红外数据融合的香型风格判别［J］. 光谱学与光谱分析，2021，41（2）：473-477.

［202］杨睿，宾俊，苏家恩，等. 基于近红外光谱与图像识别技术融合的烟叶成熟度的判别［J］. 湖南农业大学学报（自然科学版），2021，47（4）：406-411，418.

［203］武士杰，侯英，李伟，等. 基于 OSC-WT-PLS 近红外光谱法测定烟草中芸香苷［J］. 化学分析计量，2016，25（2）：44-47

［204］古岸. 近红外光谱结合化学计量学无损检测新技术在文物保护中的应用与展望［J］. 中国文物科学研究，2019，（01）：72-76.

［205］Yonenobu H，Tsuchikawab S，Odac H. Short communication：Non-destructive near infrared spectroscopic measurement of antique washi calligraphic scroll［J］. Journal of Near Infrared Spectroscopy，2003，11（5）：407-411.

［206］郭新蕾. 基于成像光谱数据的文物隐藏信息提取研究［D］. 北京：中国科学院大学，2017.

［207］Smith G D，Hamm J F，Kushel D A，et al. What's wrong with this picture? The technical analysis of a known forgery［J］. ACS Symposium Series，2012，1103（1）：1-21.

［208］齐敏珺，陈奕桦，王新全. 近红外光谱成像技术在现场物证搜索中的应用研究［J］. 刑事技术，2017，42（01）：15-20.

［209］潘铭. 可见光多光谱和近红外高光谱成像技术显现潜在血迹的比较研究［D］. 北京：中国人民公安大学，2018.

［210］戎念慈，黄梅珍. 可见-近红外多光谱和多种算法模型融合的血迹年龄预测［J］. 光谱学与光谱分析，2020，40（01）：168-173.

［211］Pereira J F，Silva C S，Vieira M J，et al. Evaluation and identification of blood stains with handheld NIR spectrometer［J］. Microchemical Journal，2017，133：561-566.

［212］Pereira J F，Pimentel M F，Honorato R S，et al. Hierarchical method and hyperspectral images for classification of blood stains on colored and printed fabrics［J］. Chemometrics and Intelligent Laboratory Systems，2021，210：104253.

［213］张平，张振宇，吴志生. 近红外光谱法鉴定签字笔字迹形成时间的化学计量学模型的建立［J］. 中

国司法鉴定，2017（03）：61-64.

[214] Liu C M，Han Y，Min S G，et al. Rapid qualitative and quantitative analysis of methamphetamine，ketamine，heroin，and cocaine by near-infrared spectroscopy［J］. Forensic Science International，2018，290：162-168.

[215] Coppey F，Becue A，Sacre P Y，et al. Providing illicit drugs results in five seconds using ultra-portable NIR technology：An opportunity for forensic laboratories to cope with the trend toward the decentralization of forensic capabilities［J］. Forensic Science International，2020，317：110498.

[216] Zeng R，Rossiter D G，Zhao Y G，et al. Forensic soil source identification：comparing matching by color，vis-NIR spectroscopy and easily-measured physio-chemical properties［J］. Forensic Science International，2020，317：110544.

第7章
近红外光谱成像
技术

近红外光谱成像技术是将传统的二维成像和近红外光谱有机结合在一起形成的一门新兴技术，即利用成像光谱仪，在光谱覆盖范围内的数十或数百条光谱波段对目标物体连续成像。在获得物体空间特征成像的同时，也获得了被测物体的光谱信息。图像信息可以反映样本的大小、形状、缺陷等外部品质特征；而光谱信息能充分反映样品内部化学成分的差异。"图谱合一"决定了近红外光谱成像技术在检测样本的内外部品质时具有独特的优势。

第一节 近红外光谱成像技术分析流程

近红外光谱图像处理流程如图 7-1 所示，包括光谱图像数据获取与校正、光谱图像数据处理与分析、技术应用三个层面。根据不同的检测对象以及在数据处理的不同阶段，需要采用不同的处理方法[1,2]。

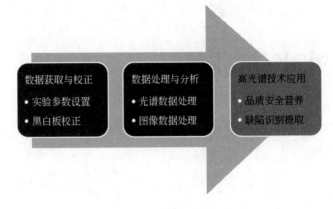

图 7-1　近红外光谱图像处理分析流程示意图

一、光谱图像获取与校正

光谱图像采集需要根据检测对象匹配合适的仪器参数，如曝光时间、帧速、载物台移动速度等。光谱成像系统通常获取的是未经过校正的原始高光谱图像。由于相机暗电流的存在，以及不同的采集系统对检测光的敏感程度不同，因此即便是在相同的外界条件下采集同一个样品，不同高光谱成像系统所获取的高光谱图像也不一定相同。因此为了使高光谱数据更具稳定性和可比性，常常需要利用参考图像把原始高光谱图像校正为光谱反射率图像。校正公式如（7-1）所示。

$$R = \frac{I_{\text{raw}} - I_{\text{black}}}{I_{\text{white}} - I_{\text{black}}} \times 100\% \tag{7-1}$$

式中，R 为校正后的反射率光谱图像；I_{raw} 为原始光谱图像；I_{black} 为关闭快门后采集的全暗参考图像；I_{white} 为扫描标准白板得到的全白参考图像。

二、数据处理与分析

光谱处理与分析。为了消除光散射、光程畸变和随机噪声对光谱造成的影响，在光谱数据建模前，通常需要对光谱进行预处理。平滑、求导、归一化、多元散射校正、傅里叶变换和小波变换等是常见的光谱预处理方法。不同的预处理方法具有不同的作用，如平滑可以用来降低光谱中的随机噪声；对光谱求一阶或二阶导数可以用于移除峰谷重叠和基线漂移，同时也可以根据导数的波峰和波谷选取特征波长；归一化和多元散射校正用于降低由于农产品表面形状差异而带来的光散射影响。通常情况下，需要根据光谱的数据特点和具体应用目标选择合理的预处理方法。

图像处理与分析。高光谱图像在每一个波长处都有一个图像，但并不是每一个波长处的图像都适合于检测，因此光谱图像数据集普遍存在数据量大，冗余度高等特点。为了实现农产品品质的快速在线检测，必须挑选适合特定品质检测的特征图像。特征图像一般为位于特征波长处的单色图像，其选择方法等同于特征波长的选择，既可以依据原始光谱和预处理光谱曲线的波峰波谷位置直接进行选取，也可以采用无信息变量消除法（UVE）、连续投影算法（SPA）、竞争性自适应重加权采样法（CARS）等经过某种规则计算后间接选取。针对筛选得到的特征图像可采用图像预处理、图像分割和特征提取等进行后续处理。

三、建模分析与技术应用

光谱数据蕴含着农产品内部成分信息，不同品质的农产品光谱曲线有所差异；而图像数据往往与农产品的外观特征和位置信息密切相关。因此利用提取的光谱和图像信息结合多元校正分析方法可对农产品品质进行全面定性或定量分析[3-6]。除了传统的多元校正建模方法，近年来，以卷积神经网络为代表的深度学习方法也被逐渐应用于光谱成像的定性或定量分析研究中[7-8]。

四、问题与解答

⊙ 近红外光谱成像系统主要由哪些部分组成？

解　答　完整的近红外光谱成像系统通常由硬件和软件两部分组成。硬件部分通常包括成像光谱仪、光源、样品移动平台、数据存储及显示设备、支架等；软件部分通常包括硬件连接通信、相机参数设置以及采集控制模块等。

⊙ 近红外光谱成像系统有哪些分类？

解　答　（1）按照光谱图像获取的方式，近红外光谱成像系统可以分为点扫描、线扫描（推扫式）和面扫描三种方式。点扫描每次只采集一个点的完整光谱，然后沿 x 轴和 y 轴设定步长连续移动获取待测样本的完整高光谱图像。线扫描每次可以采集一条线上所有像素点的完整光谱,通过沿 x 轴或 y 轴移动即可获取待测样本的完整高光谱图像,是目前农产品检测领域最为常用的高光谱图像获取方式。面扫描方式每次可以获取单个波长下完整的空间图像,堆叠各波长下的单色图像即可获得待测样本的完整高光谱图像。

（2）根据光源和光谱相机之间的位置关系不同,近红外光谱成像系统大致可以分为反射和透射两种模式。反射模式,即光源和光谱相机位于检测对象同一侧,光谱相机采集的是样本的反射信息,反射式是目前农产品检测领域中较为常用的光谱成像系统；透射模式,即光源和光谱相机位于检测对象的不同侧,光谱相机采集的是样本的透射信息,透射成像系统主要应用于穿透性较好的农产品品质检测。

除此之外,还可以基于系统分光器件、响应波长范围等进行分类。

⊙ 为什么要对近红外光谱图像进行校正?

解　答　为了消除因照明不均匀、探测器内部暗电流、空间衍射效率分布差异、相机探测器不同像元响应及镜头对不同位置透过率的差异等因素对测量结果造成的影响,需要对近红外光谱图像进行校正。将采集得到原始光谱图像转化为相对反射（透射）光谱图像。具体校正步骤为:

（1）关闭相机快门,采集全黑的标定图像 I_{black}。

（2）扫描标准白色校正板得到全白的标定图像 I_{white}。

（3）采集样本绝对图像 I_{raw}。

（4）按照式（7-1）将绝对图像 I_{raw} 转换成相对图像 R,最终完成近红外光谱图像校正。

⊙ 线扫描（推扫式）红外光谱成像系统在数据采集时具体需要注意哪些问题?

解　答　（1）确保信号强度不饱和溢出的情况下,根据样本状态尽量调高信号强度以提高数据的信噪比。

（2）可以通过增加曝光时间来调升信号强度,但是要注意信号不要溢出,另外观察样本状态,避免光强太强灼伤样本。

（3）调焦准确,以确保待测样本处在焦平面,成像清晰。

（4）匹配好相机帧频和载物台移动速度以避免图像变形。

（5）根据样本宽度确定合适的视场角,即确定合适的相机距样本的高度。

（6）确定合适的样本扫描起始和终止位置,避免样本信息缺失或是扫描无用的区域。

在光谱成像实验过程中需要注意但不仅限于上述问题。

第二节　种子不完善粒的近红外光谱成像分析

以小麦种子不完善粒判别为例，本节重点介绍采用近红外光谱成像技术定性判别种子不完善粒的分析流程和分析方法[9,10]。

一、样本制备

小麦不完善粒是指受到损伤但尚有使用价值的小麦籽粒，包括虫蚀粒、病斑粒、破损粒、生芽粒和霉变粒。目前，小麦不完善粒的检测完全由人工感官检验完成，存在主观性强、工作量大、费时费力且可重复性差等缺点。

实验选取正常粒样本 486 个、黑胚样本 127 个、虫蚀粒样本 149 个及破损粒样本 170 个进行实验，如图 7-2 所示。

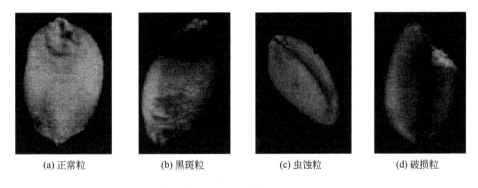

(a) 正常粒　　　　(b) 黑斑粒　　　　(c) 虫蚀粒　　　　(d) 破损粒

图 7-2　小麦样本示意图

二、光谱图像采集

图 7-3 所示为实验中采用的 SOC710VP 便携式高光谱成像光谱仪。采集前 30min 开启预热系统，同时将样本从冰箱取出晾至室温备用。采集过程及仪器参数设定如下：每类小麦样本以 10×10 网格状放置于样品台，光谱扫描范围 493～1106nm，扫描速度 30 行/s，波段间隔 5.1nm，波段数 116 个，图像分辨率 696×520

像素，最终得到一个 696×520×116 的三维数据块。对采集的高光谱图像进行黑白板校正。

图 7-3　SOC710VP 高光谱成像光谱仪

三、光谱图像特征提取

1. 图像分割

利用最大方差自动取阈法提取样本轮廓。在提取过程中发现，黑胚粒胚部灰度与背景极为相似，分割后易造成局部信息丢失，见图 7-4（a）、（b），因此需要对原始图像进行图像增强。图 7-4（c）、（d）分别为对黑胚粒图像进行增强及阈值分割后的结果。对比可知，图像增强结合最大方差自动取阈法可以较好地提取小麦种子的轮廓，为后续的特征提取提供保证。

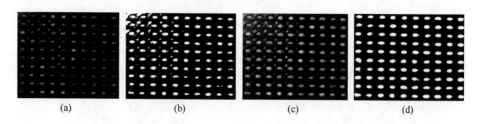

(a)　　　　　(b)　　　　　(c)　　　　　(d)

图 7-4　图像增强与分割示意图：（a）黑胚粒在 886.7nm 波长下的原始图像；
（b）最大方差自动取阈法分割后的图像；（c）对原始图像进行图像增强；
（d）图像增强后的阈值分割结果

2. 光谱特征提取

按照上述方法分割得到每粒小麦样本的轮廓信息，提取样本轮廓范围内每个像素点的光谱反射率并计算所有像素点的平均值作为该样本的代表光谱。图 7-5 给出了四种类型小麦籽粒的平均光谱图。

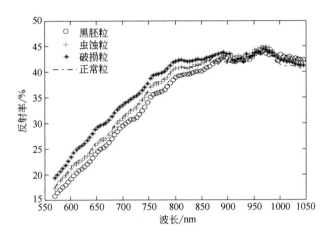

图 7-5　四种类型小麦籽粒平均光谱示意图

3. 图像特征提取

小麦各类型不完善粒在外观、颜色、光滑度等方面均存在明显差异，由于在小麦高光谱图像中很难体现颜色特征，因此从纹理、形态两方面提取特征。

采用灰度共生矩阵法（gray-level co-occurrence matrix，GLCM）提取同质度、三阶矩、角二阶矩、熵和对比度共 5 个特征量以及两个直方图参数（均值和方差）表征纹理特征。如表 7-1 所示，可以看出，不同类型的小麦不完善粒纹理特征存在明显差异，如破损粒的标准差、三阶矩、对比度均明显高于其他类型籽粒，虫蚀粒、黑胚粒的角二阶矩低于破损粒和正常粒，而黑胚粒的熵明显高于其他类型籽粒。综上所述，纹理特征可以作为识别小麦不完善粒的一个依据。形态特征主要描述图像的区域特征和轮廓特征，结合籽粒二值图像提取包括籽粒周长、面积、圆形度、矩形度、伸长度 5 个反映形态差异的基本物理量作为形态特征。各类型籽粒的形态特征值如表 7-2 所示，可以看出，不同类型的小麦不完善粒形态特征存在较明显差异，如黑胚粒的周长、面积均明显高于其他类型籽粒，虫蚀粒的矩形度高于其他类型籽粒，而正常粒的伸长度明显低于其他类型籽粒。因此，选取形态特征参数对不完善粒进行识别是可行的。

表 7-1   各类型小麦粒纹理特征值

参数	黑胚粒	虫蚀粒	破损粒	正常粒
均值	6.3731	6.3296	7.0502	6.1564
标准差	15.2557	15.2675	17.2833	14.8870
同质度	0.0037	0.0037	0.0049	0.0035
三阶矩	0.1510	0.1477	0.2488	0.1286
角二阶矩	0.6682	0.6939	0.7048	0.7015
熵	1.7335	1.5850	1.5474	1.5343
对比度	2.6011	3.2007	4.8858	3.0597

表 7-2   各类型小麦粒不完善粒形态特征值

参数	黑胚粒	虫蚀粒	破损粒	正常粒
周长	93.0867	88.6827	87.3279	88.1579
面积	396.18607	362.7408	348.9007	352.6744
圆形度	1.7516	1.7402	1.7584	1.7658
矩形度	0.7707	0.7851	0.7747	0.7784
伸长度	0.5123	0.5079	0.5536	0.4587

四、基于 SVM 的小麦不完善粒判别

每类样本按照约 2：1 比例随机划分，最终获得 647 个训练集样本，285 个测试集样本。采用 1-V-r（one-versus-rest）SVM 建立不完善粒多分类识别模型。采用 RBF 作为核函数，采用网格法对惩罚变量 c、核参数 g 进行参数寻优。

将经 SNV 预处理后的光谱特征和图像特征归一化后进行组合，并利用 SVM 建立模型，分类结果如表 7-3 所示。光谱、纹理特征组合后，虫蚀粒的识别率从 89.79% 提高到 95.91%，破损粒的识别率从 84% 提高到 90%；而光谱、纹理、形态特征组合后，破损粒的识别率从 84% 提升到 94%。综上，光谱、纹理、形态三种特征组合后，建立的 SVM 模型对黑胚粒、虫蚀粒、破损粒、正常粒的识别率均在 94% 以上，分类效果最好。

表 7-3　基于光谱、纹理与形态特征组合的四分类 SVM 模型识别结果

特征	c 参数	g 参数	支持向量数	建模集识别率	测试集总识别率	黑胚粒识别率	虫蚀粒识别率	破损粒识别率	正常粒识别率
光谱	64	0.5	182	95.83%	94.73%	100%	89.79%	84%	98.63%
光谱+纹理	256	0.18	143	97.68%	97.54%	100%	95.91%	90%	100%
光谱+纹理+形态	256	0.13	149	97.53%	97.89%	100%	95.92%	94%	99.32%

考虑到在实际生产与流通中，通常只需要将异常籽粒识别出来即可，因此研究尝试对正常籽粒与异常籽粒进行二分类识别。识别结果如下：建模集识别率为96.74%，对异常、正常粒的识别率分别为98.56%、100%，预测集总识别率为99.30%。图 7-6 直观展示了光谱、纹理、形态特征组合后模型的二分类结果。可以看出，该方法所建模型识别精度高，基本可以满足国家标准对小麦不完善粒的检测要求。

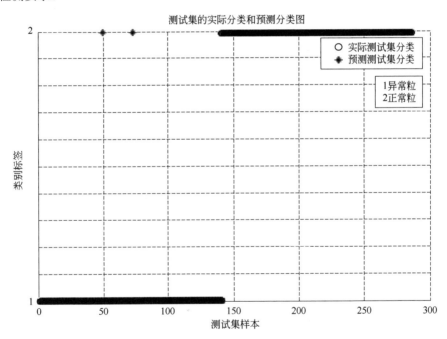

图 7-6　基于光谱、图像特征组合的二分类 SVM 模型识别结果示意图

综上，利用近红外光谱成像技术结合模式识别方法实现小麦不完善粒的快速准确识别是可行的，且相比于单一特征的识别效果，光谱特征与图像特征组合后所建模型的识别精度更高。

五、基于 LeNet-5 卷积神经网络的小麦不完善粒判别

高光谱图像综合光谱、图像数据，信息极为丰富，但同时存在冗余性强，数据量大等问题。卷积神经网络（convolutional neural networks，CNN）是一种特殊的深层神经网络模型，该模型凭借其权值共享、卷积运算等特点具有处理海量二维图片的优势，且可以避免前期对图像复杂的预处理。CNN 常用的模型有 LeNet、AlexNet、VGG、GoogleNet、ResNet 等。典型的卷积神经网络 LeNet-5 结构，如图 7-7 所示。本小节研究采用近红外光谱成像技术结合 LeNet-5 快速判别小麦不完善粒的可行性。

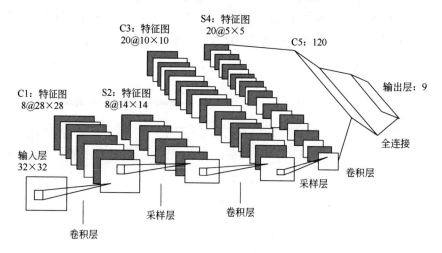

图 7-7　LeNet-5 结构示意图

C1—第 1 步进行卷积；S2—第 2 步进行采样；C3—第 3 步进行卷积；

S4—第 4 步采样；C5—第 5 步进行卷积

利用 CNN 方法进行图像识别的流程图如图 7-8 所示。

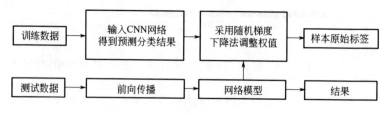

图 7-8　CNN 的图像识别流程示意图

1. 训练集和测试集选取

正常粒样本 486 个、破损粒样本 170 个、虫蚀粒样本 149 个及黑胚粒样本 127 个，一共 932 个样本。每一个籽粒作为样本单元，通过观察样本每个波段的光谱图成像质量，在每个样本 730.9～889.9nm 选取光谱质量好的 30 个波段，则每个样本具有 30 幅不同波段下的样本光谱图像，总共有 27960 个样本图作为 CNN 的输入图像数据，分别随机采用 50%的样本作为训练集和测试集。4 类小麦类别的标签采用 one-hot 编码方式，分别为 0001、0010、0100 和 1000。

2. 网络结构与参数设计

CNN 主要由卷积层、池化层和全连接层构成。卷积层用于特征提取，通过卷积运算降低噪声，增强原始信号特征。卷积层中的每个神经元的输入与前一层的局部感受野相连，进而提取该区域的特征，特征提取之后，它与其他特征间的位置关系也随之确定。该层中特征提取是否充分主要由卷积核的数量决定，卷积核个数越多，提取特征越详细。池化层根据图像的局部相关性特征，对卷积层得到的特征图进行下采样，不仅保留了有用信息而且可以实现数据降维，有效改善结果，且不易过拟合，池化的方法有最大池化、重叠池化等。全连接层将最终提取的二维特征转化为一维输入，然后连接一个分类器，进行分类识别。根据网络训练的情况，最终建立相应参数的 CNN 模型。

这里采用 LeNet-5 结构，即建立两层卷积，第 1 层的卷积核大小为 3×3，共 32 个卷积核；第 2 层卷积核大小为 5×5，共 64 个卷积核；池化层大小为 2×2，选用最大池化；激活函数采用修正线性单元（rectifield linear units，ReLu）；为防止过拟合，在全连接层后接入 Dropout 层，参数设置为 0.5。

3. 网络训练

实验平台为 Ubuntun14.04+TensorFlow，CPU：Intel（R）Xeon（R）CPU E5-2643；内存大小：64GB；GPU：NVIDIA Tesla K40 m×2；显存大小：12GB×2。 TensorFlow 是 Google 发布的深度学习系统，具有高灵活性、较强的可移植性以及支持多语言等特点。

本实验在训练模型时，根据 loss 函数曲线和 Accuracy 值来评判模型训练情况，以及作为参数调节的依据。迭代次数设置为 50000（2500×20），其中每迭代 20 次显示一次结果。在迭代 18000(900×20)次时，Loss 损失曲线开始陡降；

迭代 40000（2000×20）次左右之后，损失函数曲线降为 0。最终得到正常小麦、虫蚀粒小麦和破损粒小麦识别率均为100%，黑胚粒小麦识别率为99.98%，样本总的正确分类识别率为 99.98%。

综上，基于深度学习算法的 CNN 模型与高光谱检测技术相结合可以实现小麦的不完善粒的快速准确识别。但是关于网络训练数据集选取有待进一步优化。

第三节　大米产地近红外光谱成像判别分析

以大米产地判别为例，本节重点介绍采用近红外光谱成像技术定性判别东北/非东北大米产地的分析流程和分析方法[11,12]。

一、样本制备

东北大米产区辽阔，涵盖黑、辽、吉三省，主流品种以长粒香、圆粒香、稻花香和小町米 4 种为主。自然环境的不同会导致不同产区的大米的成分存在细微差异，如直链淀粉和支链淀粉的含量；不同品种的大米，其形态、透明度等更是在外观上存在显著差异，如长粒香大米外观呈细长型，而圆粒香为圆短型。因此即使同为东北大米，个体也会因产区和品种存在较大差别。

东北大米以粳米为主。粳米产区主要分布在东北、江苏、安徽、浙江和河北等地，而籼米主要分布在湖南、湖北、广东、广西、江西和四川等地。根据市场掺伪的实际情况，本实验选取样本均为粳米，产地及品种信息如表7-4 所示。实验样本由浙江省农业科学院、北京古船米业有限公司分别于 2018 年 6 月和 2018 年 11 月提供。

表7-4　大米样本信息

类别	产地	品种	样本数
东北大米	黑龙江	长粒香	1
	吉林	稻花香	1
		圆粒香	1
	辽宁	小町米	2
非东北大米	江苏	长粒香	1
		小町米	1

类别	产地	品种	样本数
非东北大米	浙江	圆粒香	1
	安徽	小町米	1
	河北	小町米	1

二、光谱图像采集

采用 SisuCHEMA 高光谱成像系统采集大米样本高光谱图像。实验采集参数如下：相机型号为 FX17，波长范围 900～1700nm，光谱分辨率为 8nm，共包括 224 个波段，曝光时间为 5 ms，帧频为 40 Hz。大米颗粒相对较小且表面圆滑，易在扫描过程中由于载物台的移动出现晃动和偏移导致成像质量差的现象。因此实验中将大米样本置于 10×10 的数粒板上，将数粒板置于移动载物台进行成像实验。实验如图 7-9 所示。针对每种产地大米样本，随机选取 100 粒进行高光谱成像实验，共计采集 100×10 个大米样本的高光谱图像。

图 7-9　大米高光谱数据采集实验示意图

三、光谱图像特征提取

1. 光谱特征提取

在 ENVI 4.8 软件中对大米样本高光谱进行黑白板校正后，按照大米轮廓选取感兴趣区域提取出每粒大米样本的平均光谱。根据样本集光谱信息，采用 KS

法按照 4：1 划分训练集样本（800 个）和测试集样本（200 个）。图 7-10 所示为样本集中 10 个产地的大米平均光谱。由于大米化学成分相似，因此其光谱曲线轮廓非常相似，无法直接从谱图上分辨出东北和非东北大米产地的差异。采用 SPA 法挑选出 8 个近红外特征波长，分别为 942.52nm、945.98nm、1220.87nm、1315.62nm、1400.20nm、1424.92nm、1460.30nm、1705.91nm，如图 7-11 所示。其中 942.52nm、945.98nm 附近主要反映了游离水的 O—H 伸缩振动的二级倍频信息；1220.87nm、1315.62nm 则集中反映了 C—H 第二组合频的信息，淀粉、蛋白等成分中含有丰富的 C—H 基团；1400.20nm、1424.92nm、1460.30nm 附近信息量较为集中，既有游离水的 O—H 一级倍频信息，也有 C—H 的组合频信息，还有酰胺的 N—H 一级倍频信息；1705.91nm 主要反映了—CH_3 和—CH_2 的一倍频信息。

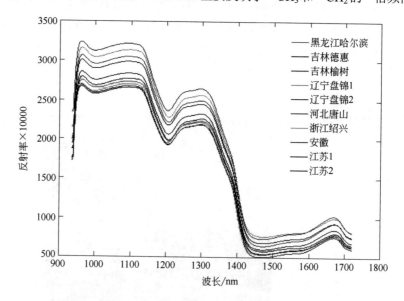

图 7-10　样本集不同产地大米样本平均光谱示意图

　　因此采用 SPA 法筛选得到的特征波长与大米成分如水分、淀粉、蛋白等紧密相关。

2. 图像特征提取

　　针对上述通过 SPA 提取的 8 个特征波长，提取相应波长处的图像，采用 HOG 提取图像特征，首先将图像缩放至 256×256 后，采用 Gamma 校正对图像进行颜色空间的归一化，降低图像局部阴影和光照变化所产生的影响，抑制噪声干扰，并对图像每个像素的梯度方向和大小进行计算。再将图像切分成 8×8 的细胞单元, 统计梯度直方图, 应用梯度的幅值进行投票, 然后将相邻的细胞组成块并对重叠部分进行直方图归一化。最后将所有块中的梯度方向直方图合并组成特征向量, 具体步骤如图 7-12 所示。

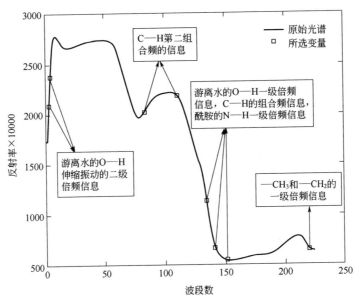

图 7-11　SPA 筛选特征波长结果示意图

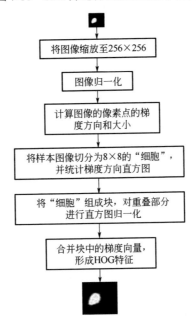

图 7-12　HOG 特征提取流程图示意图

四、基于联合 SVM 的大米产地判别

1. 基于单波长图像特征的大米产地鉴别模型的建立

这里采用 SVM（线性核函数）分别建立了基于 8 个单波长图像 HOG 特征的东北/非东北大米产地鉴别模型。单波长模型的训练集识别率可以达到 100%，测试集识别率如表 7-5 所示。根据识别率高低排序可得，在 1460.30nm、1400.20nm、1424.92nm 波长下建立的分类模型识别率相对较好，分析其原因主要由于该区间反映的信息极为丰富，涵盖了 O—H，N—H 和 C—H 基团，与大米成分所反映出的特征信息紧密相关。其中尤以 1460.30 nm 处所建模型识别率最高，而该波长附近正是反映伯酰胺中 N—H 对称和反对称伸缩振动的组合频谱带，该基团反映出了东北大米和非东北大米在蛋白质成分上有显著差异。但是总体而言，基于单特征波长图像的模型识别率不高，有进一步提升的空间。

表7-5　基于单波长图像 HOG 特征的大米产地鉴别模型识别率

波长/nm	1460.30	1400.20	1424.92	945.98	1315.62	1220.87	1705.91	942.53
识别率/%	85.5	77.5	76.5	73.5	71	68.5	67	65.5

2. 基于多波长图像特征的大米产地鉴别模型集群的建立

本实验中收集的样本来源差异较大，如品种和产地的相互交叉等，因此同一样本在不同的特征波长处反映的光谱信息量也存在显著差异，直接导致同一样本在不同单波长模型中存在截然不同的识别结果。为建立适用范围广、预测性能更优的判别模型，这里提出采用多模型共识判别策略，即联合多个单特征波长图像模型，通过模型集群来综合判别大米产地。判别流程如图 7-13 所示。假设子模型个数为 n，采用 n 个子模型预测同一样本可以得到 n 个识别结果，当识别结果中识别为真的概率＞50%，则判定样本为真，反之则为假。

为了保证综合判别的结果不会出现同一个样本判别为真和假的识别率相同，本实验确定联合子模型个数为奇数 3、5、7。为了精简组合个数，首先根据表 7-5 中单波长子模型的识别率从高到低进行排序，然后依次选取子模型进行组合判别。以联合 3 个波长建立模型集群为例，如表 7-6 所示。以单波长下模式识别率最高的 1460.30nm、1400.20nm 两个子模型为基准，依次顺序选取剩余的 5 个单

波长子模型进行联合判别，则有如表 7-6 所示的 6 种组合可能。从表 7-6 中可知，联合 3 个模型后模型识别率均有了一定程度的提高。其中联合 1315.62nm 波长的模型识别率最高，达 88%。1315.62nm 处反映了 C-H 第二组合频的信息，淀粉、蛋白等成分中含有丰富的 C-H 基团，而东北大米和非东北大米在淀粉组成和蛋白质含量方面确实存在显著差异。

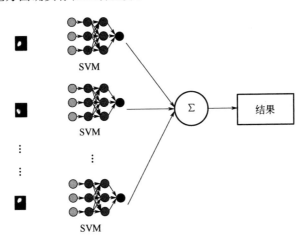

图 7-13　模型集群共识判别流程示意图

表 7-6　三波长联合模型识别率

固定波长/nm	联合波长/nm	识别率/%
1460.30	1424.92	87
	945.98	87.5
	1315.62	88
1400.20	1220.87	85.5
	1705.91	85.5
	942.53	86.5

同理固定表 7-5 中前 4 个识别率最高的 1460.30nm、1400.20nm、1424.92nm、945.98nm 波长的子模型，依次顺序选取剩余的 4 个单波长子模型进行联合判别，则有如表 7-7 所示的 4 种组合可能。从表 7-7 中可知，分别联合 1315.62nm、1705.91nm 模型，使模型识别率得到了进一步提高。而该两个波段同样反映了淀粉、蛋白质等的 C—H、—CH$_3$ 基团信息。

表 7-7　五波长联合模型识别率

固定波长/nm	联合波长/nm	识别率/%
1460.30	1315.62	88.5
1400.20	1220.87	87
1424.92	1705.91	88.5
945.98	942.53	88

固定表 7-5 中前 6 个识别率最高的 1460.30nm、1400.20nm、1424.92nm、945.98nm、1315.62nm、1220.87nm 波长的子模型，依次顺序选取剩余的 2 个单波长子模型进行联合判别，则有如表 7-8 所示的 2 种组合可能。模型识别率最高可达 90.5%。综合表 7-5 和表 7-8 可得关键波长处的子模型对模型集群判别结果起主要作用，如 1460.30nm、1400.20nm 处的子模型；联合模型个数越多，模型集群识别率也越高，但是模型识别率的提高速度较为缓慢。

表 7-8　七波长联合模型识别率

固定波长/nm	联合波长/nm	识别率/%
1460.30		
1400.20	1705.91	90
1424.92		
945.98		
1315.62	942.53	90.5
1220.87		

综上，本小节采集了 10 个产地、4 个品种共计 1000 粒大米样本的高光谱图像，采用 SPA 法针对样本集光谱筛选出 8 个特征波长，分别提取 8 个特征波长对应图像的 HOG 特征，建立基于单波长图像特征的 SVM 模型。将单波长图像模型的识别率高低排序后，联合 3 个、5 个、7 个单波长模型对大米产地进行共识判别，可将东北/非东北大米产地的识别率从单模型的 85.5%显著提高到 90.5%。实验结果表明基于高光谱技术和机器学习算法的模型集群共识策略可为建立稳健、切实可行的大米产地溯源模型提供思路和方法参考。

五、基于 AlexNet 卷积神经网络的大米产地判别

2012 年提出的 AlexNet 卷积神经网络掀起了深度学习的应用热潮。AlexNet

卷积神经网络结构如图 7-14 所示,共有 8 层,前 5 层为卷积层,后 3 层为全连接层。它首次在 CNN 中成功应用了 ReLU、Dropout 和 LRN 等。AlexNet 利用 ReLU 代替 sigmoid 提升了模型的收敛速度;通过 LRN 局部响应归一化增强模型的泛化能力;最重要的是采用 Dropout 方式可以有效避免小样本数据集训练过程中极易出现的过拟合现象。本小节探索采用 AlexNet 卷积神经网络实现大米产地高光谱判别的可行性。

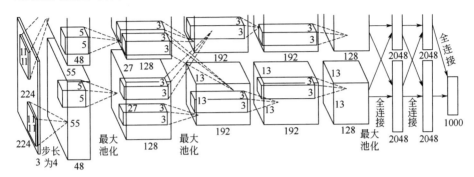

图 7-14　AlexNet 卷积神经网络结构示意图

1. 训练集和测试集选取

在第 7 章第二节中,数据集直接选用部分高光谱图像,这里不采用该种方式,而是对输入高光谱图像结合分析对象经过了优化选取。

相同品种不同产区的大米由于生长的自然环境不同,因此在内部品质上有着较为明显的差异,而近红外光谱可以反映样本内部成分信息,因此这里采用 PCA 方法筛选反映产地信息的关键波长。经 PCA 分解计算可得第一、第二和第三主成分的贡献率分别为 95.20%、4.50% 和 0.22%,其中前两维主成分累积贡献率可达 99.70%,涵盖了原始光谱数据的绝大部分信息,因此后续主要针对前两维主成分进行深入分析。图 7-15 为第一、第二主成分载荷对应的全波长权重系数分布图。第一主成分中权值最大值对应特征波长为 1396.67nm,第二主成分对应特征波长为 1467.38nm。其中 1396.67nm 附近谱区主要反映游离水 O—H 键的一级倍频信息以及 C—H 键的组合频信息;而 1468.37nm 附近谱区主要是 N—H 键的一级倍频,反映了大米蛋白中各种丰富的氨基酸信息。因此,试验选取 1396.67nm,1467.38nm 特征波长图像进行下一步图像特征提取。

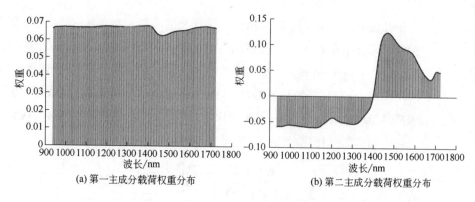

(a) 第一主成分载荷权重分布　　　　(b) 第二主成分载荷权重分布

图 7-15　第一、二主成分载荷权重分布图示意图

以安徽产地小町米在 1467.38nm 波长处的图像进行 PCA 分解为例,如图 7-16 所示。从图 7-16 (c) 可以直观地看出,第三主成分图像比第一、二主成分图像能更好地区分背景和大米样本,不仅弱化了放置大米样本的数粒板背景,而且还突出显示大米样本的图像特征。第一、二主成分虽然信息含量比较高,但是此时噪声方差明显大于信号方差,导致信噪比较低,因此,第一、二主成分分量形成的图像质量不如第三主成分图像。为确证实验结果,仍旧选取前三维主成分图像作为下一步分析输入。

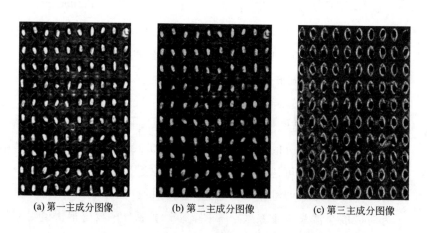

(a) 第一主成分图像　　　　(b) 第二主成分图像　　　　(c) 第三主成分图像

图 7-16　1467.38 nm 波长图像主成分分析示意图

这里采用网格分割法分别对 1396.67nm、1467.38nm 特征波长图像的第一、二、三主成分图像进行逐粒分割,得到单粒大米样本图像作为样本集,共计 2 (波长) ×3 (主成分图像) =6 组样本集。每组样本集包括 1000 个单粒大米样本图像,按 4∶1 的比例划分,得到训练集样本 800 个和测试集样本 200 个。

2. 网络结构设计与参数设计

在 AlexNet 网络的第 1 层卷积层，应用 96 个 11×11 卷积模板对输入图像进行滤波，得到的卷积数据先进行局部响应归一化，然后进行池化传递到第 2 层卷积层中，应用 256 个 5×5 的卷积模板对图像进行卷积后再进行 LRN 与池化操第 3，4，5 层的卷积模板为 3×3，且之后的生成与上一层相似。在全连接层中，dropout_ratio 为 0.5，最后输出为融合的 softmax loss，其中训练时参数设置为：学习率 0.01，迭代次数 5000。

3. AlexNet 网络设计与训练

AlexNet 网络训练平台：ubuntun16.04+Caffe；CPU：Intel（R）Core（TM）i7-6700k CPU @ 4.00GHZ；内存：16 GB；GPU：NVIDIA GeForce GTX 1070；显存：64GB。

共计训练得到 6 个 AlexNet 网络用于东北/非东北大米产地鉴别模型，测试结果如表 7-9 所示。

表 7-9　基于 AlexNet 的大米产地鉴别模型训练及测试结果

特征波长/nm	数据集	样本个数	第一主成分图像/%	第二主成分图像/%	第三主成分图像/%
1396.67	训练集	800	69	76	84.5
	测试集	200	69	76	84.5
1467.38	训练集	800	82	95	99.5
	测试集	200	82	95	99.5

（1）基于 1467.38nm 图像的整体识别率高于 1396.67nm，尤其是 1467.38nm 第三主成分图像测试集识别准确率达 99.5%，较 1396.67nm 的最大识别率提高了 17.7%。实验结果表明，特征波长筛选可以显著提高模型识别准确率，其中基于 1468.37nm 建立的东北/非东北大米产地鉴别模型表现尤为突出。1468.37nm 谱区附近主要反映的是大米蛋白中各种丰富的氨基酸信息，就本试验结果而言，大米蛋白质能作为区分东北/非东北产地大米的关键性指标之一。

（2）对于同一特征波长图像而言，基于第三主成分图像建立的 AlexNet 模型识别率最高，第一主成分图像识别率最低；其中基于 1467.38nm 的第三主成分图像比第一主成分图像识别率提高了 21.3%，比第二主成分图像识别率提高了

4.7%；基于 1396.67nm 的第三主成分图像比第一主成分提高了 22.5%，比第二主成分提高了 11.2%。结果表明，图像特征提取可以有效改善模型的识别准确率，并且佐证了图 7-16 提到的第三主成分图像能具有更高的信噪比。

本小节应用 AlexNet 深度学习神经网络训练用于大米产地快速分类的判别模型，最终 1467.38nm 波长处图像的第三主成分作为输入时，模型识别准确率可达 99.5%。结果表明，近红外高光谱技术结合深度学习方法有望为大米产地溯源提供快速、无损、高通量和精细化的检测方法。

六、问题与解答

⊙ 常规近红外光谱成像分析中光谱特征提取方法有哪些？

解 答　在样本近红外光谱图像中定义合适的感兴趣区域进行光谱信息提取，计算各波段感兴趣区域内的平均灰度值作为各波段对应的光谱信息进行特征提取。由于存在许多高频随机噪声、基线漂移、样本形态不同和光散射等噪声信息，会干扰到近红外光谱与样本内有效成分之间的关系，因此可以采用光谱化学计量学中常规的标准正态变量变换（SNV）、多元散射校正（MSC）、一阶导数、二阶导数和小波去噪等方法对光谱进行预处理。

由于光谱图像中提取的光谱数据噪声很难在预处理中全部消除，且有些光谱信息与待测的目标成分和性质之间缺乏相关关系，若将全部光谱信息参与建模分析会导致计算量大，模型复杂且精度也不一定高，因此可以通过特征波长或是特征谱区的筛选挖掘光谱中的有用信息来建立预测能力强，稳健性好的模型。常见的基于波长的光谱特征提取方法有：连续投影算法（SPA）、无信息变量消除法（UVE）、自适应重加权采样法（CARS）、相关系数法等；基于波长区间的光谱特征提取方法有区间偏最小二乘法（iPLS）、联合区间偏最小二乘法（siPLS）、向后偏最小二乘法（biPLS）、移动窗口偏最小二乘法（mwPLS）等。

⊙ 常规近红外光谱成像分析中图像特征提取方法有哪些？

解 答　（1）形状特征提取。形状是农产品非常重要的外观品质特征，可以通过几何参数法、边界特征法、不变矩阵法、傅里叶形状描述子法来计算和描述农产品形状的算子。

（2）纹理特征提取。纹理特征反映了目标图像的空间拓扑关系。基于统计特性的灰度共生矩阵法（GLCM）是目前应用最广泛、效果最好的一种纹理分析方法。其中，同质度、三阶矩、角二阶矩、熵和对比度共5个特征量常用来表示纹理特征。

（3）特征图像提取。如基于主成分分析的特征图像计算、基于独立分量的特征图像计算等。

⊙ 常见的近红外光谱图像特征融合处理和分析方法有哪些?

解　答　目前采用的融合策略大都是将近红外光谱图像中提取的光谱特征和图像特征简单并行归一化后作为输入；或是在特征提取过程中针对光谱或图像信息交叉进行特征提取，将最后提取的特征层作为输入。新兴的深度学习算法由于无需复杂的人工特征提取过程逐渐被引入用于光谱成像分析中。

⊙ 常见的近红外光谱图像感兴趣区域提取方法有哪些?

解　答　（1）采用ENVI软件中的ROI提取功能，用圆形、矩形、自定义曲线等在样板上逐一圈出，操作简单直接，但是面对样本量较大的时候，这种逐样本操作的方法较为费时、费力。

（2）选取合适的单波长图像，采用固定阈值法、动态阈值法等进行阈值分割，获得二值掩模图像，即可通过该掩模图像去除背景，保留目标区域，这种方法较ROI提取稍复杂，但适合样本量较大时的批量操作。

⊙ 近红外光谱成像分析中传统机器学习算法有哪些?

解　答　相较于传统的一元或是多元线性回归模型，机器学习算法具有更强的非线性映射能力，传统的机器学习算法有BP神经网络、极限学习机、支持向量机、决策树和随机森林等。

⊙ 深度学习算法可用于近红外光谱成像分析领域的哪些方面?

解　答　卷积神经网络、自适应编码器等可用于特征提取、噪声消除等；此外，卷积神经网络、LSTM神经网络等可直接用于模式识别或是定量分析。目前，深度学习算法在农产品近红外成像分析领域的应用尚在探索阶段，比如输入的选取、深度神经网络的拓扑结构设计等。尽管深度学习在图像、视频、音频和自然语言处理等领域展现了无可比拟的优势，但是在光谱成像分析领域，深度学习算法是否一定优于传统方法还有待具体问题具体分析。

参考文献

［1］邹小波，石吉勇，黄晓玮，等. 农畜产品高光谱图像检测［M］. 南京：江苏凤凰科学技术出版社，2017.

［2］李江波，张保华，樊书祥，等. 图谱分析技术在农产品质量和安全评估中的应用［M］. 武汉：武汉大学出版社，2021.

［3］邓小琴，朱启兵，黄敏. 融合光谱、纹理及形态特征的水稻种子品种高光谱图像单粒鉴别［J］. 激光与光电子学进展，2015，（02）：128-134.

［4］Qiu Z J，Chen J，Zhao Y Y，et al. Variety identification of single rice seed using hyperspectral imaging combined with convolutional neural network［J］. Applied Sciences，2018，8（2）：212.

［5］Yu Y X，Yu H Y，Guo L B，et al. Accuracy and stability improvement of identification for Wuchang rice adulteration by Piece-Wise Multiplicative scatter correction in the hyperspectral imaging system［J］. Analytical Methods，2018，10：3224-3231.

［6］王朝辉，杨郡洲，王艳辉，等. 基于高光谱成像技术的梅河大米产地确证因子研究［J］. 中国粮油学报，2019，34（11）：113-119.

［7］Hsieh T H，Kiang J F. Comparison of CNN algorithms on hyperspectral image classification in agricultural lands［J］. Sensors，2020，20（6）：1734.

［8］Yang J，Xu J F，Zhang X L，et al. Deep learning for vibrational spectral analysis：Recent progress and a practical guide［J］. Analytica Chimica Acta，2019（1081）：6-17.

［9］董晶晶，吴静珠，刘倩，等. 小麦不完善粒的高光谱图像检测方法研究［J］. 电子测量与仪器学报，2017，31（7）：1074-1080.

［10］吴静珠，毛文华，刘翠玲. 分子光谱及光谱成像技术：基于农作物种子质量检测与应用［M］. 北京：电子工业出版社，2020.

［11］吴静珠，李晓琪，林珑等. 基于 AlexNet 卷积神经网络的大米产地高光谱快速判别［J］. 中国食品学报，2022，22（01）：282-288.

［12］林珑，吴静珠，刘翠玲，等. 基于模型集群的东北/非东北大米产地高光谱鉴别方法研究［J］. 光谱学与光谱分析，2020，40（3）：905-910.